光明城
LUMINOCITY

光明城
LUMINOCITY

15×8

15×8

sac

10#

南京大学建筑与城市规划学院/南京大学人文社会科学高级研究院主办

建筑文化研究第10辑

皮拉内西的世界 The World of Piranesi

胡恒编著
By Hu Heng

同济大学出版社
TONGJI UNIVERSITY PRESS
中国·上海

卷首语

胡恒

2020.9.22

在西方建筑史中，皮拉内西占据着相当特别的位置。经历了古代罗马与文艺复兴两个盛世之后，意大利半岛在建筑与艺术上进入了漫长的萧条期。虽然辉煌的时代难以再现，但是数百年来也出现了几位“明星”。他们在暗夜里散发出独特的光芒，既与先贤大师相应和，也照亮了未来。1720年出生于威尼斯的皮拉内西就位列其中，或许还是最特殊的一个。

皮拉内西的第一项特殊性在于，他不是因建筑作品，而是以绘画作品著称于世。皮拉内西一生真正涉足建筑设计的机会很少，完成的作品也只有寥寥几个建筑局部。他的主要创作形式是绘画。他一生中完成了数以千计的版画作品，对象以罗马为主，也涉及希腊、埃及，题材从城市、建筑、古迹残片到壁橱、家具、器皿，极其广博多样，各种类型都有系列式的展开，有些主题的创作甚至跨越了数十年之久。这些画作已然超越了记录、描述的范畴，进入对历史主题的阐述层面。比如他的罗马系列，是为了表明其在当时热议的“希腊罗马之争”中选择站在罗马一边而绘制的；他晚年绘制的希腊组图又显示了他对这一问题的微妙的立场变化。《监狱》（*Carceri*, 1750）体现了他从威尼斯画派那里接受的空间冲突的风格倾向，以及对神秘空间的本能迷恋。埃及风格的壁橱及家具系列组图，则多少反映了他对“世界文化”的关注以及对建筑设计的态度——装饰具有至关重要的意义。这些版画系列对后世的影响各有不同。罗马主题的画作数量最多，也最为人所重视，这个主题贯穿了皮拉内西的一生。《罗马古迹》（*Le Antichità Romane*）四卷本巨著在相关领域的知识整理上达到了前所未有的高度，其细致入微的图像美学也让人一见倾心，至今仍是关于古罗马研究的基础文献。希腊神庙组图《帕埃斯图姆的系列景观》（*The Different Views of Paestum*）明显有别于同类画作，其透视、构图、氛围营造都一反常规地沿用了他在罗马主题上的处理方式，内在动机颇值玩味。这一不和谐之处吸引了后来的研究者(比如索恩),甚至影响到历史学者对希腊建筑的惯常看法。《监狱》虽然作于早期,画幅也不太多,但对当代艺术的影响是全方位的,特别是许多电影导演受其幻觉式空间启迪良多。

在版画绘制技术上,皮拉内西亦有许多试验,与同代人迥乎不同。他的“乱披风”笔触、“雾蒙蒙”效果等独特画法在当时多受争议,难以被市场接受,也使同行的敌视几乎伴随他一生。现在来看,这些是皮拉内西自我定位为艺术家的必然结果,亦在无意间引领了时代风气之先——版画也能成为真正的“艺术”,这个想法显然超前了。

第二项特殊性在于,皮拉内西千余幅版画作品中,屈指可数的十几幅地图的意义最为深远。算上轴测鸟瞰地图和古地图残片,皮拉内西绘制的地图一共有16幅。它们都与罗马相关。其中地形图与古代地图残片居多,共有十余幅,真正意义上的城市地图只有两幅:《战神广场平面图》(*Plan of the Campo Marzio*)及《古今罗马与战神广场平面图》(*Plan of Ancient and Modern Rome and the Campo Marzio*,下文简称《古今地图》)。这两幅平面地图虽然名字类似,但是无论内容、主题,还是绘图方式都截然不同。《战神广场平面图》是一幅古代罗马城市的“想象还原”地图。皮拉内西其他十数幅古罗马地图都是在为这张地图做准备。它是皮拉内西关于古代罗马研究的集大成之作。台伯河两侧的“战神广场”区域是古罗马最早的城市发展区域。到18世纪,原有的古代建筑几乎荡然无存,只有极少量的遗址残存下来。皮拉内西根据多年的悉心考证,将古城在图纸上“虚构”重建起来。500多个建筑密集地簇拥在台伯河两岸,每个建筑几乎都是独立的几何体或复合型几何体,一眼看去,如同一座巨大的迷宫,让人目眩神迷。这幅地图被后人称为“几何学的狂欢”,吸引着无数研究者投身其中。在我看来,这幅地图的核心价值不在于皮拉内西对古罗马建筑形态的认知与想象,而在于他对古罗马城市的本质属性的定位。这是一幅概念先导的地图:先对古代罗马进行概念定义,然后依据这些定义赋予其形态——甚至牺牲了一部分已知的真实性。它为后人留下无限的诠释空间,原因也就在这里。这幅地图是皮拉内西版画作品中当之无愧的“神品”。只凭这一幅,皮拉内西就足以名留后世。

《古今地图》是一幅科学式的现实地图。它描绘的是18世纪中期罗马的城市形态。这幅地图面世之后并未掀起什么波澜，时至今日也无多少关注度。在影响力上，它与《战神广场平面图》以及同类型的诺利地图都完全无法相比。但是，如果将之放在罗马地图这个大系统中来看，就会发现皮拉内西的这一探索有着超越时代的价值。这幅地图背后的理念是，古代罗马的城市形态曾经创造出一种独特的美学，虽然其物质载体几乎全然湮灭，但是这一美学留存了下来。它通过某种奇特的方式嵌入18世纪的新罗马建设之中，继续发挥着作用。所以，这幅现实地图描绘的是此刻的罗马，但也锚固住了连接古今的一个极其隐秘的"图层"，传递出这座"永恒之城"一以贯之的内在品质与美学。从这个角度来看，这幅地图需要建构的理念逻辑比《战神广场平面图》更为复杂——两者外表上几乎没有什么重合之处，但实际上有着千丝万缕的内在联系。可以预见，这幅"冷门的"地图将会得到越来越多的重视与解读。

第三项特殊性在于，皮拉内西是西方先锋派文化的肇始者之一。在现代建筑史中，无论是萌发于两次世界大战间的历史先锋派，还是兴盛于20世纪60年代的新先锋派运动，皮拉内西都对其产生过遥远的影响，比如苏联导演谢尔盖·爱森斯坦对《监狱》电影化的研究，以及意大利新先锋派以皮拉内西为"精神偶像"，并在七八十年代持续引发关于罗马地图的大讨论。在我看来，皮拉内西作为先锋派源头的含义，不仅仅在于他的空间魔术操作、对古代世界的概念挖掘，而且在于他对自己身处时代的主流建筑审美体系的全面破坏。在18世纪的欧洲，主流的建筑美学体系基本上都是在历史、古典主义、自然三者之间寻找连接点，继而加以综合表达。比如流行于意大利半岛的巴洛克风格，就是对古典主义的符号系统进行历史性的操作（增加埃及、哥特等其他历史线上的元素）——或丰富其语汇，或对之进行批判；在法国，启蒙运动影响下的建筑思想倾向于将历史与自然两者统一在绝对的理性之光的照耀下；在英国，自然主义与经验主义占优，建筑学者们试图以此为出发点（表现为浪漫主义与世界主义）重构全套的建筑语汇以及设计逻辑。意大利的主流意识形态在于对其古典传统进行改良式演进或自我批判。法、英主流意识形态的共同点在于，都希望建构出独立的自我系统，以与历史悠久的意式系统相区别，获得独立性。当然，自命为艺术家（继承了伟大的意大利艺术传统）的皮拉内西并没有多么重视及参考法、英同仁的工作。不过，他按照自我的感觉将绝对理性与浪漫主义都引入到创作中来。比如《战神广场平面图》就是局部为绝对理性（所有单元都为自足的几何体），整体为浪漫主义（几何学大狂欢），两者结合起来铺展在历史主题上。这一做法貌似折衷主义，实则是对主流审美体系的颠覆。皮拉内西无意像巴洛克建筑师那样做图像或空间上的自我游戏，或对传统价值体系进行浅层批判，而是绘出一幅终极图景（有别于评论家们所言的乌托邦）。这幅图景并非真实存在，但让人感觉似乎曾经出现过，甚至在未来也会出现——换句话说，它超越了时间的限制。正如我们所知，终极思考正是先锋派们的首要特征。

皮拉内西的另一个先锋派之举是在绘画中将建筑对象进行无差别的“去客体化”。在那些“写实”版画中，他将废墟感强化放大，置于所有的对象上，包括在当时算是新的建筑。这一做法看似自我美学趣味的滥觞，实际上达到的效果是，那些对象的“客体性”被消解了。比如，皮拉内西在某些对象上采用了特殊的“废墟化”处理：在《战神广场平面图》图册中，有一些18世纪的古罗马建筑废墟被画得更为残破（比如罗马万神庙的门廊山花被敲掉一个角），就像时间又过去了几百年；在《罗马风光》图册中，文艺复兴时期甚或巴洛克时期的建筑也被涂上一层浓浓的古意——屋顶、墙面长着野草，地上横七竖八堆放着古建筑残片，旁边也是破旧不堪的古建筑废墟；更甚者是《希腊组图》中的帕埃斯图姆神庙。这类古希腊风格神庙的通常画法是表现其均衡优雅以及在阳光下的雕刻感，皮拉内西则将神庙置于浓重的阴影里，建筑构件显得粗豪壮实（残破感被放大了一点），似乎要破框而出，宛如罗马大浴场或万神庙之类的废墟遗址。除此之外，皮拉内西还会在貌似写实的古代建筑遗址的表现上做一些不太引人注目的尺度调整。比如在一幅关于罗马万神庙及其前端广场的画作中，他缩小了万神庙的穹顶，并且把广场上的喷泉与方尖碑放大，以形成相互对峙的局面。这些“过度废墟化”或尺度变异的手段微妙地改变了建筑原有的属性，使之形成一种怪异的情境。换而言之，它们都有点不像是自己了。这种“去客体化”的效果相当有趣。皮拉内西笔下的希腊神庙、罗马浴场、文艺复兴时期的教堂、巴洛克时期的宫殿就像是同一时代的产物。从学科制度的角度来看，无论是法英系统，还是意大利本土系统，都将这些建筑之间的时空以及形态秩序当作是建构规范等级的基础。皮拉内西的“去客体化”操作（同质化处理以及覆盖上的“雾化”气息隐约有着超现实主义与超级工作室的味道），无疑动摇了这一基础。

这两项先锋派之举实际上是前后接续。"去客体化"(或者说颠覆学科基础)之后,按道理就应该给出"新答案"。皮拉内西的答案并不在建筑上——他设计的那几个建筑局部平平无奇,没有什么说服力——在我看来,答案就在《战神广场平面图》与《古今地图》里。这两幅平面地图的意义在于,它们既非虚构,也非描述,表现的是古代罗马人曾经创造出来的一种美学(是视觉的,也是观念的)。18世纪的意、法、英的主流审美系统,无论是自我批评、自我娱乐,还是绝对理性与经验主义,都无法与之相媲美。实际上,这一美学一直都没有在后人的图像诠释中得到清晰表述——或许皮拉内西是第一位。他通过这两幅地图告诉我们,这一美学有着长久的生命力,需要被后人研究、再现。如果能被超越、替换,那当然更好。

这三项特殊性只是笔者的个人总结。对于皮拉内西而言,他的所思、所想、所做应该都是遵从自己的选择,听凭本能与直觉,走向无人踏足的领域。正是这一点,使得皮拉内西超越了时代,成为当代建筑学的一部分——或许还是核心的部分。

本专辑许多年前就已在构思与准备,一部分稿件也存放了许久。我自己亦在断断续续撰写相关的文章。2020年是皮拉内西诞辰300周年。就我观察到的,各种关于皮拉内西的西文新著纷纷面世,大抵是些趣味性的画册,比如皮拉内西的草稿图集、未出版过的画作集、对其废墟画与现实场景照片进行叠加的图解,等等。这些书应该都是在赶这个时间节点。本专辑恰逢其会,就当是为这一诞辰之年奉上的一份小小的、来自中国的纪念。

目录

皮拉内西的世界 ● The World of Piranesi

（图1）

皮拉内西画像

青年皮拉内西的旅行（胡恒 / 郁新新）Itinerary of Young Piranesi（Hu Heng / Yu Xinxin）

引子：旅行的时代 17世纪中期到18世纪中期，对于欧洲的建筑学者与爱好者来说是个盛世。法国人、英国人、德国人纷纷涌到希腊、那不勒斯、西西里等地膜拜古代建筑文化。这就是被后世称为“大旅行”的时代。而对于意大利人来说，旅行的时代并不陌生。在两百年前的文艺复兴时期，罗马曾是建筑“朝圣者”的旅行圣地。从伯鲁乃列斯基（Brunelleschi）到帕拉第奥（Palladio），每一个志向高远的建筑师都会来罗马接受艺术的洗礼和灵魂的震荡。到了“大旅行”时代，罗马的唯一中心地位已然不再，佛罗伦萨、威尼斯、那不勒斯甚至米兰纷纷崛起。旅行对于建筑师有了新的意义。那些城市既是旅行目标，也是求职目标。与异文化猎奇式的“大旅行”不同，这种旅行比较“专业”，传承于文艺复兴继而开枝散叶，我称之为“小旅行”。“小旅行”是那个时代几乎所有意大利建筑师都经历过的。各有特点的城市所提供的土壤氛围，艺术／技术／建筑的蓬勃发展，人文主义思想的盛行，使得“小旅行”培育出前所未有的建筑师类型。比如乔瓦尼·巴蒂斯塔·皮拉内西（Giovanni Battista Piranesi）（图1），他的身份为艺术家——版画家、后巴洛克风格画家、艺术理论家，以及威尼斯画派的领军人物，但他却改变了18世纪最后十年的建筑学图景。他鲜有建筑作品建成，可他绘制的古罗马城市平面图、古罗马建筑遗迹图、《监狱》等纸上作品却深受后人推崇，刺激着19世纪之后建筑学的发展。那些图册还为各类艺术形式提供着源源不绝的养分，直到当下。

（图2）

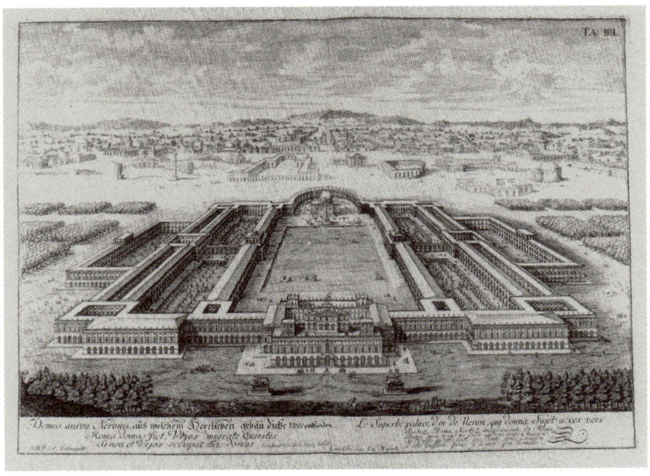

费舍尔·冯·埃尔拉赫的《历史建筑纲要》中的插图

皮拉内西的旅行 1720年，皮拉内西生于威尼斯。虽然几位传记作者对其少年时期着墨不多，但是他们都留意到皮拉内西职业生涯成型前的关键十年——大致从1737年到1748年（17—28岁）。这十年是其人生中的一段艰难历程：青春期的心理挣扎、茫然，尝试性的努力，创业初期的频繁失败……戏剧性（及创伤性）的事件接踵而至。这些历练是与旅行相伴的。十年中，皮拉内西奔走于意大利半岛之上，在威尼斯、罗马、那不勒斯、佛罗伦萨等城市之间频繁穿梭：威尼斯作为一切的源头；初入罗马；与那不勒斯的多方渊源；对佛罗伦萨“水土不服”。这些旅程或长或短，有集体游学，有结伴参观，有业务委托，有临时拜访。这些城市向皮拉内西释放出不同的信号——有善意，有深意，也有拒绝之意。无论如何，它们都是皮拉内西的宝贵历练——开阔其眼界，磨练专业技艺与意志，结交良师益友，打造受用一生的社交圈。最重要的是，皮拉内西还由此建立起自己的建筑观。他的第一个成熟且奠定声誉的作品《共和时代与帝国初期的罗马古迹》（*Le Antichita Romane Dei Tempi Della Repubblica*）正好完成于“小旅行”结束之时。

生于威尼斯：1740年之前 皮拉内西很幸运。他的出生地威尼斯在18世纪时的建筑氛围相当浓厚，出现了一批出色的建筑师和理论家，比如“威尼斯最有名的大师”斯卡尔法内托（Scalfarotto）、托马索·泰曼扎（Tommaso Temanza）（斯卡尔法内托的侄子，一位激进的建筑师与理论家）、希皮奥内·马菲（Scipione Maffei）（著名学者、建筑师）等人。他们的重要作品虽然基本都完成于18世纪50年代之后，但之前他们已相当活跃，几乎都有“知识分子”这一层身份。这对青少年时期的皮拉内西在专业和学识两方面都产生了启蒙作用。皮拉内西生于建筑之家。其父是建筑师，且在少年时就追随过斯卡尔法内托学习建筑。此外，皮拉内西还与他的舅舅马特奥·卢切西（Matteo Lucchesi）交流频繁——卢切西是一位建筑师与水力学工程师。他们与泰曼扎一起参加了波莱尼（Poleni）的公民建筑课。在马菲的影响下，他们还一同接触到一个顶级的历史研究者和思想家群体。这个群体对研究伊特鲁里亚人与古埃及人之于罗马文化发展的意义很有兴趣。对历史的热情，是少年皮拉内西身处的社会环境与知识氛围的特点。所以，他很早就熟知马菲、波莱尼和洛多利（Lodoli）神父（维特科威尔认为他对皮氏的影响是决定性的）讨论和争辩的主题。其中，意大利历史学家维柯（Vico）的意义与众不同。当时在威尼

（图3）

阿尔巴诺湖水渠，皮拉内西，1764年

斯，除了维科的著作之外，奥地利人费舍尔·冯·埃尔拉赫（Fischer von Erlach）的《历史建筑纲要》（*Entwurf einer historischen Architektur*，1721年首版）中的重建古代建筑图景（图2）也颇具人气。毫无疑问，维柯对历史的精神性本质的推崇与埃尔拉赫对历史的充满想象力的表现形式，都深深地刺激了皮拉内西，这两点甚至成为他一生的追求。另外，威尼斯的象征——文艺复兴建筑师帕拉第奥在皮拉内西的早年经历中占有特殊的地位。他参与了弗朗切斯科·穆托尼（Francesco Muttoni）主持的帕拉第奥建筑作品重绘以及绘画集的出版项目。出版过程中，皮拉内西与一些出色的画家一起工作，比如乔治·福萨蒂（Giorgio Fossati）与弗朗切斯科·祖齐（Francesco Zucchi）。他们日后与皮拉内西还有不少交集。这些早期的工作，虽然较为零碎且都与绘画有关，但皮拉内西也接触到一些实际工程，比如在建筑基地上工作，或者参与土地测量之类更有技术性的事情。他与威尼斯水利工程师的合作经验，也反映在后来的蚀刻画作品（图3）中。18世纪中前期，意大利半岛的知识团体逐渐增多。除了艺术家、历史学家、宫廷数学家之外，还出现了一个新的技术工人阶层。这些技术专家在半岛上非常活跃。他们的工作有大量的艰苦测量，有重要水利设施的设计，还有精细的水文问题研究。这些技术专家的活动并不局限在工程范畴，他们与学院和沙龙关系匪浅，经常与各类学者进行交流。这是那个时期意大利文化的一个鲜明特色——工程学、古代历史学、博物学相互碰撞、交叉、综合。皮拉内西的建筑知识，就是在这种奇特的状态下积累起来的。

初到罗马：1741－1743年 1741年左右的罗马非常热闹。它正处于巴洛克时代晚期的"短暂而辉煌的繁荣"（罗宾·米德尔顿［Robin Middleton］语）之中（图4）。一些"不朽的"大型公共建筑纷纷显现：教堂、巴西利卡的修复，西班牙大台阶与特莱维喷泉（Fontana di Trevi）相继完成——皮拉内西后来有大量相关的蚀刻画创作，写实精细，真切地还原了当时的建设景象。还有很多私人业主在筹建大规模的主教宫廷、大使馆以及王宫等等。另外，遍布全城的考古工作也在如火如荼地展开。那时的罗马就是一个巨大的工地（边挖边建），俨然文艺复兴盛世图景的再现。这一年，20岁出头的皮拉内西与法兰西学院的年轻寄宿生们结伴，开始对这个伟大城市进行探索。他们也卷入了这股考古／建设浪潮，对遗迹和纪念物展开了认真的学习、测量（图5）。此时的罗马精英汇聚，皮拉内西恰逢其会，结识了不少艺术家。其中有一个人非常重要——米兰版画家巴蒂斯塔·诺利（Giovanni Battista Nolli）。当时与考古挖掘工作紧相衔接的工作是将挖掘地点、成果整理成清单，再细化出版。这需要大量的地图与建筑绘制者，诺利就是其中翘楚，他因测量、绘制罗马平面图的工作而声名卓著。皮拉内西追随他一起研究罗马古迹的各种细部，两人不停地穿梭于图书馆和遗迹现场之间。《新罗马地形图》（*Nuova Pianta Topografica della Citta di Roma*）由诺利和皮拉内西合作，大约在1743年完工，这算是皮拉内西最早期的完整作品之一。皮拉内西在1741—1743年前后为诺利工作，这段时间诺利还在进行考古地图（古罗马城地图碎片）的修复绘制，这项工作需要现场检查、对照书目、分析历史地图，计划完成一个关于古代与现代城市中的古迹知识百科全书式的纲要。负责绘制城市平面框架并将其拓到铜版上的是法国学院派透视学教授乔瓦尼·保罗·帕尼尼（Giovanni Paolo Pannini）（图6）和杰出的西西里版画家朱塞佩·瓦西（Giuseppe Vasi）。这两位也是使皮拉内西终身受益的"启蒙老师"。1742年左右，皮拉内西加入了版画家瓦西的工作室。瓦西的社交圈极其庞大，他与很多有影响力的赞助人关系良好。他的合作者中有迪弗洛（Duflo）、勒·洛林（Le Lorraine）、诺利等人。他们的目标一致——将罗马变成欧洲文化之都，第一步就是大规模的资料收集整理工作。此时的罗马，学术讨论与空间大改造交相辉映。伟大的历史与辉煌的当下并存，公众的参与度也大为高涨。大家一起热切地讨论使这个城市再度走向"伟大"的新途径。在大约六个月的学徒期之后，皮拉内西与瓦西之间转变为一种更为自由的合作关系。1743年左右，他们一起致力于瓦西的《罗马风景的新地图》（*Nuova Pianta di Roma in Prospettiva*）以及《台伯河的罗马》（*Vedute di Roma sul Tevere*）——这是瓦西的第一个独立项目，也是其代表作《古今罗马的瑰丽》（*Delle Magnificenze di Roma antica e moderna*）的核心内容。瓦西的《古今罗马的瑰丽》和诺利的《罗马大地图》（*Pianta Grande di Roma*）都是当时关于罗马的著名版画作品。两人主旨一样，都希望真实地记录下彼时罗马的实际景象。不同的是，诺利的为平面图，瓦西的为风景图（鸟瞰、人视等）。皮拉内西以徒弟的身份参与两者的工作，这对他版画技艺的提高大有裨益，并使他兼取两种绘图方式的独特之处。尤其是瓦西对罗马景观的再现，对皮拉内西后来关于罗马的版画作品影响至深。他甚至会将瓦西的画作在同一视角上再度描绘一遍，以致敬这位"导师"（图7）。此外，瓦西等人倾力完成的古雅知识普及化，是18世纪艺术出版的转折点。那些版画作品将图画与文字精心结合起来，通过书籍印刷散发到社会各个层面的读者手上。所以，版画的"娱乐性"也是艺术家需

（图4）

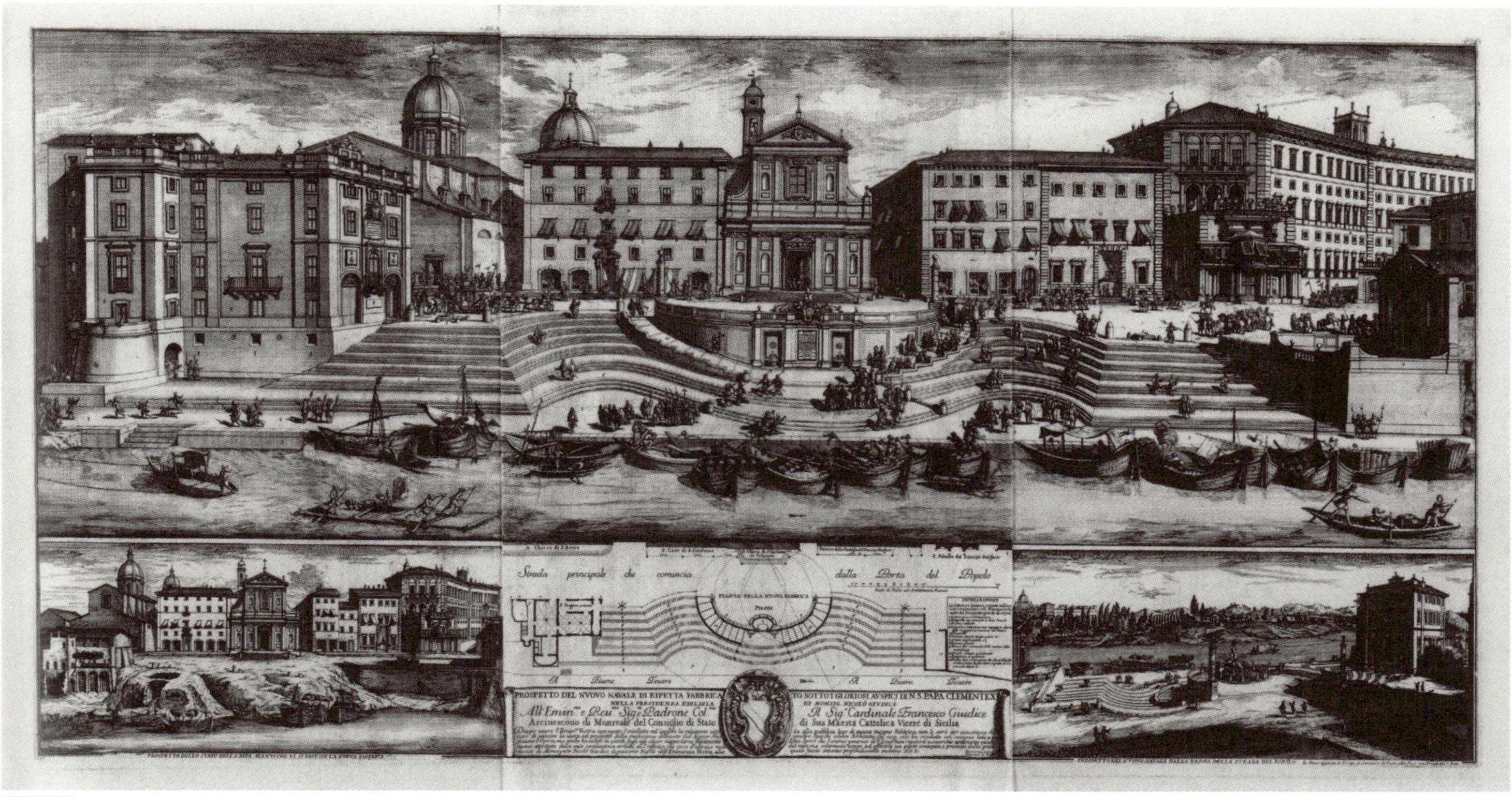

18世纪初的里佩塔卸货站，斯佩基

（图5）

米尔文桥速写，皮拉内西，1743—1747年

（图6）

古罗马景观，乔瓦尼·保罗·帕尼尼

（图7）

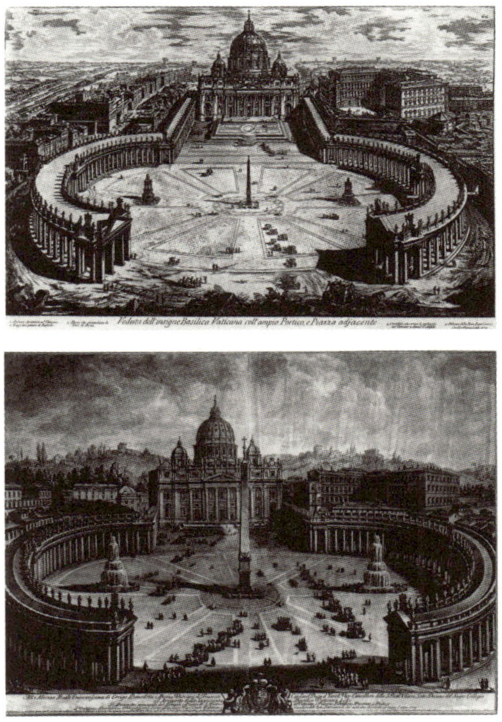

圣彼得广场，上为瓦西绘，下为皮拉内西绘

要考虑的。这方面，法国的版画家做得比意大利同行出色一些。总之，皮拉内西在瓦西工作室的学徒经验，与在诺利那里一样，都是对最现代的理论讨论和古物地形学的双重学习。一方面，皮拉内西熟知了很多知识与思想，并力图将之综合起来，着手个人风格的蚀刻画实验（著名的《监狱》开始酝酿）；另一方面，他开始建立自己的社交圈，这为他后来的事业发展提供了不可或缺的支持。虽然此时的罗马热闹非凡，但是，皮拉内西的兴趣很快就超出了视野所及的范围，他迫切需要新的体验。下一站，那不勒斯。

那不勒斯之旅：1742年年底或1743年 18世纪的那不勒斯一直是意大利半岛上的热点。从1711年开始，赫库兰尼姆与庞培古城相继被发现。1738年，波旁家族的查理三世获得西西里的王权并来到那不勒斯，继续对两座古城进行挖掘。虽然挖掘工作混乱，但是考古大发现的浪潮吸引了世界各地众多学者、艺术家的到来。皮拉内西就是其中一员。这一次他的旅伴是威尼斯同乡雕塑家安东尼奥·科拉迪尼（Antonio Corradini）。两人早有交集。科拉迪尼在1742年和尼古拉·焦贝（Nicola Giobbe）一起参与了卢吉·万维泰利（Luigi Vanvitelli）的圣彼得大教堂穹顶的第一次修复工程，但这个项目在1743年被突然搁置。皮拉内西显然对这个重大的项目很熟悉。他于1749—1750年出版《监狱》，并在献辞里表达了对万维泰利的敬仰。皮拉内西还借此阐述了他对建筑的理解：建筑创作不仅仅是对古代的顺从模仿，更要抓住它们壮观的精神本身，从而折射出那个时代的特殊氛围。这一观念无疑是受维柯的"历史精神"观的影响，而离瓦西与诺利的科学模式渐行渐远。急需开辟新视野之时，那不勒斯之旅应运而生。在1742年年底前后，皮拉内西恰逢项目委托的机会——被那不勒斯的宫廷雇佣，做桑瑟夫内洛教堂的装饰设计。实际上，皮拉内西之前一直与那不勒斯联系密切，他在研究与复制赫库兰尼姆的考古发现上花了很多时间（图8）。大约十年后，他被聘任为赫库兰尼姆文物博物馆第一任馆长。巧合的是，万维泰利后来也参与到那不勒斯考古博物馆这个以赫库兰尼姆文物为主要藏品的设计项目里。那不勒斯之行是一次令人兴奋的经历。皮拉内西随身带着他《监狱》组画的素描草稿，一边考察赫库兰尼姆遗址，一边深入推敲他的《监狱》组画。虽然两者之间没有什么必然的联系，但是赫库兰尼姆对于拓展皮拉内西的古罗马建筑知识显然大有作用。在这里出土的造型优美的青铜器皿（三脚鼎、烛台、托盘），后来被皮拉内西选入蚀刻画的题材里。皮拉内西这次旅行最大的收获是结识了新朋友卡米洛·帕代尔尼（Camillo Paderni）。帕代尔尼是一个手工艺人，主要做古代绘画的复制品。帕代尔尼看到了皮拉内西带去的《监狱》组画，对他的"戏剧性透视"颇有兴趣，还鼓励皮拉内西"全力投身于那种创作，做罗马文物的渲染图一定会成功"。那时候皮拉内西正处于人生十字路口：是做一个像诺利那样的建筑技术员，还是坚持梦想，做一个艺术蚀刻家？在现实与梦想之间，他无从决断。而正是与这位新朋友的一番交流，促使皮拉内西决定全心投入古物蚀刻事业，走上这条充满未知的道路。

失意佛罗伦萨：1744年 在旅居罗马的短短三年间，皮拉内西被家乡威尼斯的一些"大人物"留意到，比如红衣主教雷佐尼科（Cardinal Rezzonico）。雷佐尼科当时是圣彼得大教堂结构维护项目的负责人。此外，皮拉内西应该还结识了红衣主教奎里尼（Cardinal Querini）。奎里尼当时在负责圣阿莱西奥巴西利卡的修复。他是瓦西的赞助者，也是诺利的保护人。这些人中，最重要的是主教朱塞佩·比安基尼（Giuseppe Bianchini）。和奎里尼一样，他也是艺术界的一位重要的赞助人。这些"权贵同乡"对皮拉内西极其欣赏，尤其是比安基尼。关于皮拉内西与比安基尼的关系，文献多有记载。当皮拉内西生计艰难时，总有比安基尼雪中送炭。比如，正是比安基尼的努力，才使皮拉内西得到了与朱塞佩·祖齐（Giuseppe Zocchi）合作《托斯卡纳别墅图景》（*Vedute delle Ville della Toscana*）的工作。同样，还是比安基尼，在1743年将皮拉内西介绍给蒙席博塔里（Monsignor Bottari），他将成为皮拉内西后续事业的坚实后盾。在1743年11月末，比安基尼通过安东·弗朗切斯科·戈里（Anton Francesco Gori）的关系为皮拉内西在佛罗伦萨谋得了一项委托业务：为乌菲齐宫走廊的拱顶壁画制作蚀刻复制品。皮拉内西在1744年来到佛罗伦萨。他带着博塔里蒙席写给戈里的推荐信，打算把比安基尼联络的工作完成。比安基尼其实另有打算，他希望将这位新人拉入某些大型出版项目，来活跃一下佛罗伦萨保守、沉闷的艺术氛围（本地艺术家形成了一个倨傲狭隘的小圈子），也借此拓展皮拉内西的事业。但是计划落空，皮拉内西在佛罗伦萨颇受冷遇。当然，在佛罗伦萨的挫折看似是项目变化无常所致，其实证明皮拉内西的职业道路遇上了考验。他的独特风格过于超前，未被当时的专业圈子所接受。除了佛罗伦萨本地艺术家团体之外，随后一个来自那不勒斯宫廷的大型出版项目（也是博塔里蒙席介绍的），同样因为不能忍受皮拉内西的"雾蒙蒙"的绘画风格，转而选择由瓦西接手。这时，皮拉内西在绘画风格与工作方式上与其老师瓦西的分野已经清晰可见。瓦西有一个高效的专业团队，擅长应付复杂、量大的工作；皮拉内西恰好相反，他孤身作战，但每幅画作都有高度的原创性，即便是一个简单的小复制品他也能画得意趣盎然。但是，那时的大型出版项目已经习惯了瓦西的可靠效率与精致稳妥的画风，皮拉内西略显怪异的个人追求与艺术家式的工作方式未能被市场接受，也在情理之中。另一方面的原因是，18世纪的佛罗伦萨在建筑（包括艺术）上建树寥寥。或许是文艺复兴的艺术成就过于辉煌，已经耗尽这座城市的创造力与灵感，整整一百年间，这里几乎没有什么像样的作品出现，可说是意大利半岛最为消沉的一块建筑工地。略微值得一提的，也就是18世纪末才开始的皮蒂宫重新装修与波焦皇家别墅的重建工程。

（图8）

那不勒斯赫库兰尼姆古城遗迹

（图9）

各种器皿，皮拉内西

(图11)

关于罗马的研究，福萨蒂

(图12)

室内巨大的台阶，皮拉内西早期作品

短返威尼斯：1745—1747年 1745年，25岁的皮拉内西回到威尼斯，在那里他一直待到1747年。这两年被研究者们视为其艺术成熟期。此时的皮拉内西对风头正劲的威尼斯画家提埃波罗(Ciovanni Battista Tiepolo)十分崇拜，希望能够与他有所合作。作为最后一位湿壁画大师，提埃波罗的风格相当富有动感，透视奇特，幻觉气息浓厚，是古典与活力完美结合的案例。当然，皮拉内西已经对自己的蚀刻画与出版事业有所规划。他与一些画商合作出售自己的蚀刻画，将收入作为经费，在1747年回到罗马——他最终的梦想之地。与此同时，皮拉内西还想方设法与本地的建筑师、手艺人、蚀刻家合作。他们在城市景观上颇有建树，绘制了很多画卷，品质与皮拉内西在罗马与诺利、瓦西的合作作品不相上下。在这个时期的工作中，皮拉内西可能从其威尼斯前辈乔治·福萨蒂那里受益不少。福萨蒂的身份包括折中主义建筑师、手工艺人、蚀刻家、画作交易者、装置设计师、翻译家。他既是地理地图的作者，也是大量的威尼斯透视图的作者。这些图画既有叙事性，又有壮观的结构与透视(图11)，使皮拉内西深受启发。两人其实在皮拉内西1740年去往罗马之前就已有交集。那个时候，皮拉内西曾短暂参与了穆托尼和福萨蒂的《安德烈·帕拉第奥的建筑》(*Architettura Di Andrea Palladio*)的编辑工作。帕拉第奥可以说是皮拉内西极为重视的文艺复兴建筑师。在皮拉内西关于古罗马建筑的想象性复原中，空间设计与装饰细部大多采用帕拉第奥的优雅厚重的古典风格(图12)。在其后期代表作《古罗马战神广场》(*Pianta di Roma e del Campo Marzio*)中，皮拉内西更将帕拉第奥的一个古罗马神庙平面复原收入，并专门为之设计了立面。

罗马终点：1747年 1747年9月，27岁的皮拉内西回到罗马，终其一生都未再长时间离开。那段建造盛景已经过去。在18世纪70年代法国人(温克尔曼的弟子们)带来新古典主义之前，罗马处于一段空白期，皮拉内西和他的版画正好填充于其间。1748年，他出版了《共和时代与帝国初期的罗马古迹》与《怪诞》(*Grotteschi*)。这两本书大获成功，令皮拉内西声名鹊起，俨然新一代蚀刻画家的代表人物。这也拉开了这位意大利建筑“大师团”新晋成员的人生帷幕。

(图10)

提埃波罗的透视

诺利、瓦西、皮拉内西：18世纪罗马地图版画的发展（迟海韵 / 胡恒）Nolli, Vasi and Piranesi: The Development of the Map Printing in Rome in the 1700s（Chi Haiyun / Hu Heng）

18世纪中期的罗马，相比之前任何一个时期都更好地被后人所了解，这主要得益于三位同时代优秀制图师的记录工作：乔瓦尼·巴蒂斯塔·诺利（Giovanni Battista Nolli）、朱塞佩·瓦西（Giuseppe Vasi）和乔瓦尼·巴蒂斯塔·皮拉内西（Giovanni Battista Piranesi）。他们在1735—1740年这五年间相继来到罗马，为这座伟大的城市绘制了“伟大”的地图。他们的描绘视角既有重叠的部分，又各有独到之处。诺利测绘师的背景与瓦西对地形细节的精确追求较为接近，且看重当时人口密集的、运转中的城市形态；皮拉内西则潜心于空旷场地上遗留下来的古代遗迹或者人烟稀少地区的废墟，热衷于对怀古诗意气氛的营造。诺利1748年绘制的《罗马大地图》（*La Pianta Grande di Roma*）对其余两人影响至深。它为瓦西的十卷著作《古今罗马的瑰丽》（*Delle Magnificenze di Roma Antica e Moderna*，之后简称《瑰丽》）中的三维城市视角提供了二维补足，也有可能瓦西本就直接使用其做参考；皮拉内西的罗马地图系列创作也从《罗马大地图》中获益良多。三人之间有着密切交集。诺利比其余二人年长，对他们多有提携相助，甚至指引。皮拉内西与瓦西的关系比较复杂。皮拉内西原本是瓦西的学生，但他离开瓦西的工作室之后，两人之间出现激烈的竞争关系。就像马尔科姆·坎贝尔（Malcolm Campbell）曾经说的，这两个绘制版画地图的人经常会比拼同一地点地图的印刷效果[01]，不过皮拉内西极富激情的描绘风格经常盖过瓦西朴素的纪实视角，这为两人日后反目成仇埋下伏笔。相反，瓦西和诺利似乎能够和平相处。瓦西在诺利很多作品里担任雕刻师或首席雕刻师，两人唯一的冲突是某次合作中瓦西因为利益纠葛把诺利告上法庭。或许是因为两人在绘图表达方式上没有直接的重叠，所以不存在专业竞争的问题。正是在这微妙的“三角”关系中，罗马城首次在纸面上展现出完整的面貌。它是宏观广漠的，也是具体而微的；是科学精确的，也是诗意浪漫的；是其时其地的，也是古风遥想的。只是，要想透彻地认识它，就不能忽略这“三角”中的任何一人。

01 Malcolm Campbell, "Piranesi and Innovation in Eighteenth-century Roman Printmaking," in Edgar Peters Bowron, Joseph J. Rishel, eds., *Art in Rome in the Eighteenth Century*, Philadelphia: The Philadelphia Press, 2000: 563.

1 诺利与《罗马大地图》

科莫人（1701－1756） 关于诺利在罗马地图史上的地位，一位学者曾经这么评价过：“关于罗马城的地图大致可以分成两类：在诺利《罗马大地图》(1748) 之前的地图，和这幅地图及其后继者。”[02]第二类地图里，后继者们大都沿袭了诺利的记录方式和图示方法。所以，自1748年后一百多年间的地图，要么是简单地抄袭诺利地图，要么就是拿它作为模板。诺利地图的影响一直持续到20世纪。诺利之前，相对于“平面图”（plan-map），人们反倒喜欢用“鸟瞰图”（bird's-eye view）来表达城市。1400年到1748年，一共只有五张罗马平面地图，其中有两幅尺寸还非常小，三幅比较大的地图分别由布法里尼（Leonardo Bufalini）（1551年）、德·罗西（Domenico de Rossi）（1668年）和安东尼奥·巴伯（Antonio Barbey）（1697年）绘制。这三幅均没有达到《罗马大地图》的准确度和完成度。1748年之后，提及“罗马地图”时就主要指的是平面地图了——尤其在19世纪和20世纪。但是游客和朝圣者一直以来都不太属意平面地图，他们经常看的还是俯视和鸟瞰两种视角混用绘制的地图，也就是那种将重要的建筑物均用三维形式表达的地图。这种地图模式源远流长，不过房屋的朝向经常出错。诺利生于科莫，长在米兰，早年师从当时杰出的数学家加科莫（Giovanni Giacomo）学习测量学与工程学。他1734－1735年年初来到罗马时，曾满怀热情地试图用米兰地图中流行的地形学测绘方法来测量整个罗马城。他的目标是出版一套全新的、高度精确的，整合了古代、中世纪和当代罗马的地图集。这个伟大的设想被当时由里维纳斯（Diego Revillas）、巴德尼尼（Canon Antonio Baldnini）和卡珀尼（Marchese Alessandro Gregorio Capponi）三人成立的私人公司赞助过。里维纳斯是一位来自米兰的数学家和地形学家，是萨皮恩扎大学（Sapienza University of Rome）的数学系教授、科学家弗朗切斯科·比安基尼（Francesco Bianchini）的学生。巴德尼尼是教士，博学的古文物研究者，也是日后聘用温克尔曼（Johann Joachim Winckelmann）的红衣主教阿尔巴尼（Alessandro Albani）的秘书兼图书管理员。卡珀尼是卡皮托利尼博物馆（Capitoline Museum）的监理人。他们的公司兼具学术性与商业性，愿意赞助诺利彻底地测量这个城市——每幢房屋、每个古迹、每座教堂和每一处残墟。这些测量结果后来被整合成一套系统的、科学的，集合了从古代到当时罗马城市建筑全部演变的信息库。诺利团队在地图上用了几种不同的颜色来标示不同时期的建筑信息，附带一套详细记载了房屋、纪念性建筑和其他古代或当代的构筑物信息的词条记录簿。这些建筑包括旅馆、医院、办公建筑、剧院和面包店等，为他日后丰富罗马地图提供了巨大的素材支持。地图精确到了每一个他可以测量的公共场地的程度。1736年，诺利的计划顺利启动，这离不开众多参与者与赞助者的热情支持。当时的风气就是，所有人都积极地投入到罗马的

02 Allan Ceen, *Nuova Pianta di Roma Data in Luce da Giambattista Nolli l'Anno MDCCXLVIII*, Eugene: University of Oregon, 2005: 2.

(图1)

NVOVA PIANTA DELLA CITTA DI ROMA COLL'INDICE DE TEM
SVOI XIIII. RIONI.
INDICE DE PALAZZI DI ROMA
CASTRO PRETORIO
VIA SALARIA
Porta Salara
Porta Pinciana
VIA FLAMINIA
Porta del Popolo
CASTELLO S. ANGELO
Porta Castello
Prato de Saluiati
Ant. Barbey Sculp.

巴伯,《现代罗马平面图》,1697年

艺术与文化创新之中。以红衣主教科斯尼（Neri Corsini）的圈子为例，他麾下的艺术家在切实反映当时的都市生活、历史遗产保护以及教皇国的防卫等方面有非常进步的理念。红衣主教阿尔巴尼也有一个极具先锋意识的艺术团队，他们在古代艺术研究领域独树一帜。还有支持牛顿先生的圣三一教堂的科学团队，等等。诺利第一批支持者里还有诸如博物馆馆长的文化界中坚人士。诺利与这些圈子都保持着良好的关系。庞大的人际网络和坚实的技术支撑是完成这套地图的先决条件。1748年，这项大工程被简化成《新罗马地图》（*Nuova Pianta*）先行出版，诺利最初构思的大部分内容并未实现。他放弃了绘制一张全新的古代罗马地图的计划，只在本人重绘的布法里尼1551年的罗马地图的基础上叠加了文艺复兴和中世纪时的城市分析图层。在《新罗马地图》里，纪念性的古代遗址被整合到当时的城市地图上，并用黑色线条加深，暗示了城市从古代到当代的演化。虽然借用别人的“研究成果”不无取巧之嫌，但这种“共时性”做法仍然显现了其超前的地图/图解意识。诺利对古代地图的种种问题进行了深度的调查研究。他曾和里维纳斯一起顺着卡比托利欧广场（Piazza del Campidoglio）的台阶，在大理石上搜寻从塞维鲁皇帝 (Septimius Severus) 时期开始的罗马地图碎片，即《古罗马城图志》（*Forma Urbis Romae*）。诺利试图从这些地图残片中识别出现存遗址的位置。虽然对古代的罗马地图和词汇进行了大量的批判性梳理考证及借鉴，但诺利还是把主要精力集中于对18世纪罗马城的实际测量上。《新罗马地图》里出现了一些疏忽，比如把庞培剧场的平面绘制成了大半圆形，这暴露出诺利在考古学上的不足。在之前作为绘图员的实用主义训练里，他更多关注的是当下都市的规划结构以及各种技术问题（建筑中的裂纹、排水系统以及土地注册等问题），并未对古时的罗马产生过兴趣。鉴于此，诺利进行了自我“补课”。他开始为力求精确度一再地测量各个纪念性遗址，甚至不时地去重测，以对比当时其他同行新出的各种测量数据。绘制罗马斗兽场时，诺利就曾订正了丰塔纳（Carlo Fontana）1725年出版的测量地图。在《罗马大地图》中，《新罗马地图》里画错的庞培剧场平面被改回半圆形（位置仍有误，后被皮拉内西纠正）。《新罗马地图》在罗马甚至整个欧洲获得了成功，这从它在罗马境内、境外市场上被再版、抄袭和借鉴的次数就可见一斑。《新罗马地图》树立了绘制城市空间的新标准，奠定了一套基于先进科学测量法则，而又独具制图学美学特征的成熟的测量体系。这一年，诺利还发表了他的划时代地图作品《罗马大地图》。

安东尼奥·巴伯的《现代罗马平面图》，1697年 在《罗马大地图》之前的另一张地图不得不提——雕刻师安东尼奥·巴伯于1697年画在单张画板上的《现代罗马平面图》（*Plan of Modern Rome*）（图1）。地图的名字写在画卷的上方，下面是献给当时罗马统治者帕拉唯奇诺（Ranuccio Palavicino）的赠言，中间是这位大人物的纹章。巴伯将图中的建筑标注为464个词条，写在画卷的两侧边和地图底部的卷轴里。图面的右下角还有罗马旧城十四区的词条列表（index to the 14 Rioni）。地图的方位是上东下西。自1551年布法里尼的《罗马地图》（*Roma*）作为第一张真正意义上的现代罗马平面地图面世以来（更早之前的罗马地图绘制处于前科学阶段），罗马地图发展迅速。不过，一直到1697年《现代罗马平面图》发表的近150年间，纯平面地图只有寥寥数张。在精确性与完整性上，巴伯的地图都达到了当时的最高水准。更重要的是，它还是唯一一张并不完全复制布法里尼地图的纯平面地图。就画面来看，这幅地图的内容和投影法与51年后诺利的《罗马大地图》完全一致。按道理诺利不可能没有了解过这幅地图。然而，诺利从未提及它。这幅地图代替了布法里尼的地图，成为罗马城最科学化、最清晰的数据地图。布法里尼的地图是自古罗马帝国以来第一幅描绘了罗马每一条街道、每一个教堂和广场的平面地图，但错误也很多。之后的50年，有20幅罗马地图发表，大多数都简单复制了那些错误，唯有巴伯的地图是一次切实的更新。巴伯和诺利一样关注当时的城市本身。这幅地图的一个革新之处正在于它测量了当时罗马旧城十四区（Ronie）的边界——这是当年奥古斯都大帝的城市区划的重点。不无巧合的是，大约50年后，教皇本笃十四世（Benedict XIV）在1743年重新将罗马城城墙内的区域精确地分成14个区块，每个区块叫作Rioni，这次划分的一个非常重要的标准是均分人口，并将靠近台伯河的地方尽量划在一起。这导致14个 Rioni 的形状千差万别（图2）。诺利和同事贝尔纳迪尼（Bernardini）一起研究过这次再规划。《罗马大地图》的一个新特点就是纳入了本笃十四世的这次重新划分。诺利将地图上的14个区域按照教规顺序标注了编号，地图的外框上装饰着14个区域的象征徽章和其他标识，提供了关于该次改革的重要文献资料。皮拉内西十年后绘制的《战神广场平面图》，画的就是罗马旧城十四区之一古战神广场区的地图（包括其南面的几个区）。巴伯的地图和贝尔纳迪尼最初对十四区的记录非常接近，虽然不乏出入。所以，诺利在研究十四区的再划分时不可能没有了解过巴伯的地图。然而为什么诺利不肯提起这幅地图？不止诺利，后来的学者对于这幅地图也甚少提及，让人费解（图3）。《罗马大地图》是诺利为罗马地图史所做的最大贡献。这幅地图由12页80cm×54cm 的图版组成（《新罗马地图》也是12页，但单幅尺寸为69.3cm×44cm，比《罗马大地图》小了

（图2）

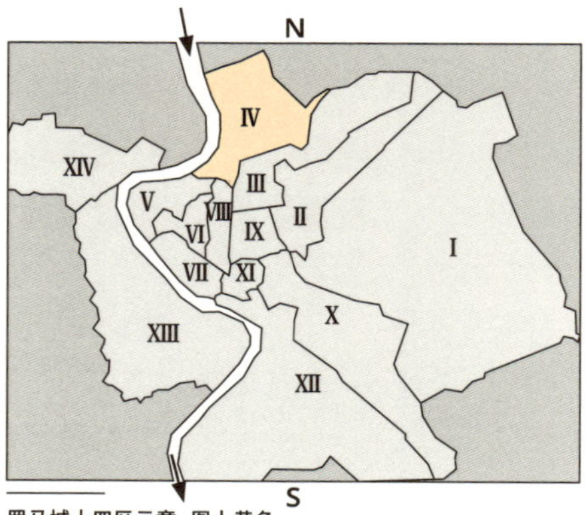

罗马城十四区示意，图上黄色区域即是战神广场区域

（图3）

巴伯地图（左）与诺利地图（右）上的十四区分界线

（图4）

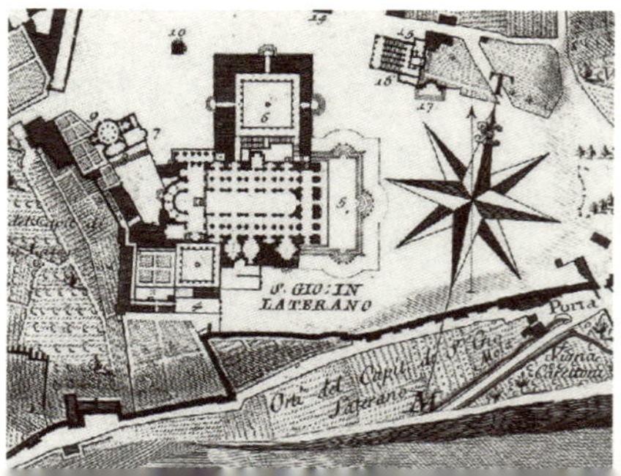

标在拉特兰圣约翰大教堂前方空地处的指北针，指北针上的垂直箭头即磁石北极方向，与地球的正北有着一定的磁偏角

一些，两者内容基本一样)，外加两页小地图和五页目录，是一个合订本。诺利承认自己的地图主要参考的是布法里尼1551年画的罗马地图。虽然他对巴伯的地图避而不谈，但是在详细比对之下，两者之间的传承关系是清晰可见的。《罗马大地图》也是城市地形学历史上的一道分水岭。诺利是文艺复兴之后欧洲历史上第一位在地图上以北为上的绘图者，在此之前，地图一般都是以东为上。同时诺利也是第一个反复强调指南针在确定城市特定参照点位置时的作用的人。磁石在《罗马大地图》里一共出现了三次：一处是地图下端两个丘比特正在讨论的磁石；一处是标在拉特兰圣约翰大教堂(Basilica di San Giovanni in Laterano, NN5)前方空地处的指北针，指北针上的细长垂直箭头即磁石北极方向(也是地图的正北方)与地球的正北有着明显的差异；还有地图右下方两位丘比特正在参照的地理测量员使用的平板仪上也有一块磁石，暗示着这幅地图上的每一个位置都是绘图者在这座城市里参照同样的南北参考线确定的。诺利使用圣玛利亚天使教堂(Basilica di Santa Maria degli Angeli, NN203)的日晷仪作为主要的南北参考线。他曾在早期的草稿里将这条参考线称为“Certosa 子午线”。这条精确的参考线，刻在嵌进教堂大理石地板的黄铜上，是1702年比安基尼为了固定天主教教堂的斋日，即确定春分和秋分的时间而做的。这个时期的教皇已经意识到罗马地区正北与磁石的北极有着13°的磁偏角。诺利利用这条优化的参考线作为他所有测量数据的基准，且便捷地做出平行于这条参考线的二级参考线。使用平板仪现场实测、就地绘图极大地缩小了测量与绘图之间的误差，加上欧洲其他国家因海外扩张需要而发展成熟的三角测量技术以及更正过的参考线的引进，诺利终于可以大幅度地提升城市地图的准确性。这也是诺利这张地图得以成名的原因。在布法里尼的时代，这三样条件都不具备。这张地图的准确程度远超之前所有的罗马地图，甚至将其和现代卫星地图比对也仅有很细微的差别。所以这幅地图自发表之日起就很少有人能够大幅度地改善它。其细节的精确性令人叹服，比如它记录了西班牙大台阶和卡比托利欧广场不易察觉的不对称(图5)。诺利完全按照自己测量的结果来绘制场地平面信息，不掺杂一丝主观看法。准确度之外，这张地图还提供了无与伦比的丰富信息(图6)。诺利进行编号的场地词条就有1320处，此前的同类词条很少达到千数。这也是其他罗马地图无法企及的。地图左右两侧的前景分别被诺利设置为古代罗马和现代罗马主题。地图的左侧是古罗马废墟主题。代表古代罗马的人像端坐废墟石块上，居于视线的焦点。旁边斜倚在地上的是象征台伯河的河神。前方是象征罗马缘起的母狼乳婴。人像背后是古罗马的各色建筑遗址。最醒目的是古罗马广场群的三柱双子神庙遗迹、图拉真凯旋柱、君士坦丁凯旋门、塞普蒂默斯凯旋门，更远处还有罗马大角斗场、大浴场等等。古代主题的右端是一块大理石纪念石板，上面写着赠言：“献给神圣的本笃十四世 / 全新的罗马地图 / 由他卑微的臣民 / 来自科莫的 GIAMBATTISTA NOLLI/ 虔诚地奉上。”(图7)右侧的现代主题中心是坐于王座之上的现代罗马的拟人象征，丘比特正给她戴上三重冕冠。塑像的背后是18世纪基督教罗马的建筑象征，文艺复兴时期完成的三个标志性建筑：拉特兰圣约翰大教堂、米开朗琪罗(Michelangelo)设计的卡比托利欧广场和圣彼得大教堂(图8)。有研究者认为这两处主题的并置意味着现代基督教堂新建筑战胜了古代异教废墟，因为诺利一向看重新生的罗马，并且这幅地图还是进献给当时的教皇。不过笔者认为，诺利的用意应该在罗马精神的传承上：古罗马的伟大在后世传承有序、生生不息。雕塑前景里的小丘比特们也各有用意：前景大理石板左侧的小丘比特正在拿锤子雕刻本笃十四世的纹章，而右侧的两个丘比特在研究城市的风向。大理石板的下方有一块石碑，上面刻着整幅地图的比例尺，近似于1:2900。现代主题的丘比特有着更明显的科学含义。图10里的中心是一位用照准仪和 bussola(布法里尼使用的类似指北针的工具)在平板仪上描线的丘比特，后方是进行测量工作的小天使们。其中一位手里拿的三角链条表明他们正在利用三角网格来测量距离(图9、图10)。《罗马大地图》在1748年出版的时候是相当激进的。它用一种非常新颖的描绘方法，展现了18世纪罗马的城市环境、文脉和肌理。诺利将公共建筑的内部空间也涂成和建筑外的街道相同的颜色，也即图纸的颜色。而建筑用密集的深色斜线表示。按照现在的通行说法，这是第一张明确表达“图底关系”的地图，也是第一次在地图中清晰地表现图形(figure)和背景(ground)这两个概念具体意涵的作品。诺利的黑白二分处理对公共空间和私有空间进行了区分。教堂和剧院的内部，宫殿庭院、入口和阶梯等等被定义成半公共空间，一律留白。在20世纪70年代之前，宫殿庭院还在对外开放，因此《罗马大地图》上所有的白色区域代表着可进入的连续的城市(公共)空间。在这个罗马城里，经由一个个庭院抄捷径抵达自己的目的地是非常愉快的一件事情。[03]有些半公共的通道与现有的道路轴线对齐，暗示了可能存在着被现有建筑吸收的中世纪道路。比如，马西莫府邸(Palazzo Massimo, NN625)入口的六柱柱廊往前

03 Allan Ceen, *Nuova Pianta di Roma Data in Luce da Giambattista Nolli l'Anno MDCCXLVIII*, Eugene: University of Oregon, 2005.

(图5)

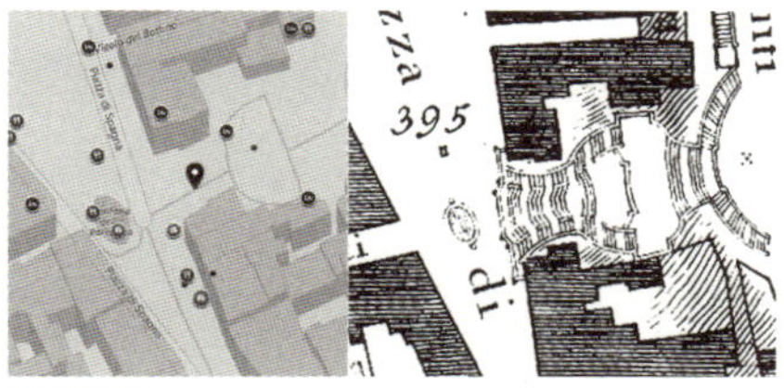

西班牙大台阶处的地图，左侧是现代电子三维地图截图，右侧是诺利地图截图

(图7)

地图左侧前景

(图8)

地图右侧前景

(图9)

左侧前景丘比特塑像细节

(图10)

右侧前景里的小丘比特主题

ALLA SANTITA'
DI NOSTRO SIGNORE
PAPA
BENEDETTO XIV
LA NUOVA TOPOGRAFIA
DI ROMA
FIUME TEVERE
RIONE XIII
RIONE XII
Porta S. Paolo

（图6）

诺利,《罗马大地图》, 1748年

与它前方的帕拉迪索大街(Via del Paradiso, NN628)对齐,往后则直通内部庭院。这暗示了可能这里有过一条连接百花广场(Campo dei Fiori)和纳沃那广场(Piazza Navona)的道路(图11)。如果将这幅地图和巴伯的地图比对,我们会发现,撇开测量的准确度和描绘的细致程度不谈,这两幅地图在所谓"公共空间"和"半公共空间"上的差别也只是画法不同。巴伯沿用之前制图师经常使用的操作,采用规律排列的点阵来表现街块——可参考克鲁伊(Lievin Cruyl)1668年的"杂交"地图;而诺利采用深色且密集的斜线来表示。最后形成的结果确实是诺利的地图黑白之间的对比更为分明,但其实也只是修改了标识方法而已(图12)。一直以来,包括巴洛克时代罗马地籍簿上的记录,罗马地图的建筑平面表达都是墙体涂成深色而内部空间保留空白。乔瓦尼·巴蒂斯塔·蒙塔诺(Giovanni Battista Montano)的很多建筑图里也是用与巴伯类似的密集点来表示建筑墙体(图13)。而私密与公共空间的区分,在建筑图上一直存在,并不为奇。所以,诺利地图上的"图底关系思想",就结果而言,应该是一种现代话语的表达。诺利最初选用深色斜线的目的也许只是为了和巴伯地图做明显区分,并且增强图面的效果。至少诺利本人的文字说明从未提及区分空间关系之类。《罗马大地图》除了一张大的新平面地形图外,还有五张词条列表,附带两张小的地图,其中一张是原地图的缩小版《小平面图》(*Pianta Piccola*),而另一张是诺利对布法里尼1551年地图的简单重绘。这张重绘地图上所有新发展起来的街块(block)都被涂成了深黑色——这很像是诺利做的一个图绘试验,更加表明所谓的"图底关系"只是诺利选用的一种画法导致的城市空间关系的区分结果(图14)。与《罗马大地图》同在1748年出版的《新罗马地图》中包含了两幅地图。一幅是分成12页的诺利1748年地图(尺寸比《罗马大地图》小八分之一),另一幅是诺利和皮拉内西合作测绘的《新罗马地形图》(图15)。两幅地图差别细微。当然,《新罗马地形图》要更准确一点。这次合作也给皮拉内西带来了巨大灵感。皮拉内西日后发表的新作《古今罗马与战神广场平面图》(*Plan of Ancient and Modern Rome and the Campo Marzio*),直接使用了这次合作的罗马新平面轮廓。诺利的地图绘制恰逢其时。从15世纪中叶开始,罗马城进入了一个繁荣发展的阶段,但到了18世纪中叶,城市的发展趋缓,鲜少有大的变化。因此,《罗马大地图》可以说囊括了这个城市从文艺复兴到巴洛克时期的各种改革变迁。直到1870年罗马成为意大利首都之前,它都是表现罗马城的有效资料,时至今日依然是研究罗马历史的重要文件。在现代建筑史上,诺利的地图曾涉及两次非常重要的展览,并且它们都在意大利举行。第一场是罗马1978年举办的名为"断裂之罗马"(Roma Interrotta)的展览。它以诺利的这幅地图为出发点,邀请了12名建筑大师或理论家将诺利地图按照他们各自的城市理论,转化成一个对罗马城的"改造"设计。另一场叫作"最新的路径"(Strada Novissima),1980年在第二次威尼斯国际建筑双年展上举办,主要讨论标志性立面问题。这两次展览上出现的柯林·罗(Colin Rowe)的"拼贴城市",还有克里尔(Leon Krier)连同其他建筑师一起提出的新城市主义(New Urbanist Schemes)都已史上留名。彼得·埃森曼称赞这幅地图是后现代主义建筑"回应(reaction)的标志"。[04]

04 Peter Eisenman, "Piranesi and the City," in *Piranesi as Designer*, ed. Sarah E. Lawrence, New York: Cooper Hewitt, National Design Museum, Smithsonian Institution, 2007:303.

(图11)

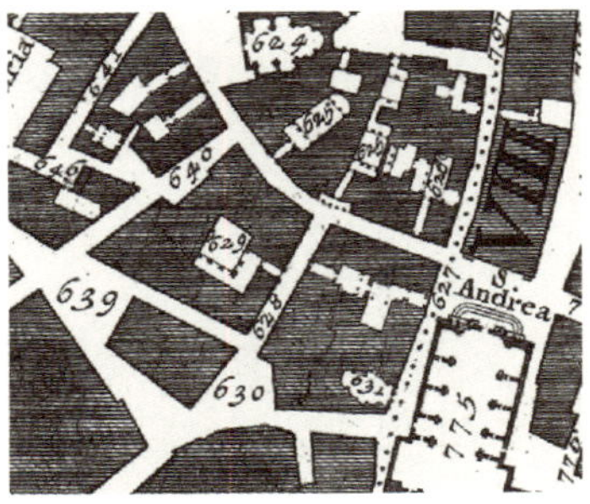

马西莫府邸(NN625)的入口柱廊和它前方帕拉迪索大街(NN628)的对位关系

(图12)

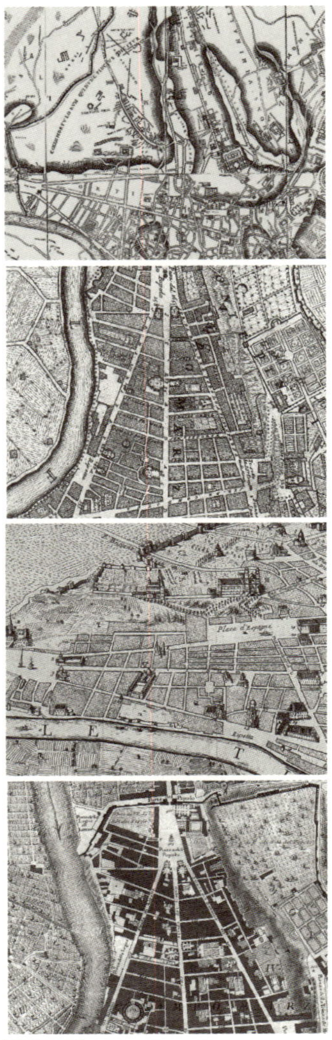

从上到下依次是布法里尼地图、巴伯地图、克鲁伊地图和诺利地图战神广场区域的截图

(图13)

蒙塔诺绘制的建筑图

2 瓦西与《罗马城灵魂的风景》

西西里人瓦西(1710—1782) 1736年,25岁的西西里人瓦西来到罗马,很快就成为罗马城内首屈一指的版画雕刻家。著名的考古学者韦托里(Francesco Vettori)1741年编写的一张在当时的罗马比较活跃的版画家清单表明,瓦西尤以其建筑风景蚀刻版画而知名。在罗马最开始的几年里,瓦西主要与法国学院派的学生合作,为罗马当时主要的出版机构 Calcografia Camerale 绘制大型的庆典作品。受科罗纳(Colonna)王室邀请,瓦西和合作者们一起编撰了年刊《几内亚的盛宴》(*Festa della Chinea*)。瓦西极为勤勉地经营着自己的工作室。这是一个日渐重要且非常有组织的团队。在工作室的几位年轻的艺术家、专家和大师的直接监督下,1748年扎巴利亚(Nicola Zabaglia)绘制、博塔里(Bottari)编纂出版了插画作品《城堡与桥梁》(*Castellie Ponti*);同年,珀勒(Georg Casparvon Penner)出版了组卡利(Zuccari)兄弟关于卡普拉罗拉的法尔内塞(Farnese)府邸穹顶上的壁画研究的书籍;还有为瓦西撰写文案的学者比安基尼(Bianchini)出版的《四重奏福音书》(*Evangeliario Quadruplex*)及其他作品。工作室还受命于瓦西的赞助人之一(西西里和那不勒斯王国的查尔斯王子)出版过一些地图。在这个出版兴盛的时代,瓦西也曾为诺利的《新罗马地图》作过画。随后便开始了确立他日后名声的大型建筑风景版画集《瑰丽》的创作(图16)。[05]

05 Mario Bevilacqua, "Plans, Views, and Panoramas: The Visions of Vasi,Nolli,and Piranesi," in James T. Tice, James G.Harper, *Giuseppe Vasi's Rome: Lasting Impressions from the Age of the Grand Tour*, Oregon: Jordan Schnitzer Museum of Art, 2010: 44-48.

(图14)

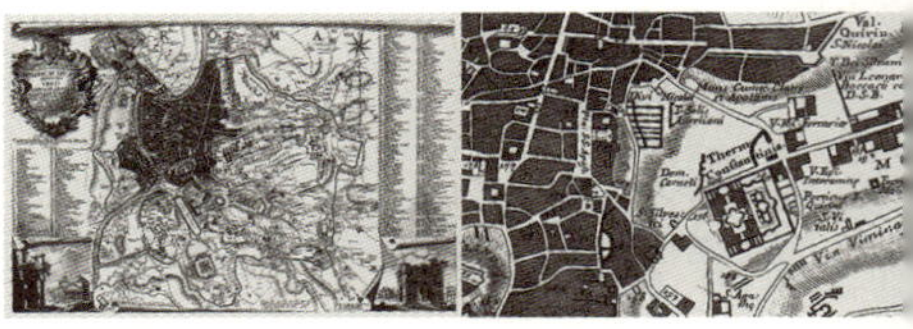

附在《罗马大地图》后面的诺利重绘的布法里尼地图及地图部分区域放大

(图15)

《新罗马地图》里诺利和皮拉内西合作测绘的《新罗马地形图》

(图16)

瓦西,《瑰丽》十卷版画精选

罗马版画集《瑰丽》 罗马版画集《瑰丽》具体的创作时间不是很确切，十卷本大约出版于1747—1761年间。但就瓦西开展这个项目的目标和操作方法来看，十卷书有着条理非常清晰的结构：从城市外部空间的大门及城墙(Le porte e mura di Roma,1747)到城市内部的公共广场(Le piazze principali di Roma,1752)，再到城内著名的建筑(Le basiliche e chiese antiche di Roma,1753; I palazzi e le vie piu celebri di essa,1754)，之后是关于桥梁版画和河流版画的一卷(Li ponti, e le vedute sul Tevere, 1754)。剩下的几卷也同样采用了明确的结构：教区教堂(Le chiese parrocchiali, 1756)，修道院与僧院(I conventi e le case dei chierici regolari,1756)，女修道院及僧院(I monasteri e conservation di donne,1758)，以及学校、济贫院和医院(I collegi,spedali,e luoghi pii,1759)，最后以一系列的别墅和花园结尾，将读者的视线从建筑稠密的都市拉回城墙内外的田园地带(Le ville e giardini piu rimarchevoli,1761)。瓦西对现代罗马城的系统考察是对先前巴洛克时期风景版画作者菲勒里奥(Pietro Ferrerio, 1600—1654)和法尔达(Giovanni Battista Falda, 1648—1678)的效仿与革新。他们的作品代表了一种试图用地图学手段罗列、概括城市的方法。《瑰丽》第一卷中有一幅展现两扇大门之间距离的版画。瓦西将这幅画命名为"让我惊讶的是从一扇门到另一扇门的距离，沿着街道外面行走，为了横向尺寸，建筑师和测量师诺利先生如是描述了这个精彩的作品"。这幅图可以作为瓦西参考诺利作品的直接证据。这两人本就交往甚密，甚至可以猜测，瓦西对诺利非常欣赏和尊敬。瓦西在这幅图的顶部添加了一幅小型的以北为上的平面地图，可以看出，即使瓦西并非抄袭诺利，他的工作内容也一定和诺利有着紧密的关联。《瑰丽》第一卷出版时，正好是诺利出版他的《新罗马地图》的前一年。瓦西采用的从小场景切入描绘城市风景的做法同诺利的"科学革命"精神有些不同。在1765年出版的大型罗马全景式地图版画《罗马城灵魂的风景》(*Prospetto dell' alma citta di Roma*, 之后简称《风景》)中，瓦西选择了光学透视法绘制，整幅图从贾尼科洛山(Janiculum Hill)上取景。

罗马全景式地图版画《风景》 瓦西应该早在1747年就开始构思这幅巨幅版画《风景》(图17)，然后于其职业生涯鼎盛之时出版，《风景》无疑是其最富野心的作品。它由18页铜版蚀刻画拼合而成，每页12.36m×31.7m，另外包含390个词条的目录说明。瓦西将这幅版画献给西班牙国王查理三世(Charles Ⅲ)，在这幅画的底部中间画着这位国王的纹章。这幅画的左右两侧都刻着1世纪罗马诗人马提亚尔(Martial)第64短诗(the 64th epigram)里的短句：HINC SEPTEM DOMINOSVIDERE MONTES / ET TOTAM LICET AESTIMARE ROMAN.("罗马七丘象征着最至高无上的权威，罗马正为天下大观。")[06] 《风景》是一幅极易解读的全景版画。它应该是在贾尼科洛山科斯尼(Corsini)府邸上的咖啡屋里取景绘制的。为了把看不到的一些地方也画进来，瓦西扭曲了原本的视角范围。但这不妨碍这幅作品的非凡成就。它信息精确，丰富直观，被后世艺术家不断效仿。瓦西在版画的左侧放置了一个侧倒的石碑，上面标注着与《瑰丽》里某些版画重复的地方。这幅版画还有一些自传性的色彩，它着重表现了一些和瓦西工作过的地方密切相关的地点，像科斯尼府邸和法尔内塞府邸就排在整幅图的中轴线上。还有罗马阿卡迪亚学会(Arcadian Academy)的所在地Bosco Parrasio，为了表现它，瓦西甚至还改变了透视角度。这幅图的下面是包含了390个词条的图例，每个地址标注的数字和瓦西两年前(1745年)出版的《教育行程》(*Itinerario Istruttivo*)里的是一一对应的。《风景》的手绘稿幸运地保留了下来。这个牛皮纸手绘稿基本绘出了后来正式出版图的全貌。瓦西自己署过名的手绘稿残存下来的极少，这是非常珍贵的一幅作品，提供了研究瓦西绘画方法的重要信息。作者灵活地使用黑粉笔、黑墨水和水彩，虽然精确度不足，但

06 James T. Tice, James G. Harper, *Giuseppe Vasi's Rome: Lasting Impressions from the Age of the Grand Tour*, Oregon: Jordan Schnitzer Museum of Art, 2010: 104.

(图17)

瓦西,《风景》,1765年

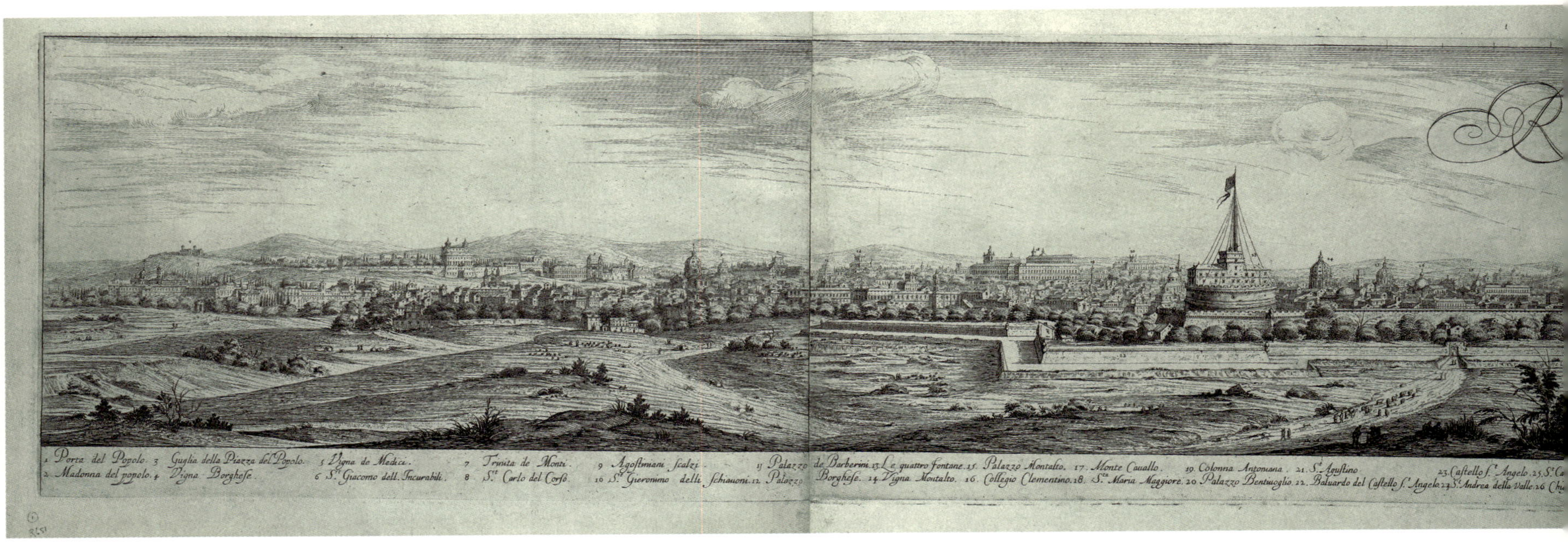

(图18)

画出了需要勾画的重点形象，包括从圣安吉洛（S. Angelo）古堡里冒出的烟雾和古堡尖顶上的雕像。对比两张图片，可以看出瓦西调整了一些建筑的关系，如科斯尼府邸被稍微移向了版画的中心，其目的自然是为了更细腻地渲染这个项目赞助商的府邸。其他较大的变化都集中在前景的安排上。目录的位置空着。象征国王的椭圆形纹章和标注文字的石碑只是交代了轮廓，没有配景人物和植物。这个鸿篇巨制虽然出版于1765年，其实早在1747年瓦西就已经在《瑰丽》第一卷里透露了他在着手开展相关工作。在《瑰丽》第三卷他再次提到，这个项目的定稿收到了梵蒂冈罗马教廷的出版授权。《风景》可以说是瓦西非常具有革新意识的一次尝试。在当时的出版界，这种英雄主义式的超大尺度场景极少有人尝试。《风景》取得了空前的成功，将发展了三个世纪之久的城市风景版画引入了一个华丽的终章，同时揭开了新时代的序幕。《风景》也理所当然地取得了商业上的成功，在接下来的几个世纪里被不断地修订、再版。瓦西在政治上是非常敏锐的。他将《风景》送给了好几个欧洲朝廷权贵，这里面有维也纳皇家法院和都灵撒丁岛国王的萨瓦法院。为了更好地“推销”这个作品，瓦西甚至构想做出水彩画版。他尝试了一种在罗马地区颇为流行的传统的装饰画法为《风景》上色，使之更接近一幅“艺术品”。可以想象，这幅巨型风景版画用颜色渲染之后会有多么震撼的效果。除了法尔达的鸟瞰地图，大师小伊斯雷尔·西尔维斯特（Israel Silvestre the Younger）也对《风景》产生过直接影响。西尔维斯特是

(图19)

西尔维斯特，《罗马城全景画》，1642年

一位法国风景画师、蚀刻版画家，曾三次到访罗马。他经常使用出人意料的取景视角，更重视场地风景而非城市的形态。1643年，第二次旅行罗马之后，西尔维斯特出版了一套版画作品集。稍早之前，西尔维斯特曾出版过一张罗马全景版画《罗马城全景画》（*Panorama of the City Rome*, 1642）（图18）。这张作品和《风景》有很多共通的地方：低视角的整体布局和精巧的细节处理，以及与现代相机效果极为类似的全景感。单看图面效果的话，这幅地图应该给瓦西提供了一定的长条形构图的提示。毕竟此时的罗马全景式地图依然流行正方构图。同时，西尔维斯特在拜访意大利的时候曾经绘制了不少罗马城墙外的风景。从这幅地图上可以看到作者对罗马城外及城内郊外区域的刻画，这在流行的罗马全景式地图里是很少见的，而这也是与《风景》共通的地方。西尔维斯特的取景地应该是在罗马城墙外北侧的高地。和瓦西一样，建筑的前景排列了一系列知名的纪念建筑，可以辨别的有44处，像波波洛（Popolo）广场、博尔盖塞（Borghese）别墅和美第奇（Medici）府邸等等。不过，罗马城在整体风景中有点疏离，视觉效果不及《风景》来得震撼。笔者还收集到一幅效果类似的长条形全景透视图，作者是版画师多米尼克（Dominique）（图19）。这幅蚀刻版画依然是从罗马北侧往南展望。取景地没有西尔维斯特这么远，所以图上的场景要清晰一些。图上给出了42个场地的名称。这幅地图的正下方刻着赞助者的纹章，和《风景》是一样的。几乎所有提起《风景》的论文，无一例外都会反复强调法尔达的系列地图和建

多米尼克，《罗马全景地图》，1649年

筑版画作品对瓦西的影响。诚然，从建筑的处理手法及地图表现内容来看，法尔达对瓦西的影响是巨大的，不过，就笔者搜集到的资料而言，虽不能断定西尔维斯特、多米尼克这两幅地图一定给了瓦西决定性的提示，但《风景》的整体构图应该并不是他自己的突发奇想，彼时的大环境显然起到一定的作用。长条形构图从安东尼奥·坦佩斯塔（Antonio Tempesta）1593年的全景式地图开始，经由西尔维斯特、多米尼克的发展，最后在《风景》中臻至巅峰。这依然是一个交织共进的时代现象（图20）。虽然有很多观众醉心于瓦西的作品，但也不乏责难之声。就连《风景》这般巨作亦在推崇技术革新型的诺利或是天赋才华型的皮拉内西的圈子里不受重视。有些建筑师就对《风景》不屑一顾，认为它主要用于给参观者当旅游纪念品。凑巧的是，瓦西的画通常比皮拉内西的画便宜。造成这种现象的一部分原因是尺寸的差别：标准的皮拉内西的风景画一般都是用比瓦西大点的图板画的。另外一个原因就像著名的收藏家马里埃特（Pierre-Jean Mariette）宣称的，“瓦西的风景画从贾尼科洛山上取景，不是很能激起我的好奇心”。[07]这些反对的声音大多局限在某个专业圈子里。事实上，瓦西的画在市场上非常具有吸引力，比起皮拉内西的作品，它的价格更为友好。瓦西、诺利和皮拉内西可以被称为“18世纪罗马蚀刻版画家三杰”。1769年，罗马教宗克莱门特八世将瓦西的作品连同诺利和皮拉内西的作品一并提供给前来访问的贵族客人和知名人士。此外，在那不勒斯地区及米兰的统治者，同时也是众多艺术家和建筑师的赞助人的弗尔明（Firmian）伯爵华丽的图书馆内，瓦西、皮拉内西和诺利的作品同其他精心挑选出来的出版物一起，被作为展现古代和现代罗马的图解文献。瓦西经常被同皮拉内西比较。从同时代的观察者法国经济学家和政治学家罗兰（Jean-Marie Roland）的评价来看，两人的支持者和反对者都泾渭分明。他写道：“从没有人用（像皮拉内西）这么宏伟的方式表达废墟，更没人取得和他一样的效果。这位来自威尼斯的先生在这个领域内有着非凡的天资，有时他的画比现实本身更加震撼人心。确实，他的刻绘风格并不是那么忠于现实，他清楚当他的描绘对象十分开阔荒芜时要如何装饰它的主题……而一般的建筑师只会平庸地展现场景。瓦西则给了作品更多的精确度，看上去（透视）效果更好：可以通过对比两人都画过的圣彼得教堂及其前广场来判断。比起皮拉内西，瓦西的版本更加高级。”[08]瓦西的《风景》一直都是市场的宠儿。直到现在，还总有神秘的拥有者在不断地生产着副本。这使得《风景》能以古物或者仿制品的形式流传下来。《瑰丽》却相对有些不幸。它对浪漫主义思潮的吸引力不大，这几卷图册的流通在18世纪就基本停滞了。瓦西死后有一个人（可能是他的儿子）企图用新的印刷本唤起市场对它的需求，甚至谎称它是瓦西和皮拉内西合作完成的作品。他把瓦西和皮拉内西的署名粘贴到画板上，还试图更新画板上一些过时的细节，像衣着服饰或者马车的风格。

07 Giovanni Gartano Bottari, *Raccolta di Letters sulla pittura,scultura ed architettura*, Milan: Editions Eyrolles, 1882: 438.
08 James T. Tice, James G. Harper, *Giuseppe Vasi's Rome: Lasting Impressions from the Age of the Grand Tour*, Oregon: Jordan Schnitzer Museum of Art, 2010: 45-48.

（图20）

《罗马风景的新地图》，1781年 最近几年学界对瓦西的认识有不少改善。越来越多的学者重新认识了瓦西作为城市记录者（urban chronicler）的价值。他诚恳而谨慎地刻绘他所在的那个年代罗马的日常生活和城市发展，给现代学者研究罗马提供了大量的记录资料。然而，有一幅作品却依然被严重忽略，就是瓦西晚年的一幅罗马全景式地图《罗马风景的新地图》（*Nuova Pianta di Roma in Prospettiva*，1781年，之后简称《新地图》）。国外有学者将18世纪之前的几幅经典的全景式（鸟瞰）地图称为“alpha maps”，意思是“塑形地图”（formative maps）[09]，像之前提到的布法里尼的1551年地图、坦佩斯塔的1593年地图及法尔达的1676年地图（*Nuova pianta et alzata della città di Roma*）。瓦西这幅塑形地图最为人诟病的一点是，它并没有选用诺利更新过的城市轮廓，而直接借用早期数据错误的地图。它既缺乏测量的准确性，又缺乏原创性——全景画法在之前那批“塑形地图”中已有充分发展。在现代学者看来，这就是非常严重的精力浪费。还有一点就是，这幅地图绘制于瓦西的晚年，那时瓦西的绘图功力已经大不如前，甚至连瓦西工作室的后继者都批评其为“di pessimo intaglio”（糟糕的绘制）。对比坦佩斯塔、德·罗西、法尔达的地图，我们很容易看出，瓦西的很多细节远不如其前辈。比如罗马斗兽场这个极为核心的建筑，瓦西就画得粗糙很多。那么，瓦西为何要画这样一幅地图？它的优势在何处？其实，罗马的全景地图一直存在一个重要的缺失，就是对罗马城外景致的刻画。不论是布法里尼、卡塔罗、坦佩斯塔，还是德·罗西的地图，罗马城仿佛漂浮于纸面上的云中之城一样，鲜少有人会去研究、刻绘城外的郊区内容。当然，还是有少数学者补充了这部分缺失的内容，比如法尔达1667年的透视地图《近日罗马》（*Recentis Romae*）。这幅地图的轮廓正是瓦西《新地图》借用的模板。

09 Mario Bevilacqua, "Plans, Views, and Panoramas: The Visions of Vasi, Nolli, and Piranesi," in James T. Tice, James G. Harper, *Giuseppe Vasi's Rome: Lasting Impressions from the Age of the Grand Tour*, Oregon: Jordan Schnitzer Museum of Art, 2010: 20-21.

从左侧法尔达地图（1667）开始，按顺时针方向依次是德·罗西（1668）、多米尼克（1649）、瓦西（1765）地图

有些学者认为瓦西本人并没有接触过测量，也就是说，《新地图》刻绘的郊区风景都取自法尔达。[10]这一说法失之偏颇。因为瓦西曾经画过一幅他自己测量编纂的罗马城墙平面地图，收录在《瑰丽》第一卷（1747）里。虽然数据是错误的，但是不能否认，瓦西还是进行过大面积的测量操作（图21），只是他更为擅长处理单栋建筑的数据。在法尔达1667年的地图里，罗马延伸到了城墙外。为了突出城墙内部的城市，法尔达在处理外部区域时，采用了较细的笔触，这样整个图面的层次就一分为二（图22）。这也可以视为一种17世纪的“图底效果”（figure-ground dichotomy）。不过法尔达后来画的轴测地图没有继续描绘城外景象，罗马城一如既往地“漂浮”于纸面之上。瓦西的《新地图》不同于法尔达1667年地图的地方是，他在城墙内外采用了完全一致的笔触，并没有刻意突出城墙内部的城市。虽然瓦西直接照搬了法尔达的轮廓和街道数据，但是就表现方法而言，它与卡塔罗1576年的罗马地图中在城墙内外采用的处理手法比较一致。瓦西选用法尔达的作品作为《新地图》的出发点，应该只是为了方便地在法尔达地图数据的基础上进行信息更新。而更新的主要对象，正是长期被罗马制图师们忽略的城外远郊区域。实际上，诺利的1748年地图也有增加城外场地的内容，虽然主要是北侧区域（远不如瓦西对远郊的描绘范围）。这个问题涉及一个特定的背景，即当时欧洲的艺术赞助人制度。瓦西并非只是想在地图里多表现一些空间区域，画些别的地图没涉及过或画得不精确的内容；他是为了向赞助者示好，才频频将目光放到罗马城的城墙之外。

10 Jessica Maier,"Giuseppe Vasi′s Nuova Pianta di Roma (1781): Cartography, Prints, and Power in Settecento Rome", *Eighteenth-Century Studies*, 2013(2): 264.

（图21）

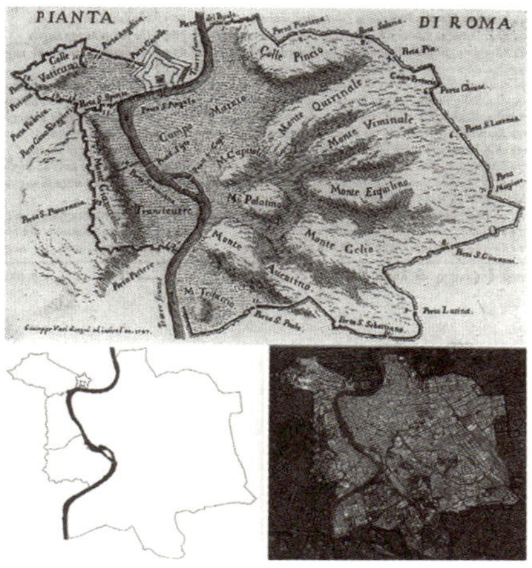

上图为瓦西自己测量的罗马城墙地图，左下是诺利地图的轮廓线，右下是现代罗马卫星地图

（图22）

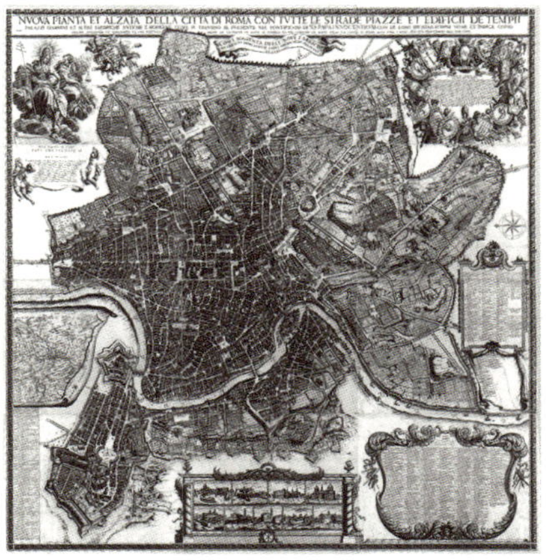

法尔达，1676年罗马地图（*Nuova pianta et alzata della città di Roma*）

（图23）

《风景》前景里的阿卡迪亚集会花园

瓦西与阿卡迪亚学会 阿卡迪亚学会（Accademia degli Aecadi）是17世纪末至18世纪初流行于欧洲的社会文化团体，其中心就在罗马。学会基本上是一个半公开的组织，成员遍布艺术各个领域，包括画家、雕刻家、音乐家和对艺术有独特偏爱的王室贵族等等。但是所有的成员都有着对文学的热爱和对文化改革的认同。他们对繁丽异怪的巴洛克文化表示失望，而对简单纯净的古典文明大力推崇。阿卡迪亚（Acadia）是一个从古希腊神话里演变而来的艺术母题。它是一处风景优美的梦幻天堂，人们自由富足，象征着田园牧歌式的古典文明。这个母题最出色的代表就是画家尼古拉斯·普桑（Nicolas Poussin）的作品《阿卡迪亚的牧羊人》。瓦西在来到罗马的第一年就加入了当地的阿卡迪亚学会。在《瑰丽》的卷首，瓦西称自己为“Pastore Arcade”。学会里奉行着平均主义（egalitarianism），每个成员都会被赠予一个牧人名字，瓦西的名字是 Dioniso（传说中希腊酒神的名字）。学会在贾尼科洛山山坡上的小树林里集会。瓦西经常在那里和王室成员、红衣主教及高级教士碰面。在画家身份之外，瓦西还擅长诗歌，《瑰丽》的文字说明里有部分他自己创作的十四行诗。瓦西的作品赠言里提及的大部分名字都和阿卡迪亚学会有关联[11]。科斯尼（Corsini）家族的十一位成员、西西里和那不勒斯王国的查尔斯王子及其妻子，以及大部分《瑰丽》的赠言里提及的红衣主教等都是学会成员，而罗马教皇本笃十四世在还是牧师时也曾加入过学会。很显然，阿卡迪亚学会的成员们是瓦西最重要的赞助人。同时，瓦西的同行们，像诺利、皮拉内西和帕尼尼（Giovanni Paolo Panini）也都是学会成员。瓦西应该非常满意自己的成员身份，在《瑰丽》的前五卷里他标榜自己为“Giuseppe Vasi：Painter, Engraver, Architect and Arcadian Shepherd”（瓦西：画家、蚀刻家、建筑师及阿卡迪亚牧羊人）。在《风景》的前景里，瓦西把阿卡迪亚学会的集会花园放置在一组沿山坡错落布置的田园牧歌式建筑的前面（图23）。理论上，在瓦西的观测点应该看不到这片区域。这一处理虽然不乏讨好本学会资助人的意图，但也迫使瓦西加强了对郊区田园风景的认知与表现。瓦西在《新地图》中着重记录了“大罗马”城墙外部分的重要建筑。其中很多建筑在当时位居意大利最优秀的建筑作品之列。这是瓦西地图的墙外空间描绘的要点所在，也是其他塑形地图没有做到的（图24、图25）。1761年，瓦西完成了《瑰丽》第十卷别墅和花园的出版。这里面就已经有许多散布于罗马城墙外的别墅建筑。在第十卷的前言里瓦西提到：“那些坐落在罗马城墙内外的精美至极的别墅，它们所屹立的地方，现在正服务于罗马的贵族和市民。它们曾经也是永恒之城罗马的属地。”[12]瓦西十分钦佩古罗马的辉煌盛景，即使他本人偏好18世纪的罗马。图25显示的是《新地图》里东北侧区域罗马城墙外的几个重要的别墅，这些别墅的拥有者大多是瓦西的资助人。这几个别墅在《瑰丽》里几乎都有独立的版画作品。在其文字说明里，瓦西不仅叙述了这些建筑的方位，还详细列举了每个别墅的艺术品收藏目录。别墅的所有者及其藏品使得这些城外的建筑有着巨大名望。它们背后的权力等级有不少远远高于城内的建筑。比如博尔盖塞家族别墅（Villa Borghese）的主人是文艺复兴时期至19世纪意大利的名门望族，别墅的尺度相当于城内一块街区的大小。而阿尔巴尼别墅（Villa Albani）在1762年才真正竣工（图26）。在《瑰丽》的说明文字里，瓦西称当时还在修建中的这座别墅在建成那刻将可以和古代的罗马建筑相提并论。这座别墅是红衣主教阿尔巴尼宴请当时最知名的考古学者的场所。建筑史学家温克尔曼就是在这里起笔他的名作《古代艺术史》(1764)。

11 James T. Tice, James G. Harper, *Giuseppe Vasi's Rome: Lasting Impressions from the Age of the Grand Tour*, Oregon: Jordan Schnitzer Museum of Art, 2010:24-26.
12 Jessica Maier, "Giuseppe Vasi′s Nuova Pianta di Roma(1781): Cartography, Prints, and Power in Settecento Rome", *Eighteenth-Century Studies*, 2013(2): 267.

(图24)

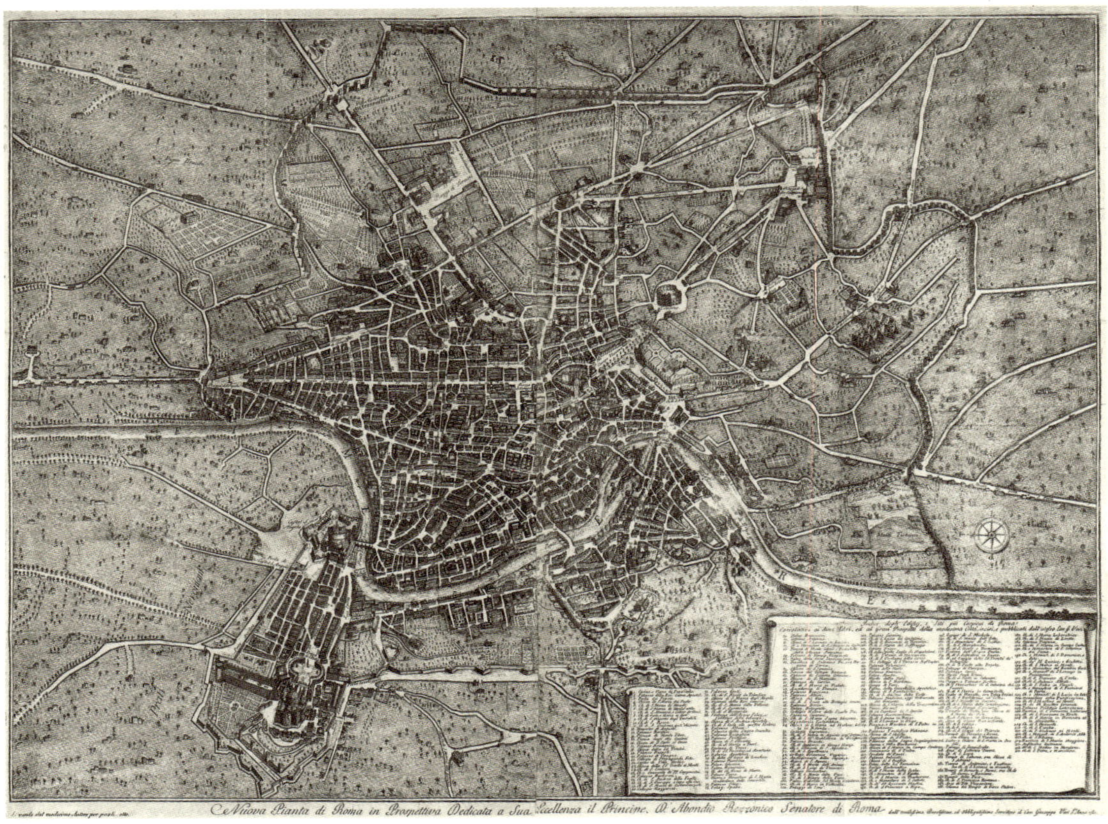

《新地图》，瓦西，1781年

3 皮拉内西与罗马考古

威尼斯人皮拉内西（1720—1778） 皮拉内西的地图作品非常接近诺利的科学制图。但比起瓦西和诺利，皮拉内西更醉心于古罗马的遗址与废墟。他早期的传记作者雅克-纪尧姆·罗格朗（Jacques-Guillaume Legrand）（经常直接从皮拉内西的孩子手里索要资料）曾经评价皮拉内西道：“他总是站在废墟之中。”[13] 在20岁左右来到罗马之前，皮拉内西一直在威尼斯学习。他交游的圈子里有土地测量家、诺利在米兰开展地籍管理工作的同事菲里皮尼（Giovanni Filippini）等很多有识之士。在威尼斯，皮拉内西接受了一定的建筑师、测量员和版画师的训练，也受到了独特的艺术熏陶。18世纪的威尼斯流行一种名为“capricci”的建筑狂想画。这种版画类型有一种浪漫主义或者说超现实主义气质。它描绘的建筑场景常常是一种脱离现实的、臆想式的、纪念性的夸张结构。这种威尼斯本土的建筑狂想画对皮拉内西影响巨大，暗示了他日后沉迷虚构之景、疏离日常生活的宿命。当时威尼斯精于设计舞台背景的比比恩纳家族（Galli Bibiena family）正好出版了很多关于舞台透视的设计书籍。皮拉内西经常钻研那些作品，在他本人早期的狂想式版画《怪诞》（*Grotteschi*）里就可以看到很多这个家族舞台设计的影子。

来罗马后，他和精于制图学的威尼斯名人波兰扎尼（Felice Polanzani）交往密切，还跟在罗马生活的法国学院派年轻人往来频繁。皮拉内西对于罗马的情感，比起瓦西和诺利要复杂许多。在威尼斯的时候，他就经常从同事那里听闻永恒之城罗马的种种辉煌过往。来罗马之前，他深信罗马比起他成长的威尼斯有更多的宝藏和新鲜的刺激。而来罗马之后，皮拉内西对其当时日渐被洛可可精致、繁冗且缺乏创新意识的装饰与建筑风格充斥的状况异常失望。[14]虽然当时的罗马并没有成全皮拉内西的一腔抱负，但这也是一种磨砺。

13 Mario Bevilacqua, "Plans, Views, and Panoramas: The Visions of Vasi, Nolli and Piranesi", in *Giuseppe Vasi's Rome: Lasting Impressions from the Age of the Grand Tour* by James T. Tice, James G. Harper, Oregon: Jordan Schnitzer Museum of Art, 2010: 40.
14 John Wilton-Ely, "Design Through Fantasy: Piranesi as Designer," in *Piranesi as Designer*, ed. Sarah E. Lawrence, New York: Cooper Hewitt, National Design Museum, Smithsonian Institution, 2007: 36.

(图25)

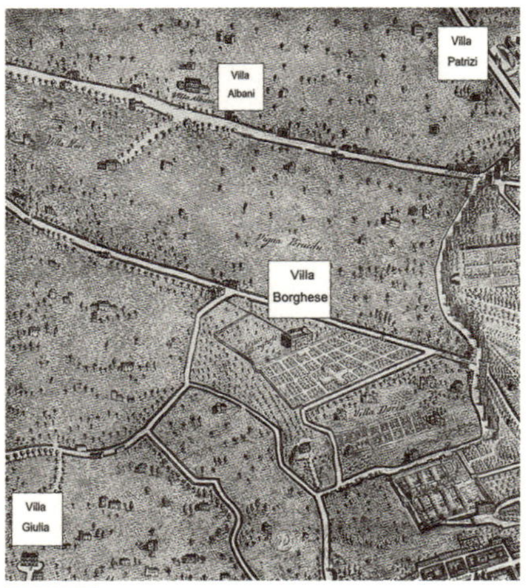

《新地图》里部分远郊别墅

(图26)

《瑰丽》里以阿尔巴尼别墅为主题的版画，下图是瓦西的取景视角在诺利1748年地图上的示意

(图27)

《标识所有古代遗址状况的罗马地图》

《罗马古迹》(*Antichità Romane*)，1756年 皮拉内西对再现恢弘的古罗马城建筑有着狂热的兴趣。当然，这种再现是建立在辛苦的测量和合理的分析之上的。在这个方面，皮拉内西深受当时一众古罗马专家的影响，包括著名的法国学院派风景画家和透视学教授帕尼尼，当然还有诺利。在皮拉内西的传记中，作者罗格朗还用“诺利专家”来称呼之：“诺利也从事罗马地图的绘制工作，皮拉内西对他准确的细节描绘和尽职尽责的态度极为敬佩。皮拉内西跟随着这些前辈，特别是诺利的足迹，开始熟悉每一处古罗马的废墟。他锲而不舍地搜寻城墙上的壁垒，在废墟和图书馆之间来回奔走以确定它们的名字和位置，并深深地缅怀这些壮观的场景。”[15]从这段描写中可以看出皮拉内西对诺利的《罗马大地图》的钦佩之情。皮拉内西与诺利合作颇多，主要为其助手。其中特别重要的是研究《古罗马城图志》碎片的一项工程。《古罗马城图志》反映的是当时罗马古城的城市再现和作图法。这次研究经历为皮拉内西日后的作品奠定了基础。诺利看出了这位年轻威尼斯学者的天赋，并邀请他参与《小平面图》(*Pianta Piccola*)的修饰和雕刻工作。皮拉内西还得到了共同署名的巨大荣誉。尽管如此，皮拉内西还是非常质疑诺利对古代遗址的淡漠态度。皮拉内西第一幅以个人名义出版的罗马地图出现在《罗马古迹》第一卷的开篇。它于1756年出版，正好是诺利逝世那年。地图标题是《标识所有古代遗址状况的罗马地图》(*Pianta di Roma disegnata colla situazione di tutti i Monumenti antichi*)，内容主要是城墙内“罗马七丘”的位置以及一些重要的纪念性古代建筑废墟的平面图(图27)。在随后的几块画板上，皮拉内西详细绘制了《古罗马城图志》里较为确定的一些地图碎片，并细致地画出石块边缘的阴影厚度以增强立体感(图28)。皮拉内西使用了诺利的制图技术，同时还抄绘了城内“七丘”和城墙的位置。城墙和许多纪念性遗址基本上都直接用上了诺利的《新罗马地图》的信息——皮拉内西曾担任这个项目的画师。诺利自己曾打算绘制古罗马地图，但从未发表过。皮拉内西借用的诺利地图的信息，其中有不少是自己在担任诺利学徒的时候亲身参与收集的。这些材料数据被用来补充《古罗马城图志》里的一些缺失——这项任务也是他1742年和诺利、里维拉斯一起进行的。皮拉内西用词条区分古代的地图残片上留下的遗址和当时诺利推测出来的新的建筑位置。对于诺利已经推测出来的位置，皮拉内西拒绝再次誊画。[16]这多少暗示了皮拉内西求新求变的野心。当然，这幅地图的轮廓未必就是《古罗马城图志》绘制时期真正的罗马轮廓复原，因为发掘出来的残片并不足以恢复古时的信息原貌。不过皮拉内西在这张地图里真正传达的是一种与诺利完全不一样的地图绘制的概念。在《罗马古迹》第一卷的卷尾部分，皮拉内西插入了一幅展示古代罗马引水渠的地图，依然用了诺利的《小平面图》作为绘图的模板(图29)。这张地图将其所绘的地段顺着弗拉米尼亚(Flaminia)大道从波波洛城门延伸到更北部，极富争议地将战神广场延伸至米维奥(Milvio)大桥区域。这样，对罗马旧城十四区轮廓以及古城引水渠的描绘形成了一个耐人寻味的问题——古罗马城的边缘应该如何界定？《罗马古迹》第一卷以古罗马广场和卡比托利欧山的平面地图结尾(图30)。昔日的永恒之城被局部再现，通过总平面图变得形象化、科学化、可测量化。这些平面图从概念上预示了皮拉内西日后绘制古罗马战神广场的计划。首页图上有块绘制在甲胄上的战神广场局部极富创意，呈现了一个梦幻的乌托邦式的空间，与诺利的写实主义地形学制图法已然相去甚远。1770年正式出版的《古今罗马与战神广场平面图》(*Pianta di Roma e del Campo Marzio*)也直接沿用了诺利《小平面图》的平面数据，并参考诺利本人后来更新的数据进行了修正。地图下端词条里的信息传递出皮拉内西、诺利地图及瓦西1765年出版的《风景》之间的关联性。

15 Mario Bevilacqua, "Plans, Views, and Panoramas: The Visions of Vasi, Nolli and Piranesi", in James T. Tice, James G. Harper, *Giuseppe Vasi's Rome: Lasting Impressions from the Age of the Grand Tour*, Oregon: Jordan Schnitzer Museum of Art, 2010: 41.

16 Mario Bevilacqua, "Plans, Views, and Panoramas: The Visions of Vasi, Nolli and Piranesi",in James T.Tice, James G.Harper, *Giuseppe Vasi's Rome: Lasting Impressions from the Age of the Grand Tour*, Oregon: Jordan Schnitzer Museum of Art, 2010: 42-43.

(图28)

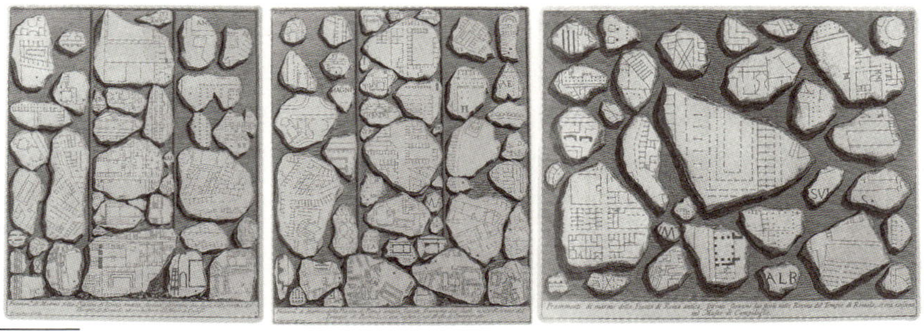

皮拉内西附在《标识所有古代遗址状况的罗马地图》后面的《古罗马城图志》里可以确定的一些地图碎片

(图29)

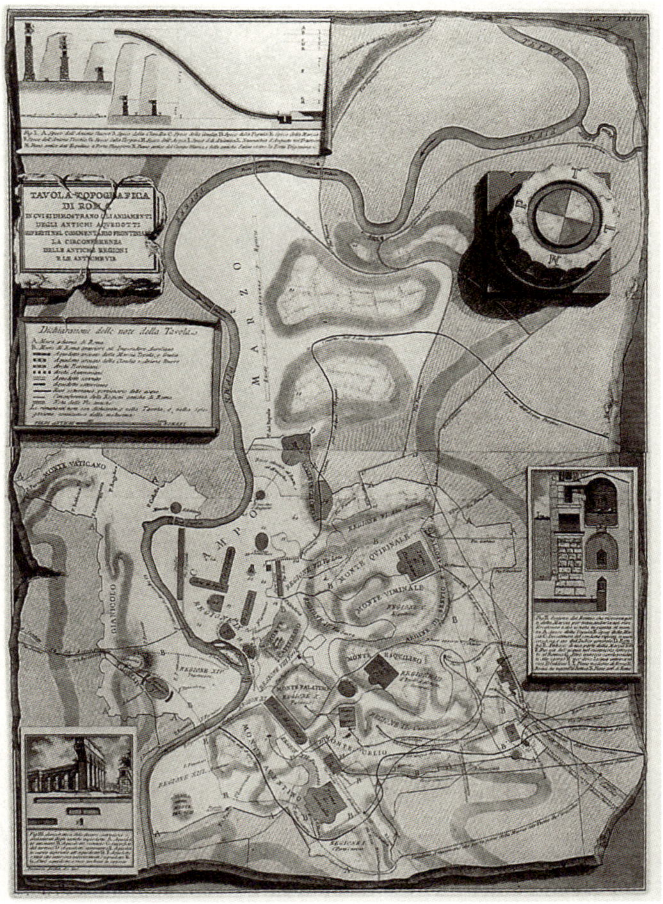

《罗马古迹》里的古罗马引水渠位置地图

《战神广场平面图》，1762年 诺利缔造了18世纪罗马城的平面地图，瓦西提供了精美的罗马城全景画像和细致准确的单一场地刻绘，皮拉内西则经由测量研究提供了罗马帝国时期的历史平面图和18世纪的废墟景观。三人中皮拉内西是最独特的。因为他不仅测量、考察了古罗马城的平面数据，还延续了布法里尼1551年罗马地图里的另一个重要行为：重绘历史。《战神广场平面图》（*Plan of the Campo Marzio*）的绘制，来源于皮拉内西迫切地想证明一项建筑理念——罗马建筑的正统性，即罗马建筑是在早期伊特鲁里亚建筑的基础上逐步完善起来的，与希腊建筑属于并行的两支文明，而且只有罗马建筑才继承了真正的伊特鲁里亚建筑的内核。这张战神广场地图就是皮拉内西为自己争辩的重要武器。皮拉内西盛赞伟大的古罗马建筑和其"任性的革新"（capricious inventions）[17]，并坚持它优于古希腊建筑。《战神广场平面图》显然希望创造一个与现有城市完全不同的城市形象。这是一张涵盖不同时间、地点和尺度层级的建筑集群的平面地图，而且它根本找不到参照的具体年代或时期。《战神广场平面图》被刻在皮拉内西称为碑碣的石板上，有几块石头碎片堆在上面。地图石板边缘参差不齐，边角处还裂了几块，用铁夹子固定住，令人感觉这是一件来自某个远古时代的旧物，现被从地底挖掘出来重见天日。皮拉内西的真正意图颇难理解。地图上，有些罗马的知名地标还保留着，像台伯河、万神庙、圣天使堡（哈德良陵墓），以及台伯河上的几座桥。地图上一些罗马帝国时期的结构以及一些18世纪60年代存在的建筑是能识别出来的。而其他一些看起来像是大型浴场、市场或者开放的讲坛的结构，到底是帝国时代的建筑还是皮拉内西虚构出来的，就不得而知了。地图上充斥着真实的、子虚乌有的、已经消逝的，或者被改变了原有尺度及位置的建筑与结构体。它们密密麻麻地挤在一起。如果说它们有什么共同点的话，那就是，这些结构体都是由抽象的几何平面组成（图31）。就结果来看，皮拉内西呈现的是一张没有固定尺度、没有特定时间、没有准确地点甚至没有实际对象和功能的建筑集群式地图。它很明显是对惯常地图绘制法则（无论是诺利的还是瓦西的）的反抗与破坏。《战神广场平面图》上的大部分建筑都被纳入不同层级的对称结构中，安插进串联交接的轴线组里。你可以把它看成是许多个有着多层级尺度的建筑结构综合体，被密集地按照某种规则放在一个空地上。一个对称的结构体可能从侧面插入另外一个稍大的带有对称跑道的建筑组。然后新的对称体被纳入另一个更大的对称结构。以此类推，建筑群逐渐生长扩张至占领整个场地（图32）。要研究这幅地图，首先要理解地图上的这些建筑。其中一些建筑来自真实的罗马城，一些是作者虚构地插入到其他建筑里的"新"建筑。这些真实的与虚构的建筑共同构成了一个图形化的城市（figural fabric）。而那些虚构出来的建筑体、建筑组本身，可能有它现实中的对应物，也可能是皮拉内西参考其他建筑学者、考古学者研究发表的建筑图纸演变出的新结构。比如蒙塔诺的古建筑图集《各种各样的古代神庙选集》（*Scielta di varij Tempietti antichi*, 1624），这本图集上有大量与地图上相似的原型。但是地图上仍有很多结构体既查无来处，也不太可能实现。有的学者认为这张地图上的建筑已经丧失了原来的功能，退化成一种机器（machine）或者说是图形（figure）——这是一个只有机器或者图形的宇宙，这些建筑机器/图形之间彼此冲撞、残杀，就像皮拉内西的狂想画里多次出现的幻想世界一样，甚至更夸张。[18]也就是说，这种机器/图形只是看起来像个建筑，实际上已经脱离建筑的身份。它们源于建筑的几何原型的组合，不断繁衍之下似乎产生了自我意识与生命。它们无止境地自我旋转、扩张，最终却不知去向何方。皮拉内西不像布法里尼那样只是在现实的基础上略加一点想象发挥；他的自我繁衍型的"几何生物体"彻底地颠覆了已有的地图绘制与认知常识。上述建筑机器/图形之间有些空隙疑似道路。这些"空隙"在一个方向上通常不会超过一个建筑组团的尺度。也就是说，如果建筑组团之间是道路，那么它的长度只有这两个组团的一侧那么长。因为邻近的建筑组团的轴线方向一般都不同，或者干脆堵死在端头，所以"空隙"道路不可能一直延续。每一个组团的尺度层级都有好几层。各个组团之间如果空隙稍大，还有一些小尺度的建筑空间体填充其间——有些是柱网，有些似乎是广场之类的公共开敞空间，有些是圆形神庙类的独立小建筑。结果就是，最后生成的整个场地中没有一个主导的，可将城市组织成连贯的、条理清晰的有机整体的轴线网络。这里有无数条轴线。每一个建筑组团都有自己的轴线。每根轴线都可以从任何一个方位自由地过渡到另一个方位。最后形成的城市地图虽然细节丰富，美不胜收，但是完全不具备一个城市合理运转所需的功能性基础结构。塔夫里称之为一个巨大的"无用机器"（useless machine），并无不妥。

17 Sarah E. Lawrance, "Piranesi's Aesthetic of Electicism, 93-95," in *Piranesi as Designer*, ed. Sarah E. Lawrence, New York: Cooper Hewitt, National Design Museum, Smithsonian Institution, 2007: 36-57.

18 Manfredo Tafuri, *The Sphere and the Labyrinth: Avant-Gardes and Architecture from Piranesi to the 1970s*, Cambridge: The MIT Press, 1987:14-16.

（图30）

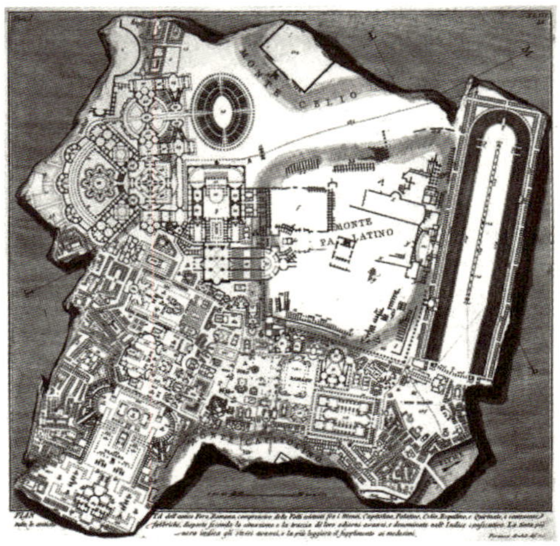

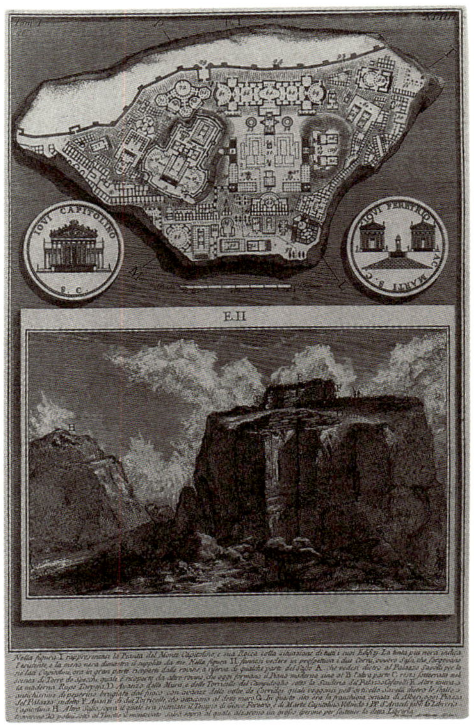

《罗马古迹》里的古罗马广场（上）和卡比托利欧山平面地图（下）

（图31）

皮拉内西的《战神广场平面图》（上）及图解（下）

（图32）

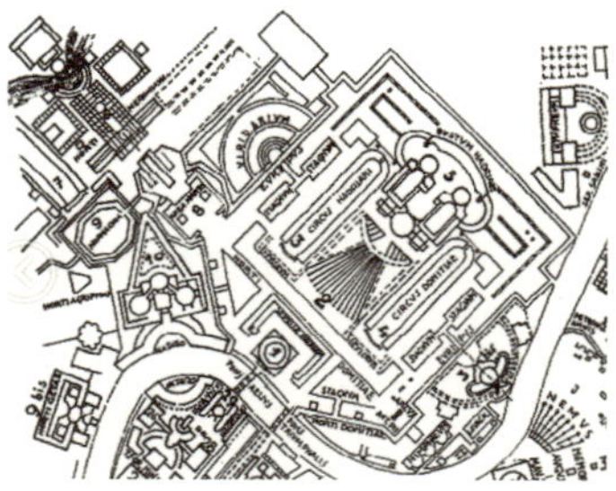

《战神广场平面图》上错综复杂的建筑群组片段

useless 还是 useful? 筹备《罗马古迹》的时候，皮拉内西曾遍寻罗马的各处废墟古迹，在进行马塞勒斯别墅考古测量的时候，皮拉内西惊叹于马塞勒斯剧场的自由尺度。在《罗马古迹》的文字说明里，皮拉内西谈到过他对台伯河岸边的马塞勒斯剧场的考古新发现，他认为如果是在希腊，剧场就一定要建在山体上且尺度巨大，露天开放。但是罗马人发明了混凝土技术，使得完全可以在平地上建成一座封闭的剧场，且它可以是半圆形的、尺度小很多的形式。这些在追求均衡完美的希腊完全做不到，但是技术进步、富有创新意识的罗马人可以做到。[19] 皮拉内西完全认同古罗马人的这种建筑哲学——这是一种描摹场地特性，同时也发挥建造技术进步价值的思想[20]。他认为自己继承了这一优良传统。当世的人无法想象的建筑尺度、组合形式、复杂程度，在过去是可能存在的，在未来也是可以实现的。或者说，皮拉内西在《战神广场平面图》中表达的是他认为的罗马建筑的某种基本概念、本质特点。它不是空间形态，也不仅是材料技术。它是一种可以内在生长的有机活力，将几何体、尺度层级、建造技术、材料革新统合在一起。它的属性在一两个建筑里看不太出来，而一旦铺展在整个城市中就会显现。所以，《战神广场平面图》中场地与时间的模糊性是合理的。那些建筑可以存在于任何时代、任何地点。即使尺度再小，对皮拉内西而言，它们都是建筑，而不是简单的图形或者机器。塔夫里认为在这张地图里，形式的创造（formal invention）具有最高的优先权，最终的结果是剥夺了整个场地成为一个具有服务性功能的城市的可能，最后形成的是一个巨大的无用机器。但也有学者看到了这个复杂聚合场地背后进一步的可能性，有人提出皮拉内西所进行的其实是一次自由编程（adroitly programmed），因为剧场依旧是剧场，军营依旧是军营，别墅与花园也如此，建筑始终保持着自己的类型特征。同时，整个场地的这种建筑类型之间的“自相残杀”，还可以解读成一种创造与解体再生（create / destory）的代谢过程（metabolic process）。所以，从形式生成上看，皮拉内西提供的或许不是 useless 的，反而是 useful 的一个 machine。一张地图到底能够容纳多少东西？它可以涵盖的时空维度又有多大？这幅《战神广场平面图》给予我们一个前所未有的答案。重现古罗马城的荣光，显然是皮拉内西的目标。忠实地复原城市的形态是一条路径，就像在他之前的黎戈里奥（Pirro Ligorio）、马连尼（Bartolomeo Marliani）、布法里尼，也包括诺利所做的。但是，没有人可以真正地复原永恒之城，因为这个命题本身就是自相矛盾的：尼禄的建筑建在克劳迪乌斯的罗马城之上，共和时代的大量建筑在帝国罗马时都已经不复存在。古罗马城就是一层层垂直叠加起来的。如果循规蹈矩，根本没办法在一张平面的图纸上放下一个真正的“永恒之城”。皮拉内西提出了另一种思路——在一张地图上显现出罗马城空间构成的某种本质。所以，对于皮拉内西而言，《战神广场平面图》既是一次城市考古，更是一次建筑设计。此时，皮拉内西已经脱离对废墟的怀古幽情。在《战神广场平面图》里，哪怕场地再破碎、尺度再细小，建筑也始终保持着它完整的姿态，没有一处残破的“废墟”。地图图册里有30余幅关于罗马废墟的描绘，它们大多是为了证明地图上对应的那些古建筑确有其实，并非虚构。当然，这次设计的特别之处在于规模。战神广场区域虽然只有罗马城的四分之一，但是建筑的密度可称“恐怖”，而其中至少有80%需要重新设计平面。在图册里有四张轴测鸟瞰图：战神广场、马塞勒斯剧场、万神庙、角斗场区域（并非城南的大角斗场）。尤其是战神广场那一张，数量巨大、各种类型的建筑被完整设计或“虚构”出来。似乎皮拉内西在以一人之力重建罗马这座永恒之城。这幅地图对于皮拉内西的意义是不言而喻的。在皮拉内西的儿子弗朗切斯科（Francesco）为他绘制的纪念肖像里，画面的左下角放着《战神广场平面图》的部分“残片”，足见它之于皮拉内西的意义。很有可能，这幅地图就是皮拉内西一生最得意的作品，承载着他对整个罗马建筑、城市、历史最核心的观察和思考（图33）。

19 John Wilton-Ely, *Vision and Design: Piranesi's 'Fantasia' and the Graeco-Roman controversy*, Brunel: Hachette S. A., 1976: 530.
20 Sarah E.Lawrance, "Piranesi's Aesthetic of Electicism," in *Piranesi as Designer*, ed. Sarah E. Lawrence, New York: Cooper Hewitt, National Design Museum, Smithsonian Institution, 2007: 103-107.

（图33）

皮拉内西之子绘制的肖像（上）
及肖像左下角放大（下）

4 结语

18世纪的罗马地图以平面图和平面风景画的精确描绘为特征。诺利于1748年出版的《罗马大地图》就是其中的代表。这幅作品凭借精确的地理数据和明晰易懂的词汇成为了典范，并享誉世界。随后，他的地图被反复拷贝、修正和剽窃，成为18世纪甚至后世利用地形学方法绘制罗马地图的源头。不同于诺利地图的客观性，皮拉内西的地图涵盖了古代、现代的罗马城，甚至是刚刚发掘的考古遗址。他的想象式描摹借鉴了流传数个世纪的地形学和古文物研究学的知识，并把它们融入诺利的科学绘制技术之中。皮拉内西艺术、感性的画法也与诺利理性、简洁的表达方式不同，在他的笔下，诗意弥漫在宏大的废墟场景中。瓦西则是用一系列城市风景画来系统性地分析当代的罗马城。他采用一致的尺寸、格式、绘图方法以及详尽的版画目录，工作方式很有现代感：在提供了一个直观连贯的城市景观图册的同时，还传达出绘图者的操作策略。在18世纪中叶，诺利、瓦西和皮拉内西都为罗马地图绘制的发展做出了重要贡献，都展现出罗马流传千年的荣耀和当下的风采。分开来看，每个人各有自我风格；合在一起，他们又相互协作、相互影响、相互补充。诺利提供的是18世纪罗马的街道地图，如果他有精力“加盖”的话，那他完全可以画出一幅罗马“卫星地图”。瓦西提供的是城市的街景地图以及不同高度视点的全景鸟瞰景观。至于皮拉内西，他提供的就是当时的“Ancient Rome 2D & 3D”。三个人的作品加起来就是一套完整的18世纪罗马的谷歌地图系统，以及四分之一幅古罗马地图的复原图。

（图1）

ROBERTO·ADAM·BRITANNO
ARCHITECTVRAE·CVLTORI
ICHNOGRAPHIAM
CAMPI·MARTII
ANTIQVAE·VRBIS
IOANNES·BAPTISTA·PIRANESIVS
IN·SVI·AMORIS·ARGVMENTVM
D·D·D

《战神广场平面图》

地图与废墟：对皮拉内西的《战神广场平面图》的一种解释（胡恒）Map and Ruins: An Explanation of Piranesi's *Plan of Campo Marzio*（Hu Heng）

1762年出版的意大利建筑师乔瓦尼·巴蒂斯塔·皮拉内西的《战神广场平面图》(*Plan of the Campo Marzio*)[01]，是古罗马帝国陨落后1500年来的第一张"古"平面图。它也是有史以来最为特殊的罗马平面图。无论是内容还是形式，这张地图都远远超出普通地图的范畴。500多个半真实半虚构的建筑簇拥在台伯河两岸，既迷幻又精确，散发出令人窒息的美，吸引了一代代的历史学者、图学家、建筑师甚至先锋派艺术家投入其中，探询图中真意，寻找灵感启发。显然，这张地图已经触及文化（不止是罗马建筑）的某个内核。而如何透过其谜一般的面貌去解读这一内核，业已成为建筑学的经典命题之一。[02]本文拟从与《战神广场平面图》相关的一套废墟景观画着手，建构一种"侧向"的诠释方式，为这张平面图的研究拓展新的可能(图1)。

01 本文所涉及的皮拉内西的图册、绘画信息均来自 Luigi Ficacci, *Giovanni Batista Piranesi: The Complete Etchings*, Köln: Taschen, 2000. 该巨著囊括了皮拉内西的全部蚀刻画作品。

02 较为知名的研究包括：法索罗(Fasolo)的类型学专注于几何体的构成模式；塔夫里(Tafuri)的意识形态批判关注皮拉内西的先锋派越界意识；威尔顿-伊利(Wilton-Ely)的文脉分析是比较传统的思想史研究；埃森曼(Eisenman)的建筑自主性研究看重的是地图中的形式趣味。众家学者都极少提及相关的废墟画系列，即使有也只会涉及其中一二。

1《战神广场平面图》与《古罗马战神广场》

皮拉内西穷尽一生都在研究古代罗马。《战神广场平面图》凝聚着他对古罗马的全方位理解认知，是考古、测绘、描摹、想象的一体化成果。这张地图收在《古罗马战神广场》(*The Campo Marzio of Ancient Rome*)图册中，亦是图册的核心重点。图册包含文字与图两部分。图分三个系列。其一是地图，共六幅版画。其中有一幅鸟瞰、一幅古罗马地图残片、四幅地图（其中有两幅版画中分别插有三幅、两幅小地图）。主要展现的是古罗马战神广场地区（即第Ⅳ区）从一片人迹罕至的沼泽地逐步发展为密不透风的罗马都市的过程。[03]《战神广场平面图》呈现了这一过程的终点。其二是建筑群的轴测鸟瞰图，共四幅版画，描绘的分别是台伯河两岸的战神广场(Campo Marzio)、马塞勒斯剧场与巴尔布斯剧场(Theater of Marcellus / Theater of Balbus)、金牛角斗场(Amphitheatrum Statilii Tauri)广场、万神庙(Pantheon)区域。四个区域的核心建筑确实存在：战神广场的哈德良陵墓大体完好，马塞勒斯剧场有半面墙留存，万神庙保存得最好，只有金牛角斗场仅存文献记载，场址为皮拉内西考证所得。这几张鸟瞰图描绘的是建筑完整无缺的场景。它们和《战神广场平面图》严格对应。如果精力允许的话，皮拉内西应该希望自己能够完成全部平面的鸟瞰图。那就是皮拉内西心目中的古代战神广场区域（约占古罗马城的四分之一）的全貌了。第三个系列是废墟景观图，共38幅版画。其中有七幅为石棺、柱头、方尖碑、河道基础等结构局部，一幅为某个山坡上的神庙的剖面。其他30幅均为废墟风景。这些风景画采用普通的人视点，画中大多都有前、中、远景。皮拉内西常常把数个著名建筑的废墟片段整合在一张画里。比如，在一张画里，万神庙是远景，近景则是它南面稍远处的阿格里帕大浴场(Baths of Agrippa)的残垣断壁；而在另外一张画里，万神庙依然是远景，但取的是另一角度，它的前景是东侧的庇护神庙(Temple of Antoninus Pius)的外柱廊。三个系列中，地图系列是宏观的空间图解，轴测鸟瞰系列是战神广场平面图的局部三维化。它们都是分析性的、解释性的。唯有废墟景观系列反映了直接的观感体验。它让一项铺陈在图纸上的历史考据工作一下子落到地上，呈现在我们眼前。但是，这套细腻生动、如同实景照片的废墟景观图并非纯然写实。它们不是皮拉内西当时目中所见所得。比如那张以万神庙做背景的阿格里帕浴场，浴场废墟是存在的，但现实中那些废墟残片被前后左右的房子包裹得严严实实，根本看不到前后关系与细节。庇护神庙与万神庙那张画也是一样。两个建筑之间相隔一个较长的街区，在18世纪，这个街区被各种建筑物填充，使两个神庙无法相互看到。在皮拉内西较早的《罗马古迹》中也有一张同样角度的庇护神庙的景观画，万神庙被挡得踪迹全无。由此可见，这些废墟景观是对现实情境加以处理后产生的。而有几个神庙、剧场的废墟画则是由皮拉内西重新设计出来的，因为这些建筑在现实中完全不存在。可见，皮拉内西对这套废墟景观画做了两个前提假设。其一是，最盛时的古罗马即"永恒之城"就是地图系列与轴测鸟瞰图系列里的样子。其二是，"永恒之城"衰落后经历了一种特殊的废墟化过程。它只减不增，任由时光将罗马变成自然而非人类历史的一部分。这是一种经过某种理论操作后的废墟，与皮拉内西其他版画［从早期的《古代与现代罗马的景观》(*Various Views of Ancient and Modern Rome*, 1745年)、《罗马古迹》(1756年)到晚期的《罗马风光》(*Vedute di Roma*, 1778年)］中的"写实废墟"是不一样的。本文将探讨、梳理这30幅废墟画中"理论废墟"的诸种表现形式。笔者认为，它们与现实（物质的、历史的）之间的微妙关系或许正是解释《战神广场平面图》的关键之一。

03 台伯河东岸、圭里那亚山与卡比托利欧山西侧之间的战神广场是古罗马的发源地，是罗马从共和到帝国时代最繁盛的区域。中世纪之后，它仍是城市人口最集中的地方。到了18世纪，该区域的肌理已经彻底改变，地面古迹消失殆尽，道路街区的格局尺度不复当年痕迹。相对来说，卡比托利欧山、巴拉丁山东南侧的另一大半罗马保留古迹颇多，尚存些许古代风貌。

2 “理论废墟”的形式

30幅废墟画大体可分为十类，分别为神庙、剧场、竞技场、浴场、巴西利卡、宫殿、陵墓、拱门 / 门、桥、街道 / 沟渠。下文在《战神广场平面图》里逐一找到每幅废墟画视点的位置，体察它们与现实之间的关系，继而抽象出“废墟化”的理论模型。

第一类：神庙

1 万神庙（现存，原址）（图2）万神庙是古罗马遗留下来的最重要建筑。它是台伯河东岸的核心地标。《战神广场平面图》中万神庙的位置和现实一致，不过前后增设了许多配景：前方有个双层广场；后方则是一个巨大的水池和景观平台。废墟画则是一张无配景的“大头照”。皮拉内西前后画过将近十张关于万神庙的版画，基本上都是实景描绘，唯有这一张是“理论废墟”式的再创作。画中万神庙入口门廊的山花破掉了一个很大的角，最端头的三根柱子柱头和横梁都没了，而现实中门廊是完整无缺的。这张万神庙传递出一个强烈的信号——在皮拉内西看来，破成这样的万神庙或许才是最美的。这也是“理论废墟”的第一种形式：对现存古迹进行“后置废墟”化。

2 庇护神庙（现存一面外柱廊，原址）（图3）庇护神庙是万神庙附近为数不多的古罗马神庙遗址。在皮拉内西的时代，它仅存北面的一面柱廊。整个神庙被改造成一幢三层的居住建筑，柱廊间填上墙和窗户，柱子成了开间柱，起着外立面装饰的作用。皮拉内西在《罗马古迹》中细致地描绘了这一改造成果。废墟画采用了同一角度，将柱间墙什么的都清除掉了，显出这面柱廊的原貌——12根高大的密柱外廊很是气派。它与远处万神庙（皮拉内西没有忘记把门廊的山花画破掉）之间的房子也被挪走了。两者可以清晰地遥相呼应。皮拉内西在画面的右侧添加了几根残破的圆柱。图下的文字说明它是某圆形神庙的废墟遗址。在《战神广场平面图》里，这个小小的圆形神庙是万神庙的一个附属建筑。在轴测鸟瞰图里，我们可以看到皮拉内西的完整设计。不过历史上并没有此处存在这样一个圆形神庙的证据。这应该完全是皮拉内西的虚构。所以，画里的那几根柱子就是对虚构场景的废墟化了。这张废墟图里出现了“理论废墟”的好几种形式。其一是将改造过的古迹进行废墟式还原，去掉后增的地方。我称之为“还原废墟”。庇护神庙还有一张从内部往外看的废墟画，半片内墙带着一点筒形拱，远处是一个记功柱（真实存在）。这张画亦属此类。其二是将并非古迹的现代建筑从视野中抹掉，算作城市范畴的“还原废墟”。其三是先虚构出并不存在的古代建筑，再将其废墟化，我称之为“虚构废墟”。

3 圆形神庙（Aedes Fortunae Huiusce Diei）（现存几根柱子，原址）（图4）这是一个极易被忽略的古迹。它现在被称为“银塔广场”。在皮拉内西的前辈诺利极其精确的《罗马大地图》（1748）中，这个小型古迹群遗址没有被标出[04]，在更早的罗马地图中也基本不见踪影，仅在1593年坦佩斯塔的鸟瞰式罗马地图上的这个位置依稀有圆形教堂的顶圈横梁的痕迹。[05]可以说，皮拉内西首次在地图上完整地画出了这个古迹群的全部平面。四个小神庙一字排开，圆形神庙居中。在废墟画里，圆形神庙的四根残柱矗立在画面最显眼的地方。这是“后置废墟”式处理。实际情况是，圆形神庙至今还剩六根石柱。并且旁边还有一个小神庙也残存大半，皮拉内西把它整个去掉了——或许是为了画面漂亮。画面还有几处古迹做配角：一个是前景的小半截圆拱，是弗拉米尼乌斯竞技场（Circus Flaminius）的残迹。它在《战神广场平面图》里的位置方向有误，后文再述。一个是远景的庞培剧场（Theater of Pompeii）。剧场位置是真实的，不过地面已无遗迹，我称之为“再现废墟”。

4 朱利亚神庙（Saepta Julia）（不存，原址）（图5）这个神庙也许是古罗马规模最大的一座神庙。它在18世纪已然全部消失，幸好古罗马地图残片中有一块记录了这座神庙的部分平面，让后人能够追摹这个规模骇人的构筑物。皮拉内西的《罗马古迹》第一卷中有一张朱利亚神庙前部的拱廊结构的剖立面图。柱列开间、柱距、柱子尺度大体都有考据还原。废墟画沿用了这些成果。画中巨大的方形石柱紧密排列，极其粗犷。神庙平面中漫无边际的水平延展尺度（比一个竞技场都要长）并没有得到表现，意味着皮拉内西画的只是他确有实证的那部分的地上废墟。这是很真实的“再现废墟”。

5 朱庇特神庙（Temple of Jupiter）（不存，原址）（图6）这是废墟系列中非常特殊的一个神庙建筑。皮拉内西为之画了三幅版画，共五张画。其中有一张平面、一张剖面、两张接近立面的废墟画和一张正式的废墟画。这是整个系列中绘制规模最大的一个建筑。神庙的平面图来自文艺复兴建筑师帕拉第奥的《建筑四书》，并在图上文字里专门加以说明。这是整套图册唯一一次提及文艺复兴建筑师的名字。《战神广

04 诺利地图是18世纪中期出现的最为精确科学的罗马地图。皮拉内西与该地图渊源极深，还参与过地图的绘制。它也是本文针对《战神广场平面图》的重要比较对象。

05 Clare Robertson, *Rome 1600: The City and The Visual Arts under Clement VIII*, New Haven: Yale University Press, 2016: 4-5.

（图2）

从上到下：万神庙废墟画系列；《罗马风光》中的万神庙；《战神广场平面图》中的万神庙平面

（图3）

从上到下：庇护神庙外景（废墟画系列）；庇护神庙内景（废墟画系列）；庇护神庙平面（《战神广场平面图》右下角）

（图4）

上：圆形神庙（废墟画系列）；中：庞培剧场 / 圆形神庙平面（《战神广场平面图》）；下：圆形神庙平面图（《战神广场平面图》）

场平面图》里的神庙平面与废墟画里的有所不同。帕拉第奥还原的神庙主殿平面为双层柱廊，内圈为空，是个大空间。皮拉内西在内圈加上了4部楼梯和几个小房间，再在里面围合起一个小内院。按现在的考古结果，帕拉第奥是对的，皮拉内西是错的。皮拉内西在帕拉第奥的平面下方画了两张小幅废墟画，画的是他改过的平面中两个独立竖起的楼梯间塔楼废墟化的样子。这可能表示他在与那位200年前的同乡大师进行对话。这个神庙在奎里纳尔山（Quirinal Hill）边上。主殿在山上，还有被称为 scalae 的一部分在山坡上，有很多楼梯和台阶。剖面把这个布局清晰地表达了出来。正式的废墟画是从山脚下仰视；中远景是神庙在山坡上的坡道楼梯的支撑拱的残迹，前景是一块巨大的山花残片，看其尺度应该是神庙在山顶上的那个朝向山坡的立面山花。神庙衰毁，山花从山顶坠落滚到山脚，摔成若干部分，最大的那块山花残片头朝脚下。几个人站在朝上（三角顶朝下）的横梁上，可见其尺度的恢宏。附近还散落着一些檐口碎片，上面的浮雕非常精美。确实如同当年帕拉第奥描述的，“这应该是罗马规模最大、装饰最多的神庙”。这张画是“再现废墟”。虽然多为臆想，但罗马废墟的华丽气息漫溢纸外。

第二类：剧场

1　马塞勒斯剧场（Theater of Marcellus）（现存东北面外墙局部，原址）（图7）马塞勒斯剧场是罗马唯一现存的剧场遗址，从文艺复兴开始就不乏研究者。老桑迦洛（Giuliano da Sangallo）曾画过一张局部立面图，皮拉内西和同时代艺术家也投入大量精力做过研究。皮拉内西在《罗马风光》中，以及瓦西都有比较写实的版画，[06]建筑的大体形象是可以确定的。在《罗马古迹》中皮拉内西曾用14张版画详细剖析这个剧场。剧场平面是以塞蒂穆斯地图（Severan Marble Plan）残片为基础进行还原的，剖面、立面、台阶、基础、柱式，甚至建造过程，都有图示说明。这是一项还原度非常高的考古研究。所以，到了《古罗马战神广场》图册里，皮拉内西无论在平面图还是废墟画上都显得驾轻就熟。马塞勒斯剧场其时的状况是，一层被填实了一半，里面塞满建筑，且增加了一层，大概被改成了集群式住宅之类，跟庇护神庙处境相似。

06 James T. Tice, James G. Harper, *Giuseppe Vasi's Rome: Lasting Impressions from the Age of the Grand Tour*, Oregon: Jordan Schnitzer Museum of Art, 2010: 162.

（图5）

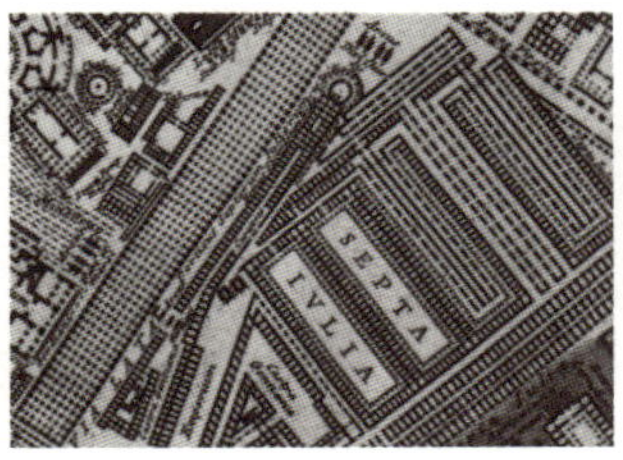

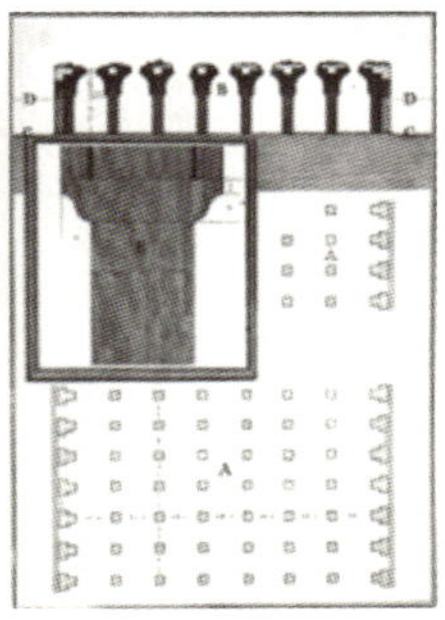

上：朱利亚神庙（废墟画系列）；下左：朱利亚神庙平面（《战神广场平面图》）；下右：朱利亚神庙剖面 / 平面（《罗马古迹》）

（图7）

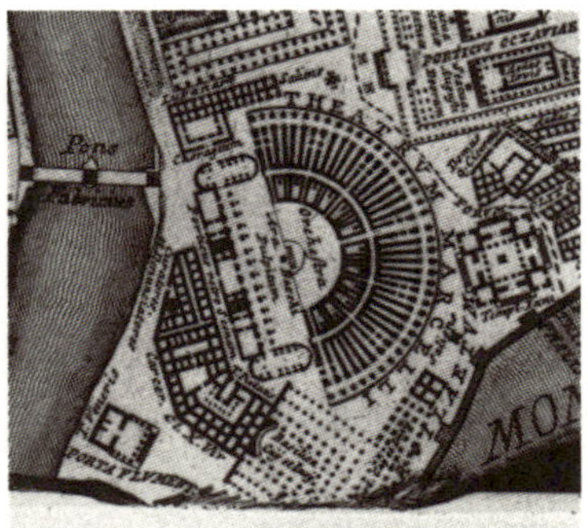

左上：马塞勒斯剧场（废墟画系列）；左下：马塞勒斯剧场（《罗马古迹》）；右下：马塞勒斯剧场平面（《战神广场平面图》）

（图6）

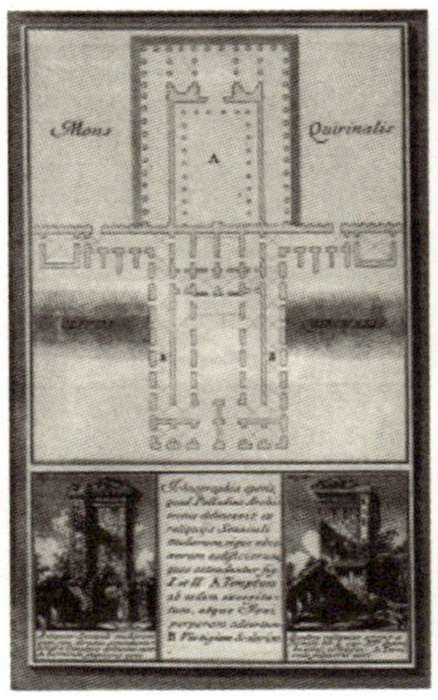

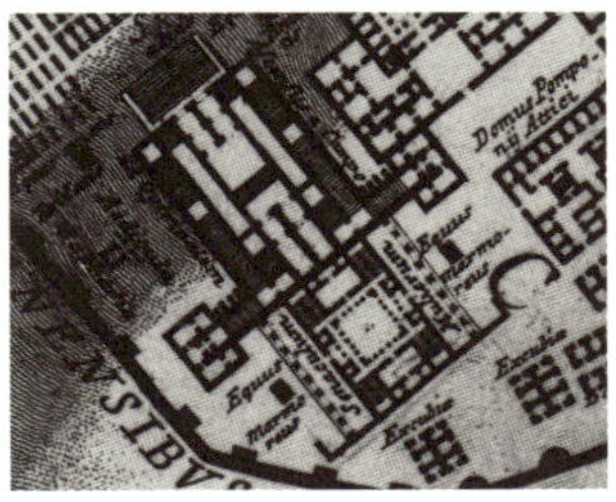

左：朱庇特神庙平面（废墟画系列）；中：朱庇特神庙透视 / 剖面（废墟画系列）；右：朱庇特神庙平面（《战神广场平面图》）

(图8)

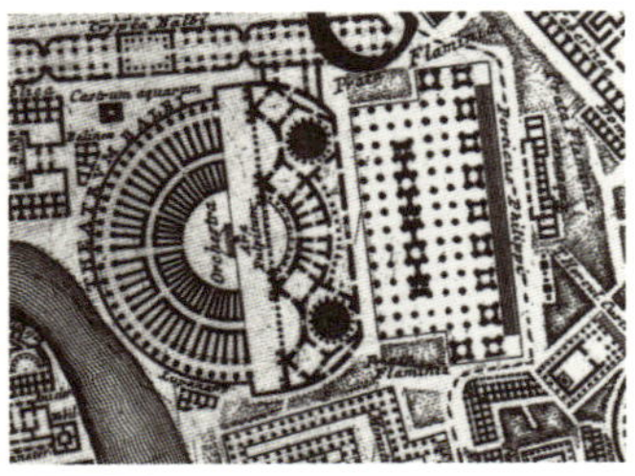

左上：巴尔布斯剧场（废墟画系列）；右下：巴尔布斯剧场平面（《战神广场平面图》）

皮拉内西对其采用的也是"还原废墟"法。一层的填土和加建的三层被清理掉，里面的房间和建筑也都去掉了，剩下一个纯粹的剧场废墟矗立在天空之下，颇有几分大角斗场的感觉。这张画是整个系列里最为精美的一幅。

2 巴尔布斯剧场（Theater of Balbus）（不存，原址）（图8）巴尔布斯剧场的位置比较特殊。它和马塞勒斯剧场一起构成一个双剧场结构，是古罗马一个非常奇特的建筑群。由于两个剧场都在台伯河边，所以它们也为河岸景观提供了美妙的边缘线。[07]在《罗马古迹》的文字说明里，皮拉内西就他对台伯河岸边的两个剧场的考古提出了一个观点。希腊的剧场是一定要建在山体上，利用山坡的斜面与尺度创造露天开放的形式。但是罗马人发明了混凝土技术，就完全可以在平地上建造一座封闭的剧场。它可以是半圆形的、尺度小很多的形式。皮拉内西在《战神广场平面图》里对双剧场的空间结构进行了还原。除了剧场本身之外，皮拉内西还设计了它们前部的广场，以及两者之间的一个异型建筑。这个异型建筑也是整个战神广场地图中几何构成最复杂的建筑之一。巴尔布斯剧场在皮拉内西的时代已然不存。它北边的巴尔布斯教堂地下室曾在文艺复兴时期被考古挖掘过，其中的一些内立面的构图影响了伯拉孟特（Donato Bramante），他在几个回廊院的设计中都对其有所参考。老桑迦洛也为之画过草图存世。皮拉内西这幅废墟画基本算是"再现废墟"。画的中部是几面巨大的断墙，看不出是什么建筑功能。远处一堆石片乱叠的小山，含义模糊。也许他觉得轴测鸟瞰图已经把这个剧场表达得足够充分，所以在废墟画里无需再作细致刻画。

3 庞培剧场残片（Theater of Pompeii）（不存，原址）（图9）庞培剧场是万神庙附近最大的一个剧场，在18世纪中期已然不存。塞蒂穆斯地图残片中有一块剧场平面局部，后来证实为庞培剧场。彼时的考古发现确实找到一些基础痕迹，但信息有限，实难还原剧场的整体模样。诺利在1748年的两版罗马地图中都有标出庞培剧场的形状与位置，不过都有误：一个画成了大半个圆；一个改回半圆，但朝向有偏。可见诺利对这块古地图残片所知不多。皮拉内西在《罗马古迹》中有一幅版画记录他对这个剧场的研究——平面、透视都有部分还原，尤其是阶梯式看台的石构有一张大图说明，估计那时能看到的就是一点埋在地下的石头台阶了。废墟画系列中这个剧场没有用人视点，采用的是俯瞰。大概皮拉内西对还原剧场的立面感到有心无力，所以干脆用俯瞰角度避开这个问题。这张画属于"再现废墟"。

07 亦有学者认为该剧场不在河边，位于菲利普门的北侧。Diane Favro, *The urban image of Augustan Rome*, New York: Cambridge University Press, 1996: 172.

第三类：竞技场

1 弗拉米尼乌斯竞技场（Circus Flaminius）（不存，非原址）（图10）这个竞技场在银塔广场的圆形神庙边上。皮拉内西在废墟画里画到一点它在地面上的圆拱残片。这个圆拱残片是否真实存在尚有疑问，但如果真有考古痕迹也说得通。这个地方大体上确是弗拉米尼乌斯竞技场。皮拉内西《战神广场平面图》里绘制的它的平面在方向上出现了偏差。按现在的考古结果来看，应该以南端为轴旋转90°。所以，皮拉内西画的是一张位置有误的"再现废墟"，只是在废墟画里看不出来。

2 阿格奈利斯竞技场（Circus Agonalis）（不存，原址）（图11）这个竞技场原址就是现在著名的纳沃那广场（Piazza Navona）。这也是古罗马竞技场中条形空间保留下来且再次融入城市新肌理的唯一案例。废墟画中"取景"的位置是观众台端头，类似剖面透视。三个高度逐级下降的拱，连成观众台的三角斜边。这个角度比较特别，如果不对着平面看，很难马上发现这是个竞技场的废墟，而会觉得它更像神庙、浴场之类的废墟。这个"剖面"角度向我们展示出竞技场的另外一个隐秘的空间系统——观众台下方还有一个巨大的、长度骇人的黑暗空间。这是一个很有设计感的"再现废墟"。

(图9)

上：庞培剧场（废墟画系列）；中：庞培剧场（《罗马古迹》）；下：庞培剧场平面（《战神广场平面图》）

(图10)

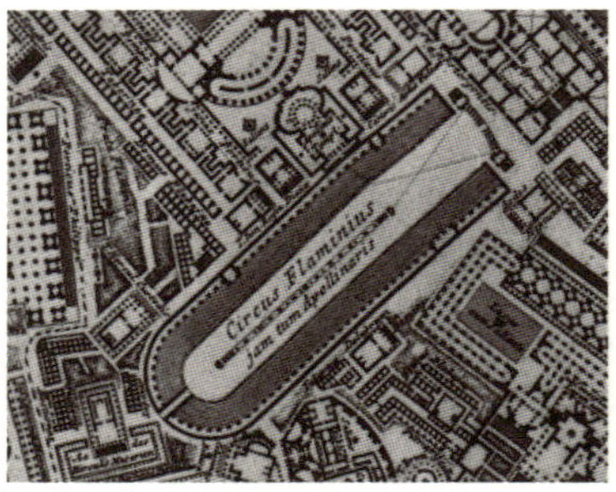

从上到下：弗拉米尼乌斯竞技场/圆形神庙（废墟画系列）；弗拉米尼乌斯竞技场平面（《战神广场平面图》）

(图11)

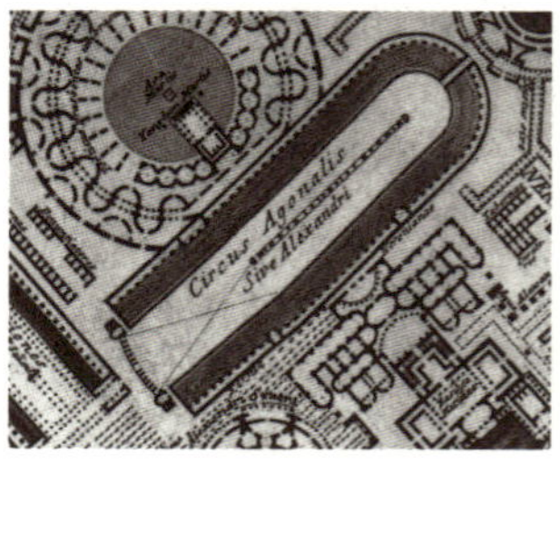

从上到下：阿格奈利斯竞技场（废墟画系列）；阿格奈利斯竞技场平面（《战神广场平面图》）

3 阿波利奈尔斯竞技场（Circus Apollinaris）（不存，原址）（图12）皮拉内西在《罗马古迹》里有一张景观图以这个竞技场为主体，右边是靠着奎里纳尔山北侧山脚的城墙。以《罗马古迹》的写实原则来看，这个地方应该确有竞技场遗址。在坦佩斯塔、法尔达（Falda）、诺利等人的地图里，同一位置是“弗洛拉竞技场”（circo di Flora），基本与皮拉内西的画吻合，只是名称不一。在废墟画系列里皮拉内西又画了一张，与《罗马古迹》里的那张角度基本一样，更接近人视点，画面构图也更为考究漂亮。右边是城墙，远处端头是一个大浴场。这个浴场是一个无法查证的建筑。所以，这张废墟画算是配景“虚构”的“再现废墟”。

（图12）

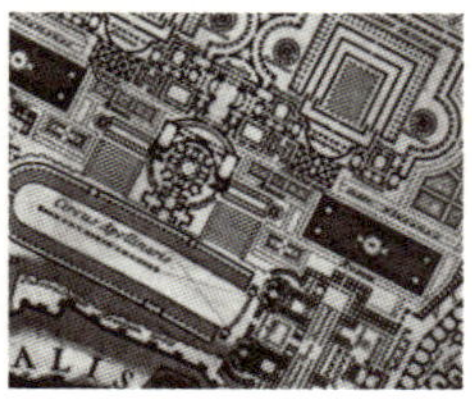

左上：阿波利奈尔斯竞技场（废墟画系列）；左下：阿波利奈尔斯竞技场（《罗马古迹》）；上图：阿波利奈尔斯竞技场平面（《战神广场平面图》）

第四类：浴场

1 阿格里帕大浴场（Baths of Agrippa）（现存一些墙体残片，原址）（图13）这个浴场在万神庙的正后方（南侧）不远处，现在还留存了一些墙体残片。这在1593年坦佩斯塔的罗马地图上看得很清楚，在诺利的地图上，墙体残片也用深色线标识出来。原本万神庙的西侧还有一个更大规模的尼禄浴场（当时已经完全消失），可见当年万神庙区域是非常繁荣的。到后来，浴场基本都分布在罗马城的四周外侧，空间格局就很不一样了。皮拉内西在《战神广场平面图》里还原了这个浴场，并在它和万神庙之间加了一个很大的水池，即阿格里帕水上剧场。废墟画采用的是“还原废墟”画法，因为现存的墙体残片已经被新成形的街区建筑包裹住了——有些地方可能还作了新用途。皮拉内西把这些后来填充的建筑全部清除干净，包括它和万神庙之间的建筑。所以这张废墟画的远景是万神庙就顺理成章了。另外值得注意的一点是，废墟画中最前端的一块墙体残片是朝南的半圆弧形墙。这应该是真实状况，因为在诺利地图里这个位置的古迹平面就是如此。但《战神广场平面图》里这个地方的墙体是内半圆墙。可见皮拉内西的地图有更主观的设计成分，与实际情况并不完全对应。

（图13）

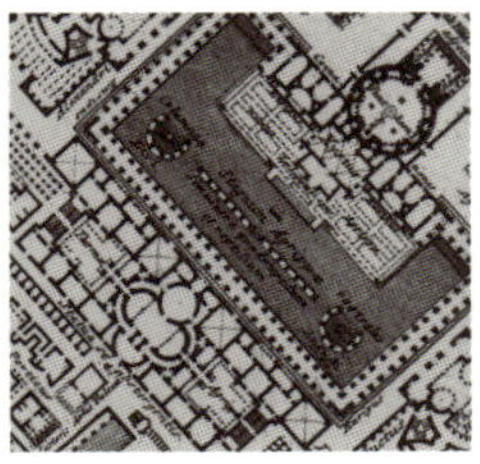

从上到下：阿格里帕大浴场（废墟画系列）；阿格里帕大浴场平面（《战神广场平面图》）

2 塞鲁斯特浴场（Baths of Sallust）（不存，场址不可考）（图14、图15）塞鲁斯特浴场是皮拉内西的一次全面的设定。设定一：它是“塞鲁斯特花园”（Horti Sallustiani）区域中的一个建筑。该区域在奎里纳尔山北侧，靠近塞拉利亚门（Porta Salaria）。这片地区在17—18世纪的各式罗马地图上都是一片荒地。以最为精确的诺利地图来看，这里只有各种植物，少有人迹。现在考古证实确有的是塞鲁特神庙（Temple of Saluti）、塞鲁特瑞斯大门（Porta Salutaris），但是否存在这么一大片浴场则难以确证。设定二：它在阿波利奈尔斯竞技场的东端头。这个位置在诺利地图上有一个带有圆形穹顶的建筑，建筑规模不大，《罗马古迹》中画到一些部分做远景。皮拉内西将其命名为塞鲁斯特住宅（casa）。在《战神广场平面图》里，皮拉内西把它扩大成一片面积将近10倍的大浴场，现存的小建筑成为其中的组成部分。这个设定很有想象力。该浴场的两张废墟画都建立在这两个设定上，一张是废墟外景，一张是内景。外景较普通，应该是“还原废墟”。内景是系列里唯一一张地上建筑的室内画。一个巨大的穹顶显示出这个浴场的尺度规模。在皮拉内西早期的《古代与现代罗马的景观》一书中有一张穹顶内景与之非常相似，它题名为“阿波利奈尔斯竞技场的维纳斯神庙”（Temple of Venus at the Circus Apollinarius）。很有可能废墟画的室内景就来自这张。在1697年安东尼奥·巴伯（Antonio Barbey）的《现代罗马平面图》（*Plan of Modern Rome*）里，这个位置有一个圆穹顶的“神庙”。在更早一点的法尔达1667年的罗马地图里，同样位置有一个圆顶小建筑的轴测图。这些信息都与废墟画对应得上，可见废墟画中的穹顶那张应是有现实依据但实质上并不存在的废墟。不过，无论是用新设计的浴场总平面吸收现存的小建筑平面，还是对室内穹顶空间的精心再造，都看得出皮拉内西对这个也许并不存在的大浴场的重视。

（图14）

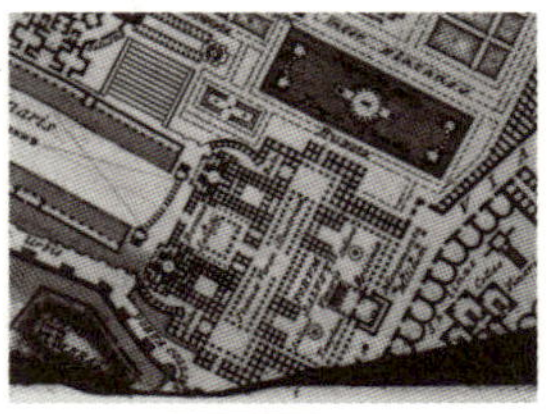

从左到右：塞鲁斯特浴场外景（废墟画系列）；塞鲁斯特浴场内景（废墟画系列）；塞鲁斯特浴场平面（《战神广场平面图》）

（图15）

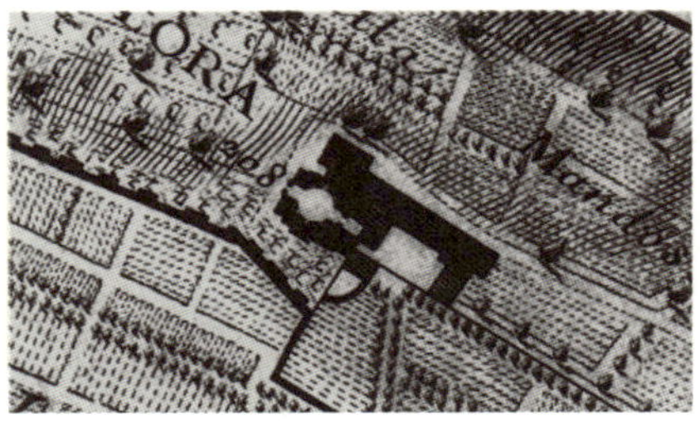

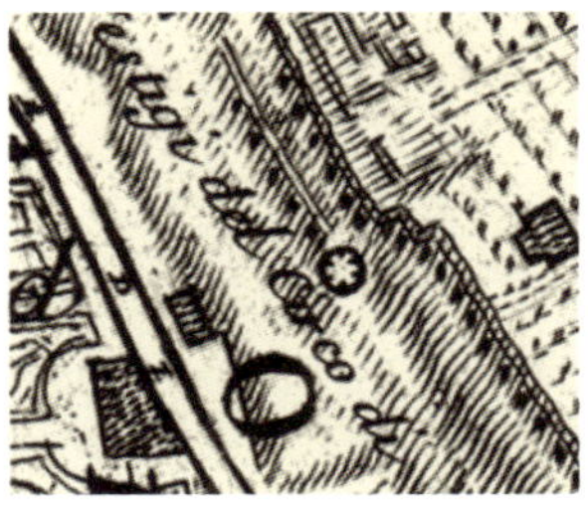

从左到右：塞鲁斯特浴场原址平面（诺利地图）；塞鲁斯特浴场原址（法尔达，1767年罗马地图）；塞鲁斯特浴场原址（巴伯，《现代罗马平面图》）

第五类：巴西利卡

1　盖乌斯和卢修斯巴西利卡／门廊（Basillica and Portico of Gaius and Lucius）（不存，非原址）（图16、图17）与塞鲁斯特浴场相似，盖乌斯和卢修斯巴西利卡也是皮拉内西基于些许古代建筑残迹推演出来的建筑案例。这个地方在马塞勒斯剧场的南边。按现有的考古结果，这里曾有三个并列的矩形小神庙。[08]在诺利地图上可以看到，那个位置有一个柱廊围合的内院。这圈柱廊应该就是某一个小神庙遗留下来的旧物。皮拉内西或许参考了某些文献信息，推测这个柱廊是某个巴西利卡的局部，然后在前方增设了一排门廊，组合成一个综合性的建筑群。尽管皮拉内西的逻辑没有问题，但设计的结果是“子虚乌有”的。两张废墟图都是“虚构废墟”。尤其是半埋在土里的大门片段，它是一次彻底的对虚构场景的废墟化。。

08 Diane Favro, *The urban image of Augustan Rome*, New York: Cambridge University Press, 1996: 154.

（图16）

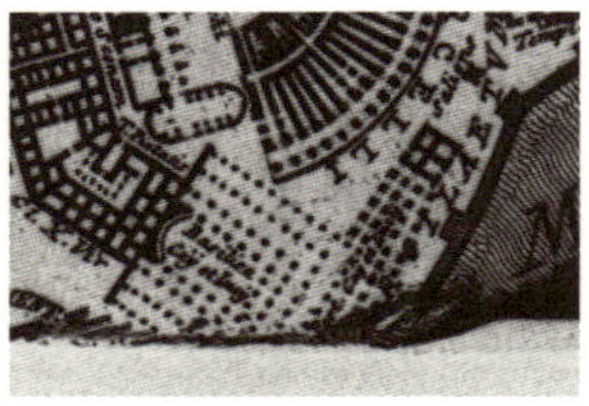

从上到下：盖乌斯和卢修斯巴西利卡／门廊（废墟画系列）；盖乌斯和卢修斯巴西利卡门廊（废墟画系列）；盖乌斯和卢修斯巴西利卡／门廊平面（《战神广场平面图》）

（图17）

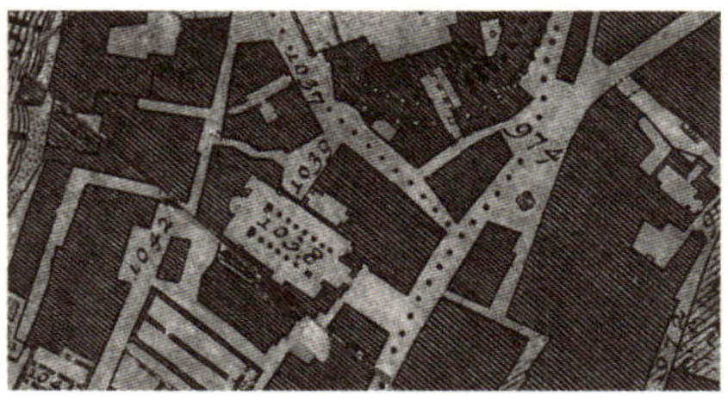

盖乌斯和卢修斯巴西利卡原址（诺利地图）

第六类：宫殿

屋大维宫（Portico of Octavia）（现存片段，原址）（图18）屋大维宫位于马塞勒斯剧场与弗拉米尼乌斯竞技场之间，18世纪中期还留存着几面墙、几根单柱。比较有特点的是一个带山花的六柱门廊，其中三个开间合并成一个，且开了一个拱门。这种构图相当罕见，应该是后来改建的。在《罗马古迹》里，皮拉内西为之画了六张设计图，既考证现存的遗迹，又试图恢复建筑的原始平面，基础工作可谓扎实。在《罗马风光》里，皮拉内西为屋大维宫画了两张写实版画，清晰展现了建筑彼时的模样。残存的几片墙体和单柱都被整合到若干新建筑里。在废墟画里，皮拉内西绘制的是标准的“还原废墟”。各种穿插进来的墙都清除掉了，甚至连那个已成“标志”的门廊拱（现存的遗址中它还在）也去掉了，剩下的大概就是皮拉内西心目中纯正的屋大维宫废墟。

第七类：陵墓

1　哈德良陵墓（Mausoleum of Hadrian）（现存，原址）（图19）台伯河北边的哈德良陵墓是18世纪战神广场区域仅存的三处保存尚好的古罗马建筑之一（另两个是万神庙和奥古斯都陵墓）。它的样子在《罗马古迹》《罗马风光》的几幅版画里可以看得很清楚。皮拉内西在《战神广场平面图》中对它做了巨大的修改。哈德良陵墓在文艺复兴时期被改造成圣天使堡供教皇居住办公，但其原始平面布局无甚明显变化，一直都是两圈环形空间相叠套，中间是墓室。《战神广场平面图》里的平面放大了三分之一。外圈空间挖了一系列内室，有方有圆，内圈空间改成两层。外部的附属建筑群变动更大，原本军事城堡式的星形外凸角部换成了U形柱廊围合。图册中有一张轴测鸟瞰图，从中可以看到，陵墓建筑的整体形态完全改变了：原有的陵墓是个略扁的圆柱体，皮拉内西设计的则是一个高耸的向上收缩的圆塔。这似乎是一个巴别塔之类的意象，难以与陵墓联系在一起。这是一张以现实为基础来构思的“后置废墟”。陵墓顶上那些建筑都坍塌或消失了，表皮剥落，裸砖暴露在外，顶上杂草丛生，像个废弃的炮台。

（图18）

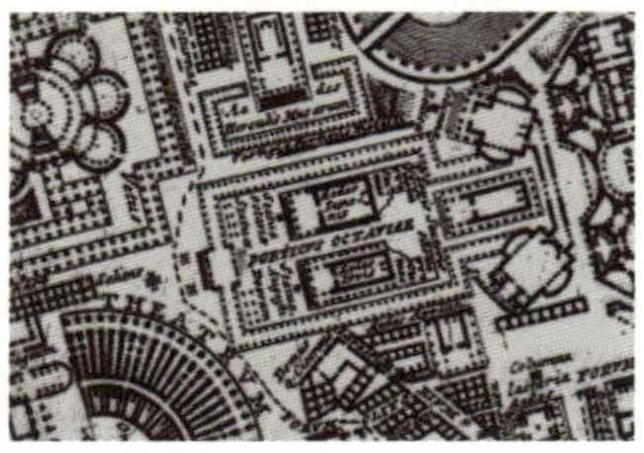

左上：屋大维宫（废墟画系列）；上：屋大维宫（《罗马风光》）；下：屋大维宫平面（《战神广场平面图》）

（图19）

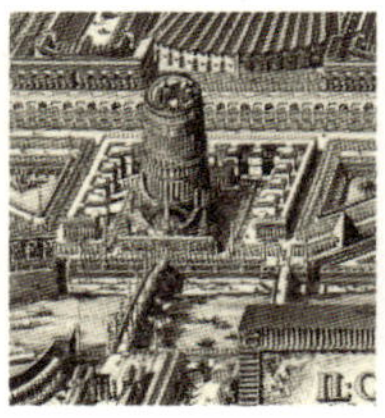

从左到右：哈德良陵墓（废墟画系列）；哈德良陵墓（轴测鸟瞰系列）；哈德良陵墓平面（《战神广场平面图》）

2 奥古斯都陵墓（Mausoleum of Augustus）（现存台地，原址）（图20）奥古斯都陵墓紧邻台伯河。按照18世纪的罗马地图，它接近城北端的波波洛广场，基本算是罗马的边缘。在《战神广场平面图》里，它正好在地图的中心。皮拉内西这一布置应该是有意图的。在早些的坦佩斯塔及法尔达的地图中，该陵墓都有图示——一圈圆环。可见到18世纪初，陵墓还留有大致的外观。皮拉内西在《罗马古迹》中有三幅关于该陵墓的版画——平面、剖面、内室的立面石构，设计上的考证充分。皮拉内西没有画陵墓的现状透视图。大概其时陵墓外观已经无足观之。不过有一张以石碑为主体的版画，背景是陵墓稍高一点角度的鸟瞰，隐约看得出皮拉内西做的透视还原：陵墓基座是一个圆形的土台，顶上有两圈环形的墙。废墟画是一片坍塌中的两层土台，完全看不出是什么建筑。如果对着平面图来看，勉强可以辨别出那些残破的拱洞是陵墓一层的圆形内室废墟化后的结果。这是“后置废墟”。现存遗址都比画中要齐整许多。

3 凯撒大墓（Bustum of Caesar Augustus）（不存，非原址）（图21）凯撒大墓的位置在波波洛广场边上，是一片略有起伏的荒山。从坦佩斯塔、法尔达的地图可以看到，这里存有一些古代的土台遗址，当年应该是一个大型的建筑群。皮拉内西在《罗马古迹》里曾把这个位置暂定为一个曲线体块的古迹，并将其与附近的奥古斯都陵墓连成一条轴线。在《战神广场平面图》里，皮拉内西把它彻底虚构为一个极其复杂的几何综合体，正式命名为凯撒大墓。它也是地图中最重要的几个几何综合体之一，面积比奥古斯都陵墓大上十余倍。废墟画主要展现的也是其浩大规模：一面两层的连续砖（土）拱做的土台一眼看不到头，这个景象与法尔达的地图描绘的同一位置模样非常接近。尽管废墟画中有相当的写实内容，但它仍然算是“虚构废墟”，因为这里是否真是凯撒大墓并不确定。

（图20）

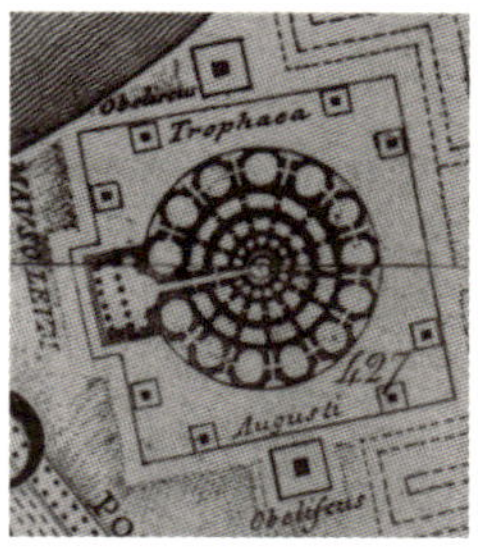

从上到下：奥古斯都陵墓（废墟画系列）；奥古斯都陵墓（《罗马古迹》）；奥古斯都陵墓平面（《战神广场平面图》）

（图21）

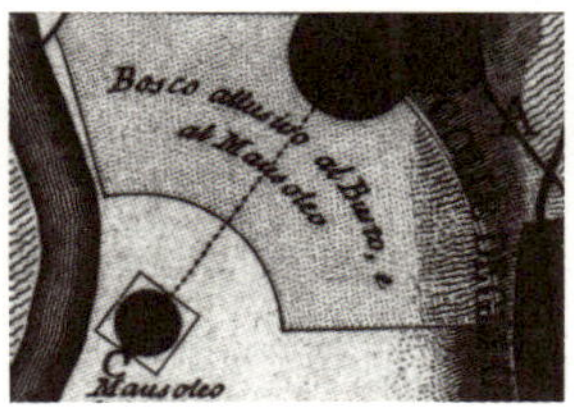

上图：凯撒大墓（废墟画系列）；左下：凯撒大墓平面（《战神广场平面图》）；右下：凯撒大墓（《罗马古迹》）

第八类：拱门／门

1 奥勒留拱门（Arch of the Marcus Aurelius）（不存，非原址）（图22）历史上，奥勒留拱门本来在卡比托利欧山上，损毁后原址无从考证。诺利地图上庇护神庙偏东北处有一个名为科罗纳的广场（Piazza Colonna）（在早些的坦佩斯塔的地图上叫作奥勒留广场），中间放着一个记功柱。皮拉内西在《战神广场平面图》里把这个广场取回“奥勒留广场”（Forun M. Aurelii）的名字，记功柱保留，两边增设了几个巴西利卡、神庙祭坛。废墟画里的远景是这个记功柱，但在地图上却无奥勒留拱门的标识，可见该拱门是皮拉内西的虚构，连在地图上的标识都回避了。这张废墟画也是“虚构废墟”。需要注意的是皮拉内西在奥勒留广场北边放置的金牛角斗场。这是战神广场区域唯一的大角斗场。它是历史实物，位置和地图上的差不多。皮拉内西在轴测鸟瞰图中为它及周边环境做了一次全面深入、野心勃勃的还原设计。奥勒留广场有一部分（包括记功柱）也在图上。

（图22）

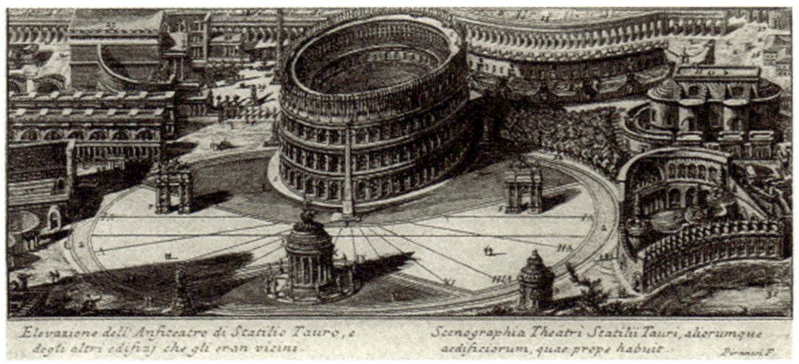

从左到右：奥勒留拱门（废墟画系列）；金牛角斗场广场（轴测鸟瞰系列）；奥勒留广场平面（《战神广场平面图》）

2 菲利普门（Portico of M. Philip）（不存，原址）（图23、24）菲利普门是巴尔布斯剧场的前厅。它是一片密柱式门廊，最靠外侧是一排由四根柱子组合成一个四边形“厅柱”（有四个拱）的柱列。皮拉内西在《罗马古迹》中曾有一张一个半“厅柱”的考据还原图。图做得很细致，可见当时皮拉内西应该是见到了“厅柱”的部分残迹。在巴伯和诺利的地图里，原址区域里都有“厅柱”的些许痕迹：一个半“厅柱”构成一个小教堂的中庭和前室。这也为菲利普门的现实遗迹提供了佐证。废墟画很真实，将半埋在地下的“厅柱”都画出来了，和《罗马古迹》里的剖面完全对得上。如果它真的如诺利地图里显示的那样，是教堂内柱的话，那么废墟画就是“还原废墟”。图下文字说明远景废墟是庞培剧场，但是按角度来说，那个地方应该是巴尔布斯剧场。或许皮拉内西出现了笔误。

（图23）

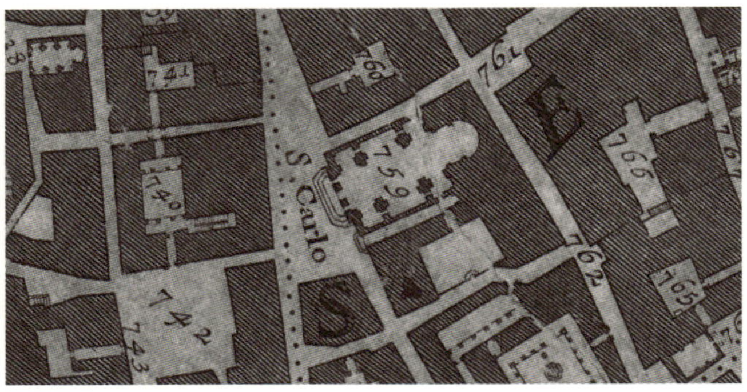

菲利普门原址（诺利地图）

（图24）

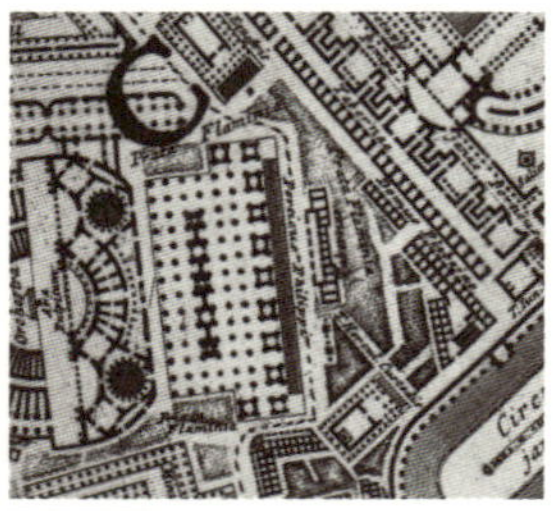

从上到下：菲利普门（废墟画系列）；菲利普门（《罗马古迹》）；菲利普门平面（《战神广场平面图》）

（图25）

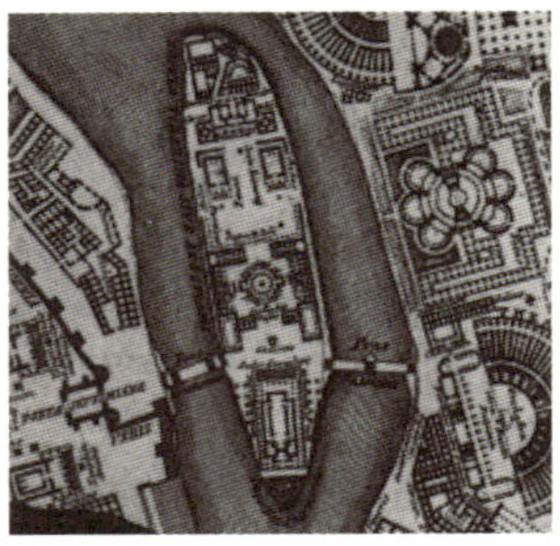

从上到下：台伯河岛以及双桥（废墟画系列）；台伯河岛细部（废墟画系列）；台伯河岛以及双桥平面（《战神广场平面图》）

第九类：桥

1 台伯河岛以及双桥（Tiber Island / Quattro Capi / Bridge of Cestius）（现存，原址）（图25）台伯河岛是罗马的一个地理亮点。一个梭形的小岛将台伯河分流而过。联系两岸的双桥既有功能性又有着某种似是而非的对称感——一座是一大拱两小拱，一座是两大拱一小拱。在《罗马古迹》中，皮拉内西用了12幅版画来表达对双桥的技术研究，主要包括立面、剖面与石头上的铭文。其中有两张透视图，视点都在岛上，一左一右，仰视桥底。在后期的《罗马风光》中，皮拉内西也有一幅双桥画，视点是岛南边的另一座罗托桥（Ponte Rotto）的中间，正对着岛的南端。废墟画里的角度与这张较为类似，只是稍远点，视点在罗托桥的桥底。还有三张版画是岛南端的石船的细部——古罗马的遗物。皮拉内西将这几张废墟画放在系列最开始，显然有其用意。第一是以台伯河为罗马的象征，第二这是皮拉内西划定的《战神广场平面图》左下角的端点，从某种角度说，它也是《战神广场平面图》的起始点。废墟画中岛与双桥是全然写实；如果说有虚构的地方，那就是前景的罗托桥。这里皮拉内西把它画得只剩一点桥拱，实际上它的桥体尚保留大半（皮拉内西在其他地方画过几次），这算是“后置废墟”。

2 凯旋之桥（Triumphalas Bridge）（不存，非原址）（图26）废墟画里，这是一座已毁坏的桥，只余几个残破的桥墩。皮拉内西在《战神广场平面图》里将桥设置在圣天使桥（Ponte Sant'Angelo）的东边。那时的地图上这个位置并没有桥，不过在圣天使桥的南边不远处却有一座蒂奥凡尼桥（Ponte Trionfale），且是座断桥。这是台伯河上的著名古桥，我们在坦佩斯塔、法尔达、诺利、瓦西等人的地图上都可以看到。废墟画里的两个角度的透视基本上画的都是这座真实断桥的样子。所以，这是一次挪移式的“虚构”。皮拉内西把一

(图26)

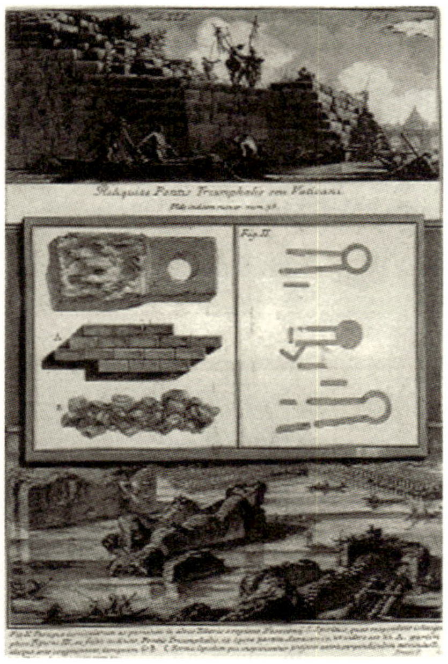

上：凯旋之桥（废墟画系列）；左下：凯旋之桥（法尔达，《罗马地图》）；右下：凯旋之桥平面（《战神广场平面图》）

座古桥换了个位置，安放在他构思的地图里。当然，如果忽略这座古代断桥，认为皮拉内西在此做了一次全新的"虚构废墟"，也是说得通的。

3　莫勒桥与米尔维安桥（Ponte Molle / Milvian Bridge）（现存，原址）（图27）这两座桥在《战神广场平面图》外，甚至不在一般的罗马地图之中。它是皮拉内西对罗马城边界的自我定义。从《罗马古迹》画册开始，这两座桥就是皮氏罗马地图的北面边界或开始点。两座桥导出的两条路合在一起就形成进入罗马的主干道弗拉米尼亚大道（Via Flaminia）。从《罗马风光》以及瓦西的画册里看得出来，莫勒桥保存完好。废墟画里皮拉内西的取景角度与《罗马风光》完全相同。他做了一个很明显的"后置废墟"。莫勒桥桥拱还在，桥面全都毁坏了。米尔维安桥的废墟画画的主要是周边景观，桥在近景，只剩一截桥墩。这是很过分的"后置废墟"，因为同时代的一些写实派画家画的米尔维安桥比莫勒桥还要完整一些。[09]

09　James T. Tice, James G. Harper, *Giuseppe Vasi's Rome: Lasting Impressions from the Age of the Grand Tour*, Oregon: Jordan Schnitzer Museum of Art, 2010: 43.

第十类：街道 / 沟渠

1　弗拉米尼亚大道（Via Flaminia）（现存，非原址）（图28）

这是从北边进入罗马的两条著名古道之一。它从米尔维安桥开始，经过波波洛广场的一条笔直大路直达朱利亚神庙和卡比托利欧山。在《战神广场平面图》上，皮拉内西将朱利亚神庙前的这段路改名为拉塔大道（Via Lata），[10]而标为弗拉米尼亚大道的那段路在古代罗马是皮琴纳大道（Via Pinciana）。这两个设置皮拉内西在《罗马古迹》里就已经做过，这里继续沿用。废墟画里的弗拉米尼亚大道破败不堪，似乎是一条开出来的山道。路两边是山坡，很局促。大小碎石从山坡上滚下来落在路上，行走困难。实际上弗拉米尼亚大道是一条相当平整的大路。画中情景和皮琴纳大道的状况比较接近。皮琴纳大道从皮琴纳乌斯山的西南角一直斜向往上，到皮琴纳大门（Porta Pinciana）为止。废墟画里应该就是这条路在山中穿行的样子，只是路面太过破败。这是一次冠名错误的"后置废墟"，也可以说是有意误用的"虚构废墟"。

10　17、18世纪罗马地图上弗拉米尼亚大道的名字为拉塔大道。参见：Richard Krautheimer, *Rome: Profile of a City, 312-1308*, Princeton: Princeton University Press, 2000: 74.

(图27)

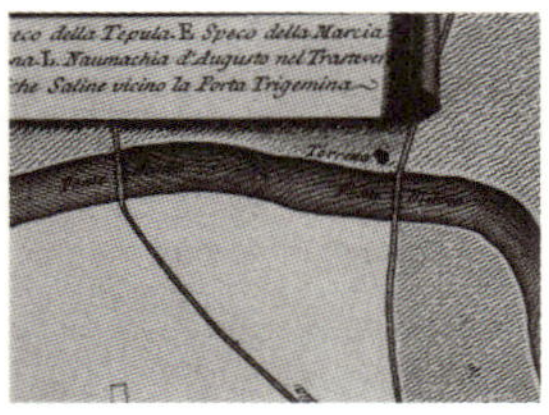

左上：莫勒桥（废墟画系列）；左下：米尔维安桥（废墟画系列）；上图：莫勒桥与米尔维安桥平面（《罗马古迹》）

(图28)

从左到右：弗拉米尼亚大道（废墟画系列）；弗拉米尼亚大道平面（《战神广场平面图》）

2 威戈沟渠(Aqua Virgo)(不存,原址)(图29)在众多描绘古罗马的画家当中,只有皮拉内西对罗马的沟渠、下水道、排水系统这类缺乏美感的地下工程抱有浓厚的兴趣。在《战神广场平面图》里,威戈沟渠处在朱利亚神庙与奥勒留广场之间,这是原址。它东端的延长线上的弗拉米尼亚大道就是个错误——应该是皮琴纳大道。虽然是地下工程,但该沟渠却是城市重要的结构线。皮拉内西为之画了三张版画。一张是地下空间的透视,一张是地上的拱门及一些排水管的细部,一张是拱门上的铭文和浮雕。拱门和朱利亚神庙、庇护神庙连成一排,足见皮拉内西对沟渠的重视。废墟画应该接近写实,表现了沟渠的科学、精确和宏大。或许皮拉内西对破损感略有强化,那么威戈沟渠就属于"后置废墟"。

3 真实与现实

粗略统计之下,这30幅废墟画中,皮拉内西使用了四种"理论废墟"模式。"后置废墟":万神庙、圆形神庙、哈德良陵墓、奥古斯都陵墓、台伯河岛双桥、北部双桥、威戈沟渠;"还原废墟":庇护神庙、马塞勒斯剧场、阿格里帕大浴场、屋大维宫、菲利普门;"再现废墟":朱利亚神庙、朱庇特神庙、巴尔布斯剧场、庞培剧场、三个竞技场;"虚构废墟":盖乌斯和卢修斯巴西利卡/门廊、塞鲁斯特浴场、凯撒大墓、奥勒留拱门、凯旋之桥、弗拉米尼亚大道。四种模式对"现实"的态度各不相同。"后置废墟"是对现实的小小调侃。万神庙的门廊被敲去一角,哈德良陵墓被剥光表皮,莫勒桥被拆去桥面,似乎画中的时间往后挪了几十年。"还原废墟"将现实中新增的建筑部分加以清除,把古迹原貌展示出来。屋大维宫和马塞勒斯剧场被净化后,显出浓厚的罗马古意。"再现废墟"把现实中已不存在但经考证无疑义的古迹进行虚拟复建,再加以废墟化表现,比前两种模式要复杂一些,比如朱利亚神庙密集的方形巨柱柱网、阿格奈利斯竞技场的观众席下的拱形通道,都是超出普通经验范畴(18世纪的罗马)的空间类型,恢复原状已属不易,而将之废墟化更需要高度的艺术想象力。这是一种基于实证的,对或许瞬间存在过的"现实状态"的想象性建构。"虚构废墟"虽然案例不多,但最值得重视。它分两类。第一类是对现实故意挪用,比如把圣天使桥西边的蒂奥凡尼桥桥墩挪到东边当作凯旋之桥,把皮琴纳大道当作弗拉米尼亚大道。第二类是错误的"再现废墟",比如盖乌斯和卢修斯巴西利卡,皮拉内西根据仅存的一圈柱廊推导其为一个规模中等的巴西利卡,实际上这圈柱廊是一个小神庙的外廊。塞鲁斯特浴场也是如此。皮拉内西根据一个尚存的穹顶建筑将之设定为一座大型浴场里的一个小浴室,更早些时他曾认为这个穹顶建筑是座神庙,而这里到底是神庙还是大浴场,直到现在都无法确认。所以,这个巴西利卡与大浴场都是皮拉内西基于些许线索所做的推导。这是一种研究性的专业设计,是对"现实"的个人化延伸。《战神广场平面图》中大约90% 的建筑都是用这种方式"虚构"出来的。皮拉内西这一系列复杂的操作,试图说明的无非两项。其一,他在废墟画中描绘的景观并非现实,而是一种"真实"的未来。它是最纯粹的罗马,是古罗马在岁月的摧残下真正应该成为的样子。换言之,大家如果想感知古罗马,环顾现实是无效的,必须得看他这套废墟画。其二,这套废墟画不是《战神广场平面图》的补充说明,而是其出发点。24座建筑首次铺陈在这张平面图上,表明这梦幻般的《战神广场平面图》产生于"真实"的基础。

(图29)

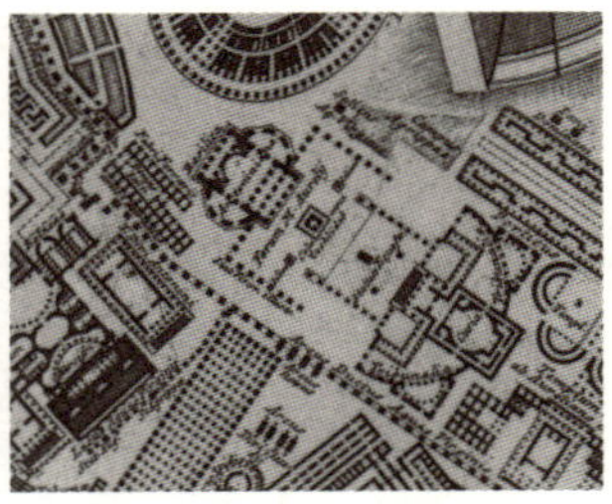

左上:威戈沟渠(废墟画系列);左下:威戈沟渠地上拱门(废墟画系列);右下:威戈沟渠平面(《罗马古迹》)

4 轴线、区域、广场群

如果将这24座建筑落回到《战神广场平面图》,我们会清晰地看到这张平面图的第一个图层(图30)。它们形成了全新的尺度关系、轴线关系、功能关系,这在诺利地图所表现的"现代罗马"中是看不到的。透过这一图层,我们会隐约感受到皮拉内西运用其中的五组轴线将之拓展为不同的空间区域,再逐渐蔓延全图的过程。我们甚至还能体会皮拉内西在"区域化操作"中感知到的罗马空间的特征,并将其违反"现实"(乃至"真实")地凸显出来。比如皮拉内西在奥古斯都陵墓与凯撒大墓之间建立起轴线,并用一个扇形广场将两者联系起来。这个广场与南侧的金牛角斗场广场以及奥勒留广场连成一个广场群。它是战神广场区域唯一的一个广场群,其面积将近整个地图的十五分之一。皮拉内西将这个广场群放在平面图的正中,使之成为焦点。其巨大、开敞、多轴线(大约10根)的公共空间属性带动了整个战神广场的活力:北部的军事区、东部的花园区、南部的娱乐/祭祀区、西部的梵蒂冈区,这些区块的空间结构无论大小都严格按轴对称的原则来组织。它们在广场群的轴线辐射之下运动起来,甚至现出某种舞蹈般的节奏。不过,这一广场群也消解了古罗马的一条最基本的结构线:从米尔维安桥直达卡比托利欧山的弗拉米尼亚大道。[11](图31)这无疑是皮拉内西在平面图中的最冒险又最有野心的一次"破坏"行为。切断这条自奥古斯都时代以来一直都存在的罗马大动脉的代价自然不菲,只凭这一点就足以让后人将这张平面图归为"幻想画"的范畴,让皮拉内西所做的无数严谨科学的考古工作付诸东流。不过,它亦表明皮拉内西确信自己已经把握住了古罗马的某种空间本质。它可以抛弃既定的城市组织的规则,不需要常规例行的功能分级、高效路网、空间主轴,就能成型、散发活力、生长不息。那个不规则的广场群就是其中的关键,发挥着心脏般的作用。

11 Diane Favro, *The urban image of Augustan Rome*, New York: Cambridge University Press, 1996: 163.

(图30)

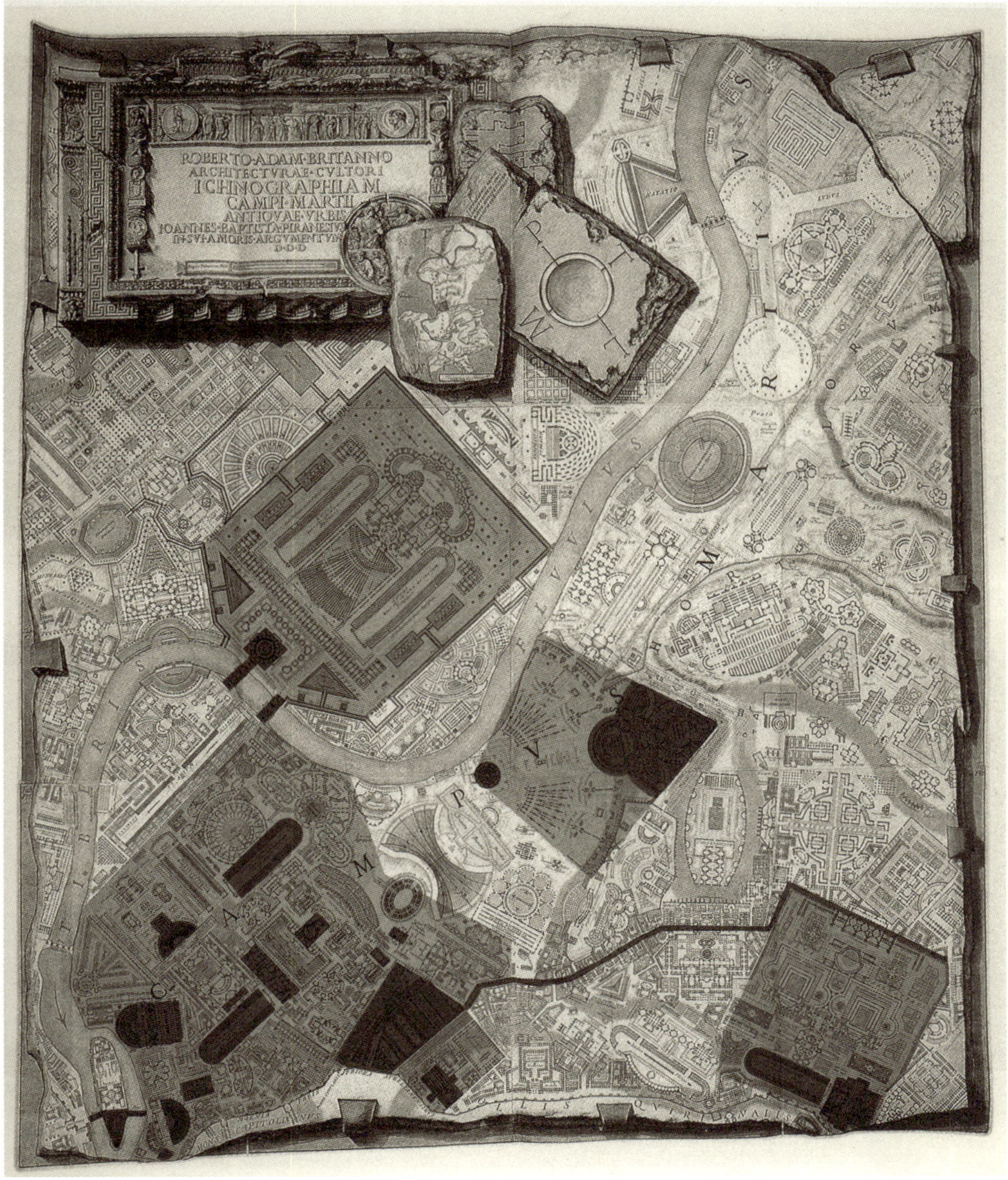

《战神广场平面图》的第一个图层，王熙昀绘

(图31)

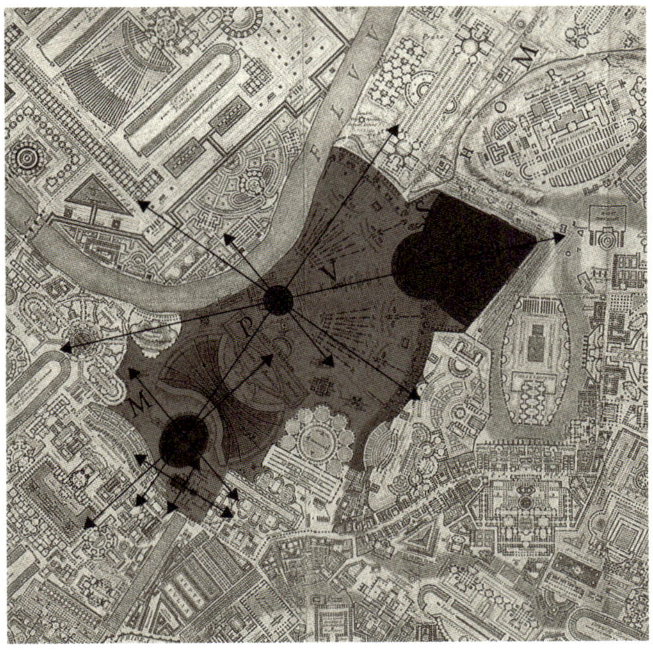

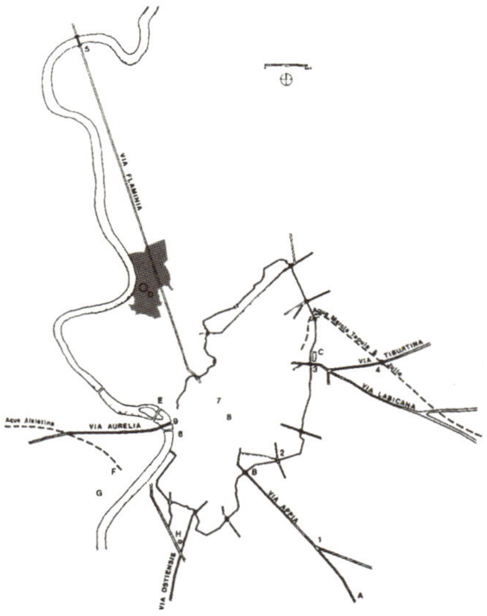

"心脏"(左)与"大动脉"(右)，王熙昀绘

5 结语

以广场群式的"心脏"取代线性的"大动脉"，标志着《战神广场平面图》从科学考古式地图进入到概念地图的全新范畴。随后的展开是清晰可见的——罗马是由内而外的（一颗巨大的心脏），自由（轴线多样）且自律（局部严格对称）的，开放（建筑几乎全部公共化）且具侵略性（可无限繁殖）的。这些对于城市空间的抽象认知，在表述上有着相当的自由度。它超越了视觉与物质形态的限制，并且毋需与现实一一吻合。所以皮拉内西很任性地把哈德良陵墓改成一座螺旋高塔，把弗拉米尼亚大道的名字挪到皮琴纳大道上，且把它缩短到朱利亚神庙一侧的长度，把圣天使桥西边的断桥挪到东边，为的是拉出一条新的辅助轴线。当然，最为夸张的还是那个广场群"心脏"，其尺度至少是卡比托利欧山东侧的两个古罗马广场群总面积的两倍。如果换算到诺利的现代罗马地图上，那么几乎要占据60个中等规模的街区。这或许就是皮拉内西试图传递给我们的信息：再现罗马，单凭实证或想象都是无能为力的。比如黎戈里奥（Pirro Ligorio）1561年出版的《古罗马意象》（*Antiquae Urbis Romae Imago*），这张著名的鸟瞰图中的罗马看上去就是一个拥塞到令人烦闷的超级大都市而已。只有像《战神广场平面图》那样不惜违背现实的切入"概念"，才能触及罗马的本质，并将其表现出来。换一个激进点的说法则是，只有当古罗马成为一个概念的时候，地图才有可能真正完成。

参考文献

[1] Luigi Ficacci. Giovanni Batista Piranesi: The Complete Etchings[M]. Köln: Taschen, 2000.

[2] Clare Robertson. Rome 1600: The City and The Visual Arts under Clement VIII[M]. New Haven: Yale University Press, 2016.

[3] James T. Tice, James G. Harper. Giuseppe Vasi's Rome: Lasting Impressions from the Age of the Grand Tour [M]. Oregon: Jordan Schnitzer Museum of Art, 2010.

[4] Diane Favro. The urban image of Augustan Rome[M]. New York: Cambridge University Press, 1996.

[5] Richard Krautheimer.Rome: Profile of a City, 312—1308[M]. Princeton: Princeton University Press, 2000.

[6] Peter Eisenman. Piranesi and the City [M]// Sarah E. Lawrence. Piranesi as Designer. New York: Cooper Hewitt, National Design Museum, Smithsonian Institution, 2007.

[7] John Wilton-Ely. Design Through Fantasy: Piranesi as Designer[M]// Sarah E. Lawrence. Piranesi as Designer. New York: Cooper Hewitt, National Design Museum, Smithsonian Institution, 2007.

[8] Manfredo Tafuri.The Sphere and the Labyrinth:Avant-Gardes and Architecture from Piranesi to the 1970s [M]. Cambridge: The MIT Press, 1987.

（图1）

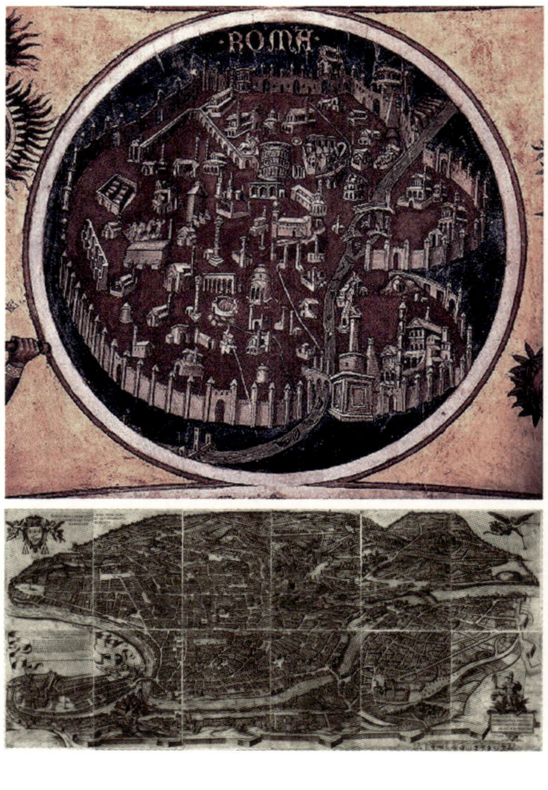

如何绘制罗马：18世纪罗马“平面地图”中的历史与现实（胡恒）How to Draw Rome: The History and Reality of Roman Plan-maps in the 18th Century（Hu Heng）

对于罗马2000多年的城市史，地图的绘制一直是一条重要的认知脉络。它记录了城市不同时期的空间形态及功能分布，反映了绘图技术、测量手段的变化，还将这座“永恒之城”的某种美学融入其中。这一美学就存在于历史与现实的关系之中——对罗马来说，历史很大程度体现在共和、帝国时代的建筑或遗址上。[01] 除去纯以古罗马城市为主题的地图[02]，罗马地图都需要处理历史与现实的关系问题。18世纪前的罗马地图处于前科学状态，以倾斜视角的鸟瞰地图为主。绘图师或以当下为基准，将所见之物全部画下，比如1435年帕尼卡利（Masolino da Panicale）绘制的湿壁画罗马全景地图、15世纪初期巴托罗（Bartolo）所绘的圆形罗马城市地图（图1左上）、1593年坦佩斯塔所绘的罗马地图（图1左下），以及1676年法尔达绘制的轴测罗马全景地图（*Nuova pianta et alzata della città di Roma*）；或对标志性的古迹遗址略加强调——将其体量放大、描绘得更加细致，比如1538年曼图亚总督府内的蛋彩画《罗马景象》（*View of Roma*），以及德·罗西1668年的罗马地图。总的来说，历史与现实都只是图像资源，孰轻孰重由绘图师个人意向决定。这类地图形式多变，直观生动，深受观者青睐。与倾斜视角的地图相比，正交视角的平面地图不够具象，较为平淡，数量又少，直到17世纪末期才只寥寥两张[03]：1551年布法里尼的《罗马地图》（*Roma*）（图1右）与1697年巴伯的《现代罗马平面图》（*Plan of Modern Rome*）。它们都是标准的前科学及准科学的产物，历史建筑与现实建筑的数据都不够精确，两者的关系未能得到体现。18世纪是罗马地图史的转折期。一方面，平板仪现场实测、三角测量术和更正的参考线的引进，为地图的绘制提供了技术保证；另一方面，罗马自帝国衰落后，经过文艺复兴到18世纪前20年的结构调整，其道路系统与地标建筑基本稳定下来，直到现在都变化不大。更重要的是，当时社会上对罗马的认知热情达到高峰。在各种官方、民间团体的大力资助下，绘图师们尽力测量城市的每一个角落，积累充分的数据，以备出版使用。顺应时代的需求，两幅重要的罗马平面地图相继面世。一幅是1748年诺利绘制的《罗马大地图》（*La Pianta Grande di Roma*），一幅是1770年皮拉内西绘制的《古今罗马与战神广场平面图》（*Plan of Ancient and Modern Rome and the Campo Marzio*）。两幅地图采用的技术、数据基础相差无几，但面貌差异颇大，这与它们在历史与现实之间建构的不同内在逻辑是分不开的。本文将从内容、图绘方式、形式架构等方面进行比较，解析这两套内在逻辑产生的过程。在笔者看来，正是它们使得这两幅地图在罗马地图史上划出一道分水岭——诺利将罗马地图从图像视知觉升级为科学，皮拉内西则进一步使之进入到观念领域。

01　一般认为，罗马建城于公元前753年。古罗马的历史分为三个时期：王政时代（约公元前8世纪—公元前6世纪）；共和时代（约公元前509年—公元前27年）；帝国时代（公元前27年—公元476年）。其中，共和、帝国时代的古迹遗存最具历史价值。

02　这类地图以历史为对象，不涉现实。比如1544年马连尼（Bartolomeo Marliani）的《永恒之城罗马地图》（*Map of Imperial Rome*），以及1561年黎戈里奥（Pirro Ligorio）的《古罗马意象》（*Antiquae Urbis Romae Imago*）。它们或在地图上标出古代遗址的位置，或是虚构出古罗马的城市盛景。

03　1668年德·罗西的罗马地图底图是平面地图，但他在底图上把一些古迹或重要的教堂、府邸的轴测鸟瞰图画了进去。所以它应该算是杂交地图。

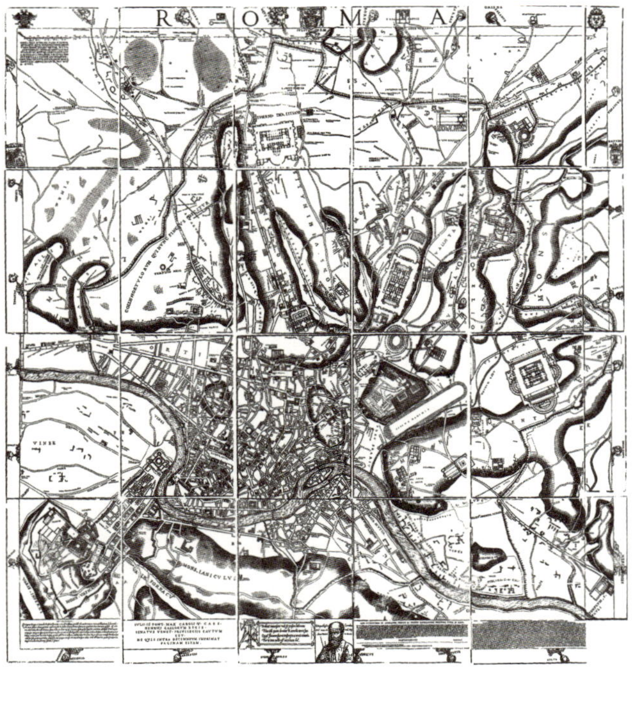

左上：巴托罗所绘的罗马地图；左下：坦佩斯塔所绘的罗马地图；
右：布法里尼所绘的罗马地图

（图2）

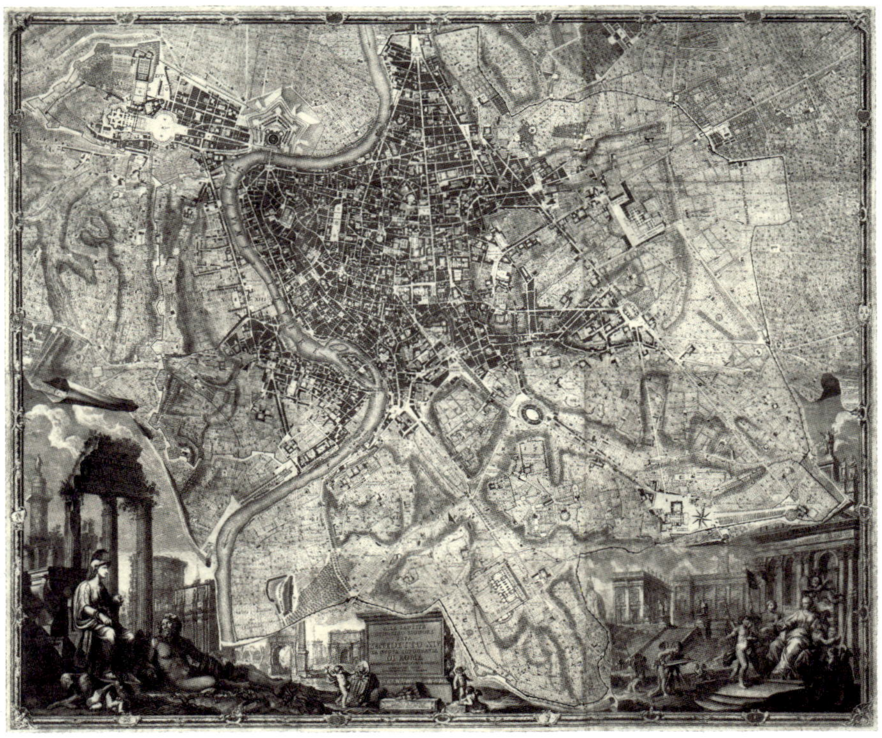

诺利，《罗马大地图》，1748年

1《罗马大地图》：历史“溶解”

诺利的《罗马大地图》受克雷芒十二世（Clement Ⅻ）委托制作，最后题献给本笃十四世。地图由12页80cm×54cm（整幅地图长边240cm，短边216cm）的图版组成，尺幅巨大。[04]（图2）它首次使用上北下南的构图（诺利之前的罗马地图都为上东下西），指北针出现三次。地图范围南北向以城墙为准，东西两侧将部分城外区域纳入其中。成形的街区大概占整个地图的四分之一，其他为自然或半自然区域。城内所有街区、街道、教堂、广场、府邸、遗址都被一一描绘。场地编号规模空前，共有1320条，分为19类。[05]地图绘制以准确为第一要务。《罗马大地图》借助先进的测量手段，空间定位误差极小。其细节刻画程度令人惊叹，比如米开朗琪罗设计的卡比托利欧广场的蛋形平面上四个角部的局部内凹被完整无缺地画了出来，侧廊底层的巨柱及柱础的关系清晰可见。地图中，米氏另一个作品圣玛利亚天使教堂（St. Maria degli Angeli）的斯福扎小礼拜堂里，尺度小巧的扇形平面与四根装饰性柱子的位置分毫不差（图3）。《罗马大地图》以前所未有的真实性记录下18世纪罗马的空间形态，即使与现在的卫星图片相比，也出入甚微。当然，这也与诺利背后强大的技术团队的支持密不可分。[06]诺利的图绘方式简明扼要。但凡建筑部分都以密排的长斜线涂满，教堂、神庙、大浴场皆绘出完整的一层平面，某些重要的公共建筑绘出内外廊，喷泉、花坛、水池、台阶都用细曲线或波浪线，其他都留空白，图面上形成非常醒目的黑白对比关系。首先是街区、街道、广场，其次是街区里的建筑、内院、小道，最后是教堂等建筑的内部空间。观者在任何距离下都能迅速把握地图信息里的空间属性。以严谨的分类、精确的数据来处理体量庞大的现实罗马，被证明非常有效。扁平化的画面虽然有些冰冷，但传递出手术刀式的“绝对理性”美学。这种美学中，历史不具有特殊意义。它们同样被数据化，“溶解”在扁平的现实世界里。对于万神庙、大角斗场、陵墓、大浴场之类较完整的古迹，诺利将墙体的排线略微加密，看上去比其他建筑的排线颜色稍深一点。对于马塞勒斯剧场、庇护神庙的外柱廊这样只遗留一面墙的古迹，就只在原址上画上虚线以作示意。需要指出的是，地面遗址不存的庞培剧场的虚线标志画错了。此外，银塔广场的三个神庙漏画。菲利普门的四根柱子、马塞勒斯剧场南边的两排柱子都没标识（可能其并未被诺利确认为古物），两个古罗马广场群被附近的新建筑稀释得难以辨认。那些古迹遗存，或者掩没于郊野林木之间，或者隐身在街巷屋舍之中。如果不是对它们的位置知之甚详或者刻意去寻找，我们几乎察觉不到它们的存在。更有“溶解”效果的是绘图技术。诺利一刀切的图底二分法的留白部分，产生了某种特殊的效果。与纸张同色的街道连到广场，进入教堂，或者连到小路，进入某个内院、花园。数不胜数的外廊、内廊把这些流线串联起来，形成无限的回路。这种图面效果与现实的状况完全吻合。在20世纪30年代前，罗马大部分公共建筑的内院花园是可以随意出入的。这意味着，我们在地图上看到的白色部分的位置都可以贯通抵达。比如，从万神庙（古罗马时期建筑）开始，我们看完穹顶后出来，沿着东侧的密涅瓦街往南，很快就到了一个广场与密涅瓦教堂（Santa Maria Sopra Minerva）（中世纪建筑）。踏上三级台阶进入教堂，欣赏过米开朗琪罗的雕塑与小利皮（Filippino Lippi）的壁画，穿过北侧门，进入一个四方的回廊院。院子北侧有个门，门后是三个彼此相连、大小不一的花园。出了第三个花园就是圣伊纳爵街，往南走几步就到了一个广场和罗马学院（文艺复兴时期建筑）。从学院正门进去是一个巨大的回廊院。院子后门接着圣伊纳爵教堂（Church of St. Ignazio，巴洛克时期建筑）的南门。进入教堂，观摩过波佐（Andrea Pozzo）的巴洛克风格的天顶画。正门出来是一个异形广场，往北略行几步就到了庇护神庙改建成的集合住宅。看过那排古代柱廊，往西有条朝北的小道，穿过去就是阿圭洛圣母教堂（Chiesa di Santa Maria in Aquiro，中世纪到文艺复兴时期建筑）的后院。逛完教堂（有14世纪的壁画）以及隔壁的院子，出来后往西北斜行几步就回到万神庙前的广场（图4）。一条路线串起了一座神庙、三座教堂、一个古迹立面、一所大学、三个花园、三个回廊院。古罗马、中世纪、文艺复兴、巴洛克等不同时期的建筑的内部空间，在地图上是均等的白色区域。它们溶解开来，连成一体。历史不再是时间阶梯形的意义综合体。它是日常“捷径”的一部分，是转角可遇的惊喜。

（图3）

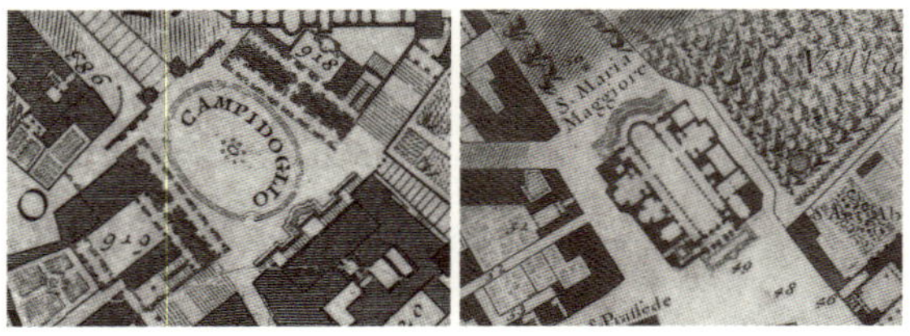

《罗马大地图》局部

04 James T. Tice, James G. Harper, *Giuseppe Vasi's Rome: Lasting Impressions from the Age of the Grand Tour*, Eugene: University of Oregon Press, 2010: 75.《罗马大地图》是罗马地图史上最著名的作品之一，后人以“诺利地图”名之。

05 这19类分为现存古代遗址、水渠 / 拱门、小礼拜堂、开放教堂、大学、女修道院、喷泉、医院、广场、小巷等等。

06 诺利的技术支持团队包含了当时最优秀的数学家、地形学家、天文学家、历史学者、博物馆馆长，比如大名鼎鼎的圣三一教堂的科学团队。他自己的团队也是人才济济。本笃十四世还曾将年轻的皮拉内西（作为绘图员新秀）介绍进诺利的调研小组。

(图4)

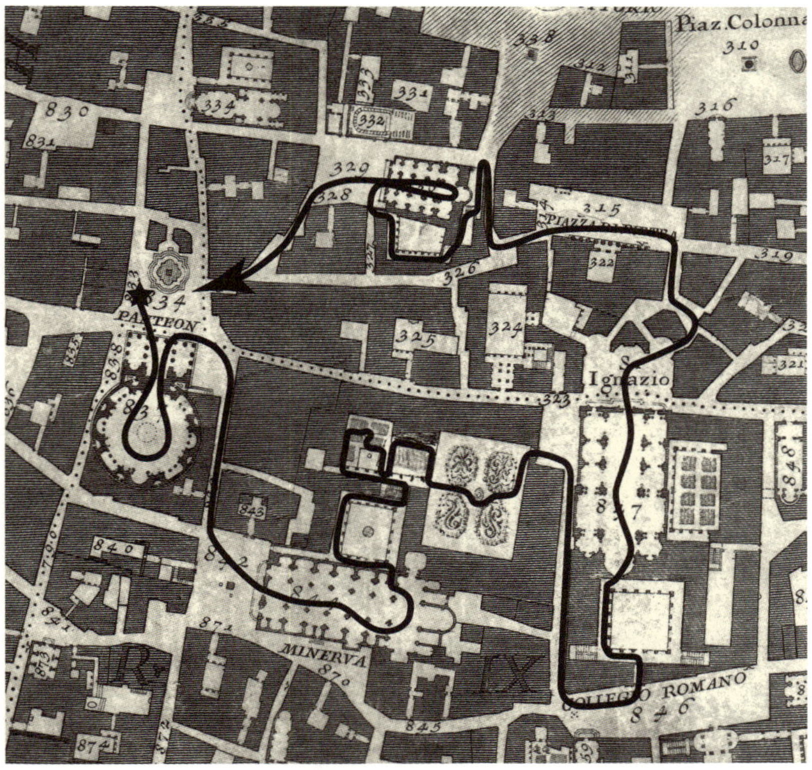

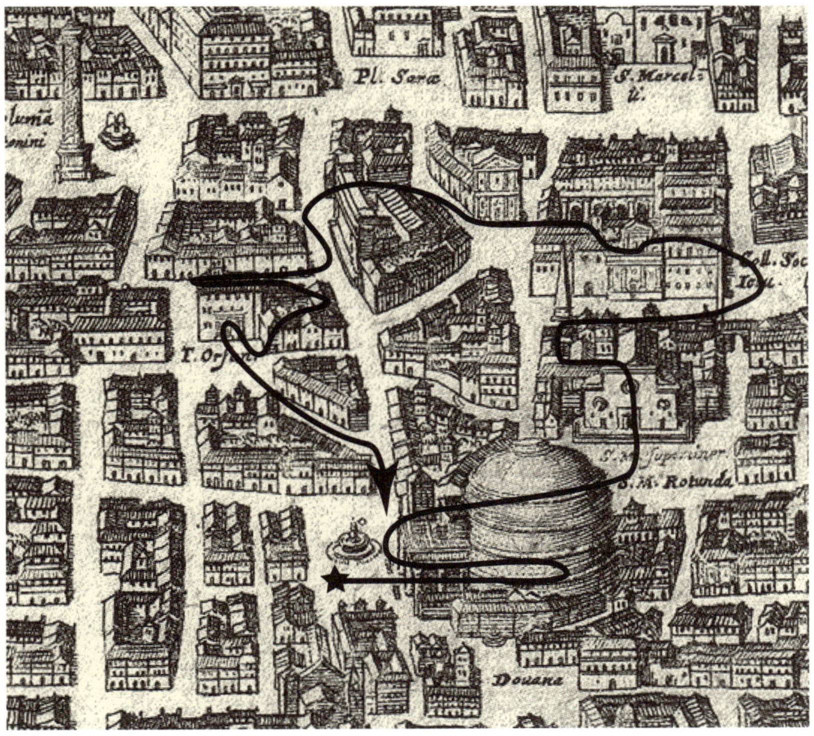

《罗马大地图》(上)和坦佩斯塔地图(下)局部流线比较

2《古今罗马与战神广场平面图》：现实“分层”

《古今罗马与战神广场平面图》(简称《古今地图》)尺寸为132cm ×72cm，纸上蚀刻，共402个地点条目，题献给克雷芒十四世(Clement XIV)。[07](图5-6)在它出版前20多年，皮拉内西就作为助手参与了诺利的那项伟大工程。他曾跟随诺利一起测绘现场、收集信息，诺利还邀请他一起绘制《罗马大地图》的一份缩小版《新罗马地形图》(*Nuova Pianta Topografica della Citta di Roma*)。这张地形图的基本数据与《罗马大地图》一致，画法也一样。由于尺寸(96cm ×47cm)不到原版的四分之一，所以简化了很多细节，地点也减少到174个，比较明显的差别就是城外的别墅名字写得较大。地图题献给红衣主教阿尔巴尼(Alessandro Albani)，其别墅就在地图右上角。皮拉内西无疑全盘接收了诺利地图的科学数据、测量方法以及图绘经验，这为他后来的《古今地图》奠定了坚实的基础。同时，它也对皮拉内西提出了考验：在对象依旧且技术环节几乎不可能有重大突破的前提下，如何绘出一幅不同以往的平面地图？内容上，皮拉内西给地图规划了一个全新的轮廓。第一，他把城墙外的区域都去掉。这种做法颇为大胆，意味着众多权贵的别墅不在地图之内。第二，地图改为上南下北，与诺利地图建立起来的规则正相反。第三，通常罗马地图均以北端的波波洛广场(Piazzo del Popolo)为城市的入口，皮拉内西将这个端口往北延伸，顺着台伯河一直到米尔维安桥，将其当作地图边沿。这个地图的轮廓是今与古的杂交：今，指主城区按现有的城墙来界定。城墙轮廓从古罗马一直到庇护四世(Pus Ⅳ)及乌尔班八世(Urba Ⅷ)时代才成形，可以说是现代罗马的标志之一；古，指从波波洛门北到米尔维安桥这一段。虽然这一块比较空荡，没什么内容，但它是古罗马的辖域，且从未被现实地图纳入。[08](图7)城墙内的部分大体与《罗马大地图》一致，并对诺利的误差作了校正。比如庞培剧场的遗址位置标识、坦比哀多小礼拜堂(Tempietto)边上的教堂平面等错误被改正过来。前文提到的密涅瓦教堂的外墙、后部的花园在皮拉内西地图中都与诺利地图有明显差异。笔者仔细比较了两幅地图，发现台伯河沿河一带有很多不同：诺利地图中的建筑都离河边较近，比如著名的佛罗伦萨人所建的圣乔瓦尼教堂的端头直接贴在河边。在《古今地图》中，教堂与河边有一段宽松的距离——不知是否是因为20多年时间里河道宽度出现变化(图8)。画法上，皮拉内西在诺利的图底二分法的基础上做了不少调整。比如，街区建筑上的斜排线，诺利对外轮廓只做单线收边，皮拉内西则用粗黑线框定。对于街区内的花园、回廊院的内沿，皮拉内西也同样施以粗黑线。这样，街区的边界和领域感大大加强。真正的黑色主体是历史部分。皮拉内西对所有的古迹遗址都加以极重的粗黑线。万神庙这些独立古迹自不必说，那些残垣断壁、凯旋门、输水道等都被一一加粗。另外，皮拉内西还做了一件创新之举——他尽力将所有建筑中的那些古代部分都作了黑线加粗处理。这或许是罗马特有的情况：中世纪、文艺复兴甚至到18世纪的建筑，一直都有将残存古迹的墙或柱子(古代建筑的质量很好)利用起来的习惯。所以，地图中很多稍大规模的建筑都有部分墙体或柱子被加黑。比如卡比托利欧广

07　皮拉内西1770年绘制的《古今罗马与战神广场平面图》(*Plan of Ancient and Modern Rome and the Campo Marzio*)的原名为Pianta di Roma e del Campo Marzio，与皮氏在1762年出版的《战神广场平面图》(*Plan of the Campo Marzio*)均为罗马平面地图中的名作。James T. Tice, James G. Harper, *Giuseppe Vasi's Rome: Lasting Impressions from the Age of the Grand Tour*, Eugene: University of Oregon Press, 2010: 81.

08　这个区域是古罗马战神广场的一部分。在18世纪前，仅有1544年马连尼的古代罗马地图将之纳入其中。

(图5)

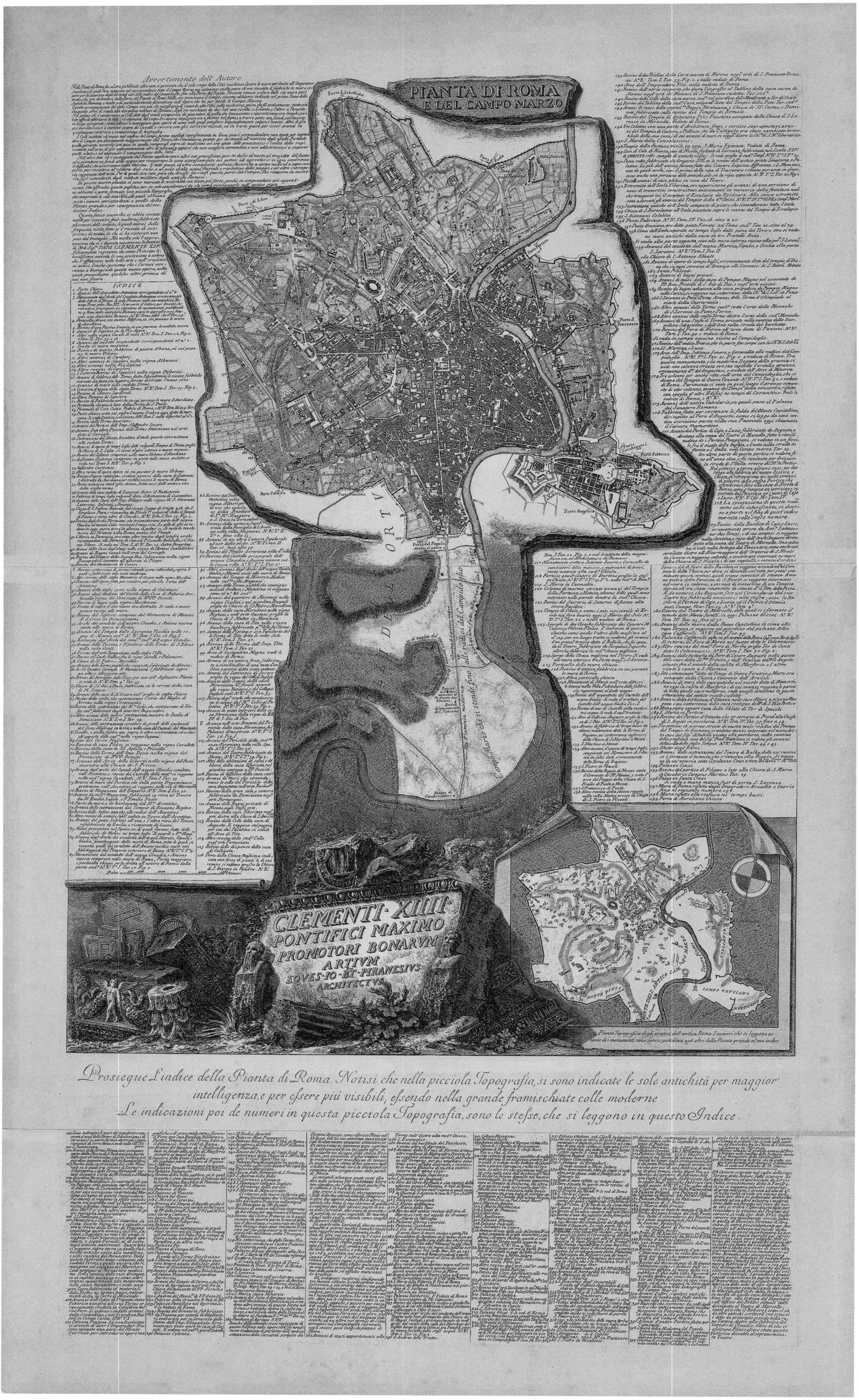

《古今罗马与战神广场平面图》，皮拉内西，1770年

（图6）

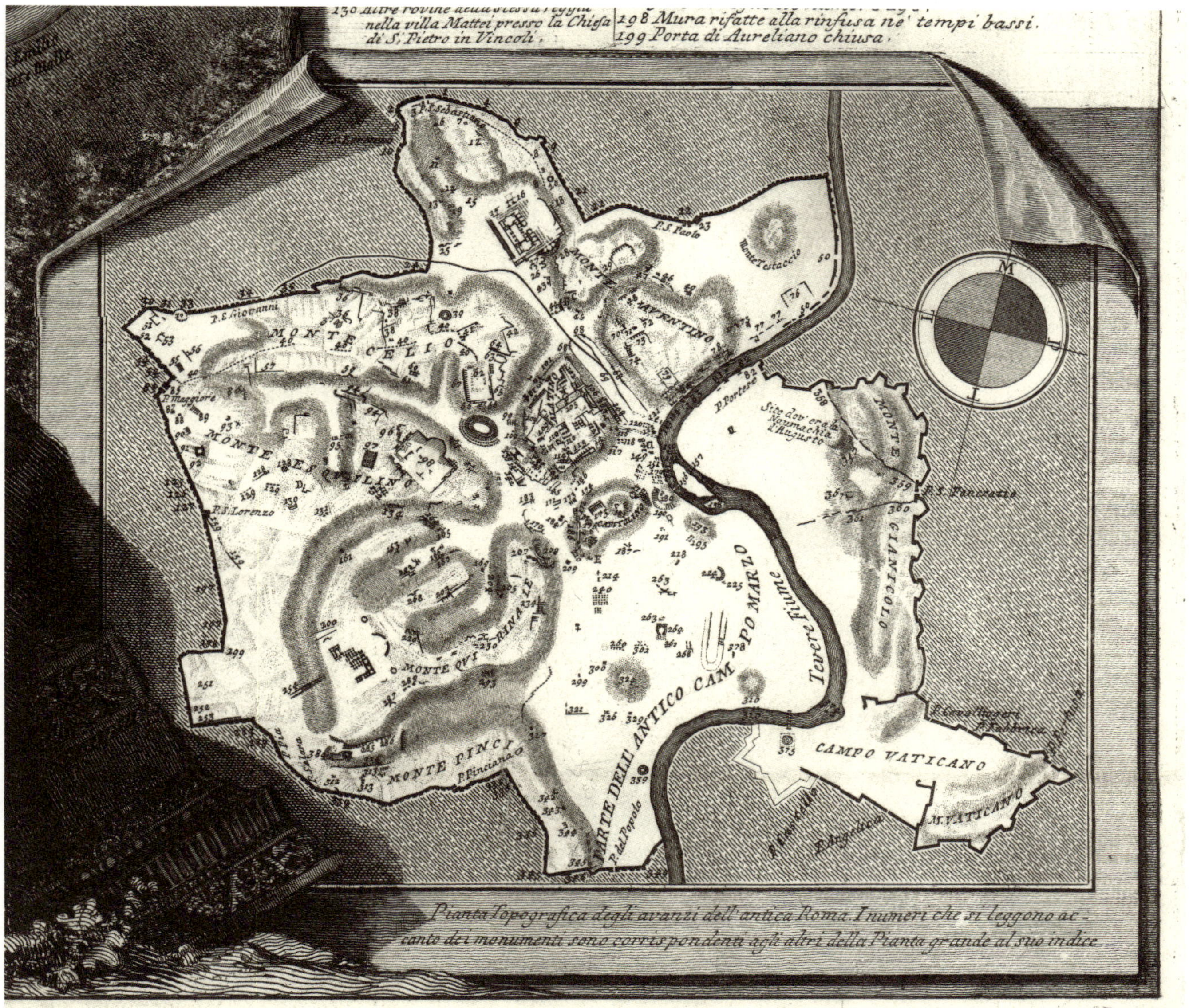

《古今罗马与战神广场平面图》右下角的罗马古迹平面图

（图7）

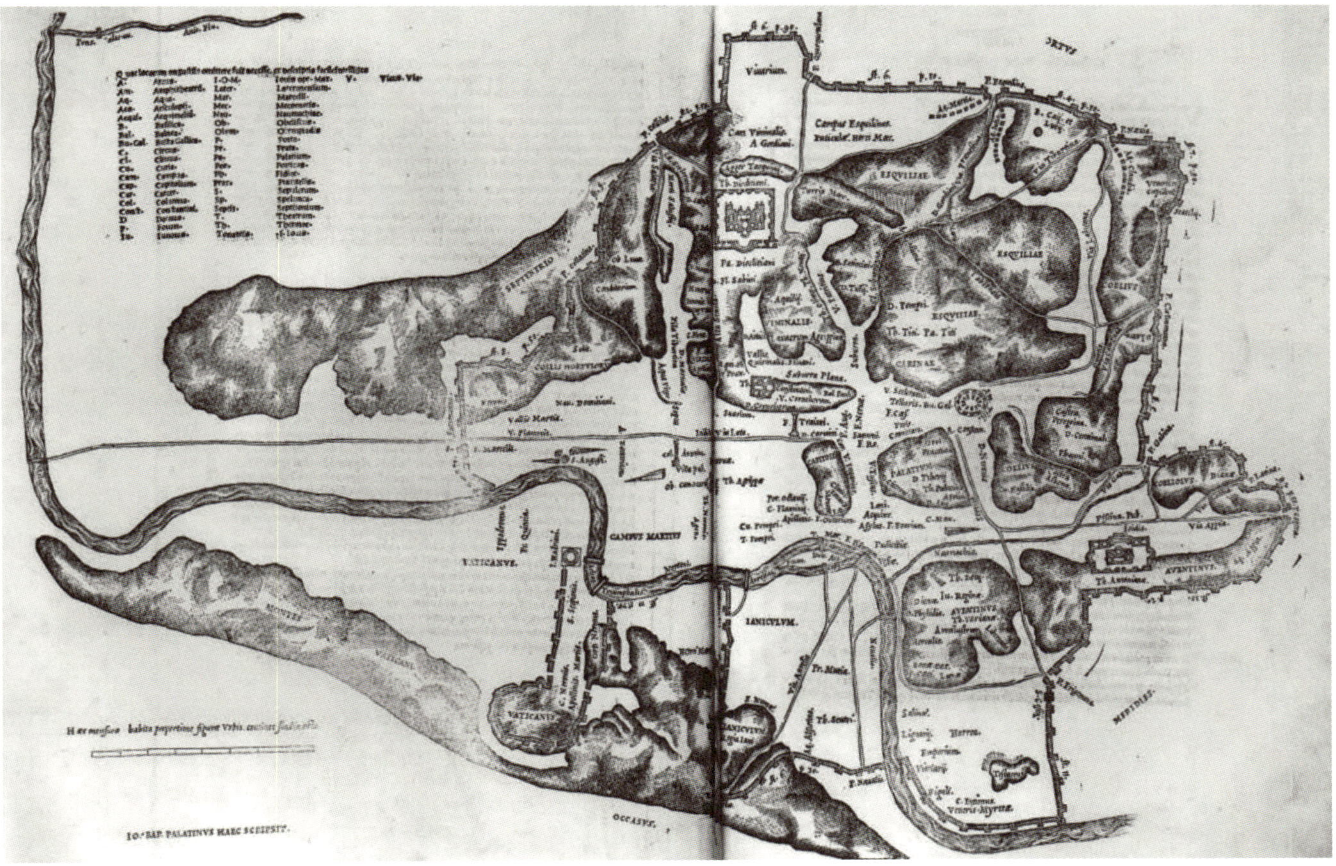

《永恒之城罗马地图》，马连尼，1544年

(图8-1)

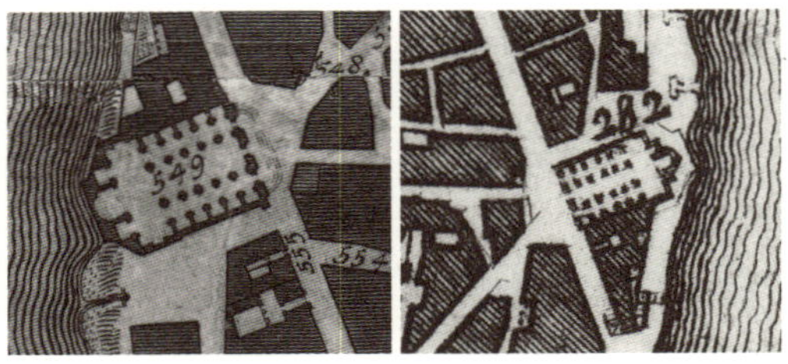

《罗马大地图》(左)与《古今地图》(右)中的圣乔瓦尼教堂

(图8-2)

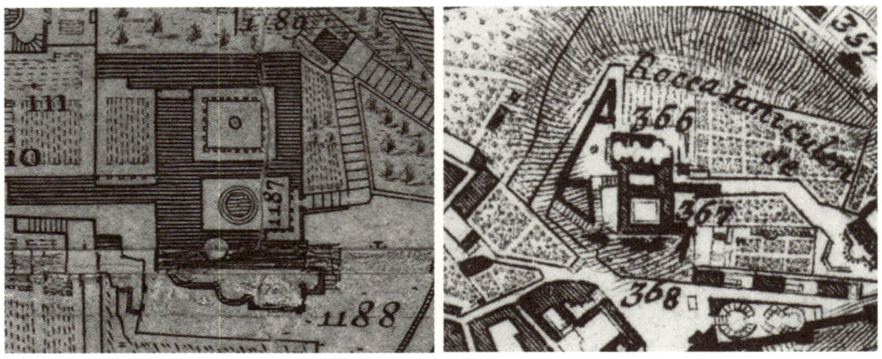

《罗马大地图》(左)与《古今地图》(右)中的坦比哀多小礼拜堂平面

(图8-3)

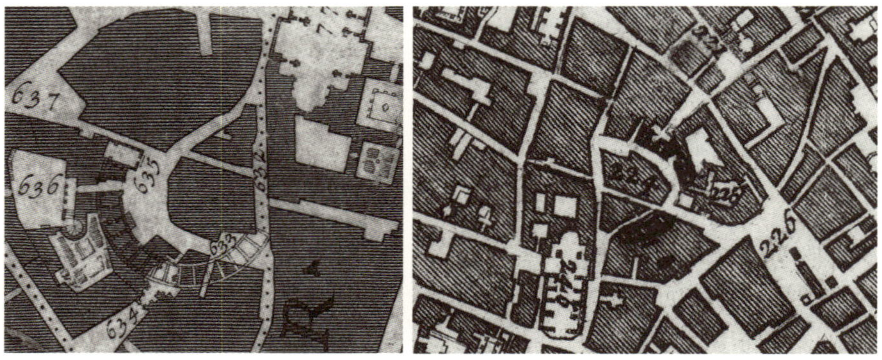

《罗马大地图》(左)与《古今地图》(右)中的庞培剧场遗址

(图9)

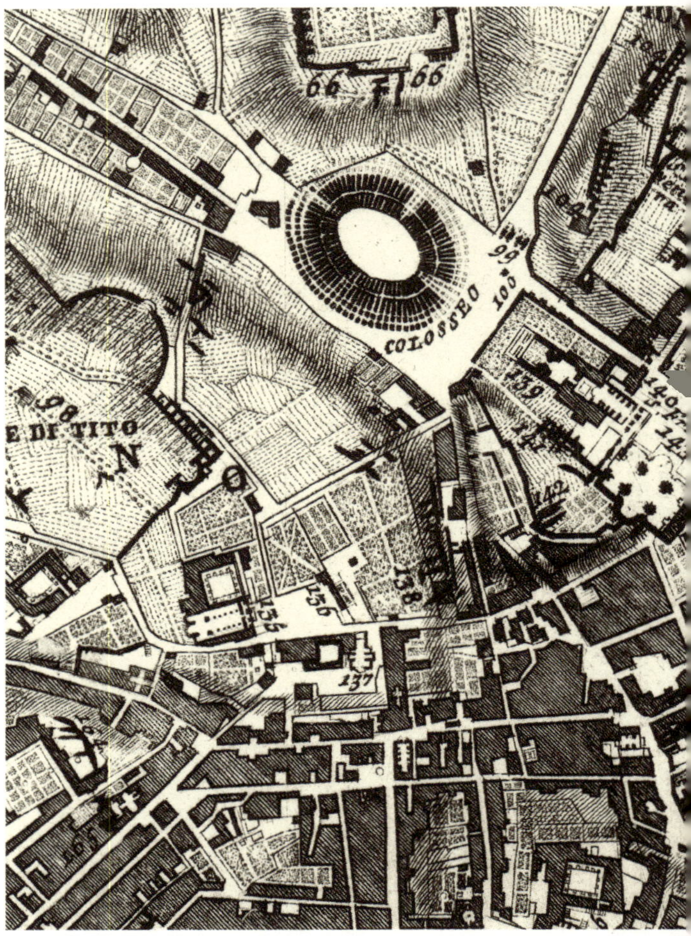

《古今地图》局部：大角斗场－卡比托利欧广场区域

场，除了主建筑的正面墙、两个侧廊建筑的外廊，其他部分都被涂黑，一看可知哪些是古代建筑部分，哪些是米开朗琪罗的改造。这项工作很有难度，因为要辨认现代建筑中的历史成分，需要专业的古建知识以及大量实地考古调研工作，尤其对那些普通的平民建筑而言。这些黑色“记号”散布在地图各个地方，构成了第一个图层。灰色层是第二个图层。这个图层是当下的人居部分，用统一规格的密排细线填满。灰色层之外的浅灰色层是第三层，是半自然区域——花园、植物园、果园、草地，约占总面积的一大半。最后是白色层，包括道路、广场、建筑室内、回廊、内院。四个图层分布有序。城墙内灰色层居中，浅灰色层在外围。它们形成大小两个“心脏”。白色层像血管一样从外沿蔓延到灰色“心脏”，再细密交织，布满整个地图。最后，黑色层覆盖在全图上。如果赋予每个图层以自身的尺度、形态，瞬间就会生成一个具体而微的沙盘小世界。北边伸出的旧战神广场区域的山形、河流、河谷的组合，更使其隐隐有了一种亘古之意。

3 两种逻辑

《罗马大地图》分两步将历史溶解进现实。首先，用数据溶解其形态。接着，用颜色溶解其意义。就像前文所提及的万神庙区域的那根流线，它串联的古罗马、中世纪、文艺复兴、巴洛克等时期的建筑被一视同仁，成为当下空间“捷径”经验的一部分。当我们铺开地图的时候，对这个城市进行“个人化介入”的欲望就在蠢蠢欲动。这种想象的快乐来自超扁平的二维世界。如果我们在坦佩斯塔的低视角鸟瞰式罗马地图中复制这条流线，则体会不到类似的感受。正是在这一纯粹平面的世界中，历史与现实的关系简化为“历史即现实”。

《古今地图》将现实世界分为垂直叠合的四层——半自然区域、街区、街道、古迹，其中分量最少的历史层(古迹)被施以重色，嵌入另外三个图层里。皮拉内西将地图画成一块巨大的石头，这颇含深意。四个图层就像是用凿子在石头表面上刻出的四种不同深度的印迹。历史层刻得最深，它的黑色就像是千百年沉积下的灰尘的颜色，充满时间感(图9)。“分层”一方面是挑战诺利地图的超扁平性，另一方面则是为了重建历史与现实的关系。在这里，历史端得到了重视。皮拉内西没有沿用早先地图的做法——像布法里尼的罗马地图把万神庙之类的古迹遗址放大一圈，或者像德·罗西在平面图上把重点古迹画成轴测。他把古迹遗址作为一个整体，放在现实的罗马城中来观测它的作用。在这张图上，皮拉内西将所有的古建残片都一一标记出来，显出其良苦用心。特别是灰色的街区层上原本是古罗马的战神广场区域，它是古罗马城最繁盛的区域，坐落着各种辉煌的建筑。到了18世纪，古

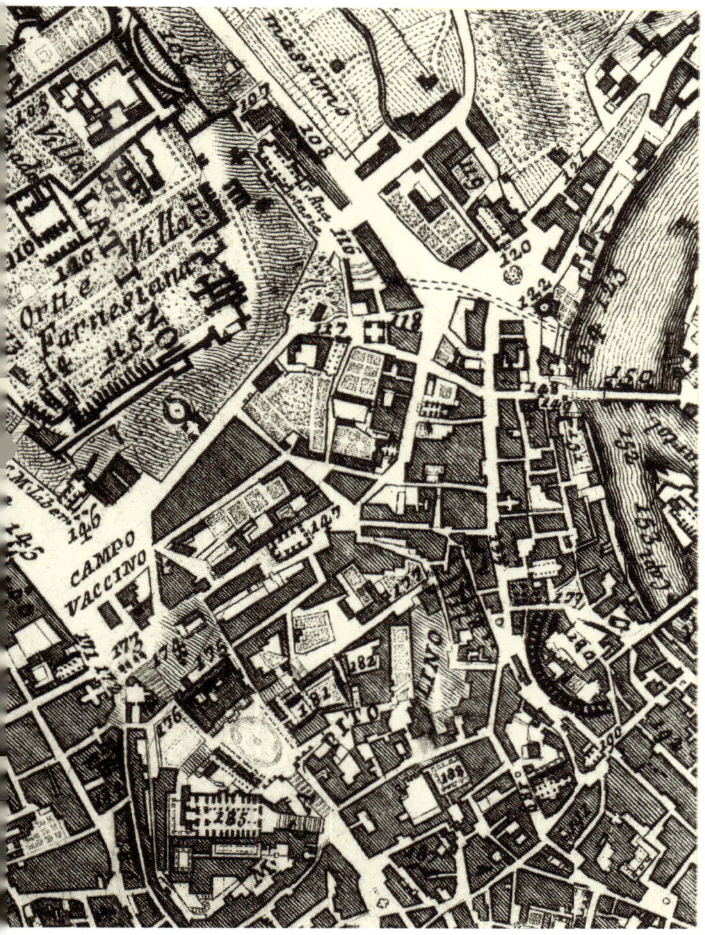

(图10)

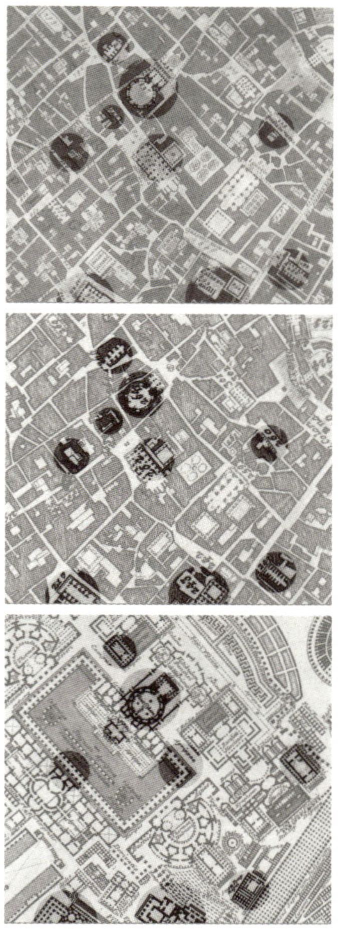

万神庙附近区域的古代遗存状况的比较:《罗马大地图》(上);《古今地图》(中);《战神广场平面图》(下)

迹消失殆尽。稍微完整的建筑只剩万神庙、两个陵墓，以及庇护神庙与马塞勒斯剧场的两面柱廊外墙。除此之外，皮拉内西至少挖掘考证出数十处被现实“消化”掉的历史残片。那些短墙、柱子并不像罗马广场群那样呈现为独立的古迹。它们就在原地，悄无声息地融入“新”的建筑。比如马塞勒斯剧场南边的两排柱廊，在古代它是某个小神庙的外廊，现在则是一个府邸建筑的内廊。庞培剧场遗址南侧的菲利普门基本不存，但遗留下的四根外柱现在成了圣克罗小礼拜堂(St. Carlo)入口大厅里的支撑柱。还有前文提及的密涅瓦教堂、阿圭洛圣母教堂，都有片段的墙或柱子被“标记”出来(图10)。

在《古今地图》里，所有的元素都是1770年的现实之物。但是，它们也都传承自古罗马，尤其是波波洛门北面的那块无人区。它在古代本是战神广场的一部分。米尔维安桥也不只是台伯河的一个地标、罗马最早的主干道弗拉米尼亚大道的入口，它还隐喻了一个传说：当年凯撒大帝准备从这里开始更改河道，扩大战神广场东部的区域。皮拉内西以之重塑当下罗马的边界，暗示着任何时代的罗马地图都应该从这座古桥开始(即从凯撒开始)。这就是皮拉内西建构的逻辑——现实即历史。

4 目标与问题

经由这两套逻辑，《罗马大地图》与《古今地图》都达成了它们各自的目标。前者成为真正意义上的科学地图，无论是在内容上还是画法上，都建立起了全新的行业标准。后人认为，“关于罗马城的地图大致可以分成两类：在诺利《罗马大地图》之前的地图，和这幅地图及其后继者”。[09]与此同时，它满足了赞助人的诉求——克雷芒十二世在1736年就明确要求诺利完成一份完整精确的罗马地图，以供社会及司法管理所用。后者则完成了对前者的挑战。[10]皮拉内西无意在科学性上与诺利竞争。《古今地图》诚然纠正了诺利地图的若干失误，但由于尺幅较小，主城区只有诺利地图的四分之一，所以在细节的深入程度以及信息量上与诺利地图有着无法避免的差距。这使得《古今地图》的实用价值(作为旅游导读或政府的技术资料)远逊于诺利地图。皮拉内西心里很清楚，如果延续诺利的模式，无论做多少修正，那也只算是他的“后继者”，不可能有质的飞跃，更无独创性可言。皮拉内西挑战的是诺利的观念——地图，不仅可以用来描述现实，还是探索

09 Allan Ceen, *Nuova Pianta di Roma Data in Luce da Giambattista Nolli l'Anno MDCCXLVIII*, Eugene: University of Oregon, 2005: 2.

10 《古今地图》的题献对象是克雷芒十四世，于1769年就任。这位教皇的前任克雷芒十三世(Clement XIII)是皮拉内西最重要的“贵人”。皮拉内西在1760年之后创作的那一批气势恢宏的古罗马图景画，以及为数不多的建筑设计项目都是他资助的。其蚀刻画被装订成册，像艺术品一样成为教皇赠送给那些来访名流的礼物。《古今地图》虽有敬献新任教皇之意，但无疑也是对克雷芒十三世的纪念——他于1769年2月去世。以个体艺术家而非专业绘图师的身份绘制地图，是皮拉内西与诺利最根本的差异所在。

罗马这座城市本质的媒介。从“现实即历史”这一逻辑来看，皮拉内西为它设定的第一个问题应该是：如何用一张“现实地图”来表达古罗马延续至今的本质？如果是古代地图，那么在这个命题上皮拉内西已有经年耕耘。1756年在《罗马古迹》(*Le Antichità Romane*)一书中，皮拉内西首次发表了数张古代罗马地图。一张是罗马引水渠地图[11]，一张是由古罗马地图残片围绕的古代纪念性建筑定位及地形图，还有两张局部地图。1762年出版的《战神广场平面图》(*Plan of the Campo Marzio*)是其古罗马地图绘制的终点之作。[12]这张平面地图是一件纯粹的概念性作品，它的内容大部分为推测虚构，但最大程度地表现出了古罗马战神广场区域的空间特性：几何母体的组合、多轴线、局部对称、自由生长、以超大型建筑作为节点。它是皮拉内西对古罗马空间本质的认知所得。依照这条线索，《古今地图》接续的不是1748年的《新罗马地形图》，而是这张《战神广场平面图》。如何将《战神广场平面图》连接到《古今地图》上来，则成了皮拉内西的第二个问题：这些古代建筑、城市肌理已经消失殆尽，它们与18世纪的现实之间还有什么关系？《古今地图》中的现实“分层”，就是两者之间的关系图解，黑色历史层则是其中关键。如果将其剥离出来，叠加在《战神广场平面图》上，我们会发现，那些星星点点的墨迹在《战神广场平面图》上大多都有归属。从神庙到府邸，从浴场到公寓，从巴西利卡到小礼拜堂，从陵墓到大教堂，数以百计的碎片跨越千年，重新找到自己的使用价值。它们的“今生”与“前世”已无多少瓜葛，但仍默默地支撑着此刻的罗马，延续着这座“永恒之城”的意义。这些叠合部分细碎、低调又隐蔽，而一旦将其与万神庙、大浴场、广场群这些显性的古迹合在一起，就会出现一幅宛如满天星斗的壮观景象(图11)。这是一种宇宙感的美学。相对于诺利地图的绝对理性美学，它更为接近罗马的本质。当这幅黑色的“星云图”缓缓升起时，皮拉内西对诺利的挑战即告完结。

11 《古今地图》的轮廓与这张引水渠地图相差无几，只是上下倒置。
12 皮拉内西的《战神广场平面图》的原文为 *Ichnographiam Campi Martii antiquae urbis*，它是皮拉内西于1762出版的《古罗马战神广场》(*The Campo Marzio of Ancient Rome*)图册中最重要的一幅古代罗马平面地图。这幅地图是皮拉内西关于古罗马战神广场区域长期研究的成果。这一区域是古代罗马城的发端之地，其面积大概占《古今地图》中的罗马全境的七分之一。参见：Luigi Ficacci, *Giovanni Batista Piranesi: The Complete Etchings*, Köln: Taschen, 2000.

5 结语

实际上，在世俗层面，皮拉内西的这次挑战是一败涂地。诺利地图甫一面世即获得巨大成功，其影响力持久不衰。直到19世纪中期，它都是罗马地图的唯一模板。甚至在20世纪70年代，罗马市政府还用它作为城市规划的基础。《古今地图》则完全是另一番状况，出版后乏人问津。大家不解为何皮拉内西在诺利盛名之下要画这么一张“多余”的地图(在实用方面)。甚至在皮氏自己的作品中，它也备受冷遇，关注者寥寥。不过，在个人层面上，皮拉内西完成了自己布置的答卷。他证明了，在诺利地图这个主旋律的方向之外，罗马地图还存在着其他的可能性。只是，将“现实”进行观念化操作，已然接近艺术创作——它的外观就像一个雕塑，在石头基座上伸出的一只手掌朝天张开。这在18世纪确实有些超前，不受市场及业界欢迎也属合理。《古今地图》的“后继者”主要出现在20世纪之后，并且扩展到了其他领域。时至今日，越来越多的建筑师、艺术家都将绘制罗马地图当作一项“挑战”。不过他们大多选取“抽象系”的《战神广场平面图》作为参考(诺利地图也常常被当作底图)，而“写实系”的《古今地图》始终没有得到重视，殊为可惜，或许是那张历史“星云图”隐藏太深的缘故吧。

(图11)

由《古今地图》转制的"星云图"，王熙昀绘（黑色部分为地图中的加粗黑色"历史层"）

皮拉内西与《帕埃斯图姆的系列景观》：18世纪意大利建筑师视角下的希腊复兴（王佳倩 / 胡恒）Piranesi and *The Different Views of Paestum*: "Greek Revival" from the Perspective of an Italian Architect in the 18th Century（Wang Jiaqian / Hu Heng）

18世纪的希腊复兴

18世纪50年代，欧洲掀起了一股希腊复兴的热潮，古希腊建筑成为欧洲艺术理论界关注的中心。在此之前人们谈论的古典建筑主要是指古罗马建筑，通常认为它继承了古希腊建筑风格的传统并有所进步。从18世纪下半叶开始，希腊建筑风格渐渐地在欧洲大陆传播开来，其影响甚至超出欧洲，波及美国。虽然希腊建筑一直以来被认为是所有辉煌建筑的基础，人们也试图探索希腊建筑的视觉形象，但对其了解并不充分。文艺复兴时期的理论家［比如阿尔伯蒂（Leon Battista Alberti）与帕拉第奥］对希腊建筑有所描述，只是较为泛泛。总的来说，早期人们对于希腊建筑的视觉形象知之甚少，大多数处于文学家的想象范畴之内。[01]直到18世纪中期，情况才发生变化。当时的欧洲掀起了一股“考古热”，人们对古希腊遗址产生了浓厚的兴趣，其中帕埃斯图姆的三座古希腊神庙的发掘尤其受到重视。值得注意的是，帕埃斯图姆并不位于希腊本土，这一“大希腊”（Magna Graecia）的遗迹矗立在意大利南部，它在古代遗迹的早期发掘阶段几乎完全被忽视。法国人苏夫洛（Jacques-Germain Soufflot，1713—1780）于1750年考察了帕埃斯图姆，后由其弟子迪蒙（Gabriel-Martin Dumont）于1764年出版《帕埃斯图姆三座神庙的平面、剖面等图集》（*Suite de plans, coupes, profils, élévations géométrales et perspectives de trois temples anfiques, tels qu' ils existaient en 1750 dans la bourgade de Poesto...*）。尽管苏夫洛声称他记录这些神庙是出于考古历史方面的兴趣，但神庙独特的比例仍然与当时的建筑设计息息相关。那时的法国建筑师们对华丽纤弱的洛可可风格日益怀疑，布隆代尔（J. F. Blondel）竭力倡导“男性之朴素”的价值观，帕埃斯图姆神庙的多立克柱式恰恰富有野性的男子气概。[02]勒罗伊（Julien-David Le Roy，1724—1803）1754年得到罗马法兰西学院（French Academy）的奖学金后考察了希腊，他于1758年出版的《希腊最美的纪念物遗迹》（*Les Ruines des Plus Beaux Monuments de la Grèce*）是当时关于希腊建筑的重要著作，他在书中全面介绍了古希腊建筑，制作了雅典、阿提卡（Attika）和科林斯（Corinth）等地的古迹测绘图，为建筑师们提供了确凿的考古学知识，在法国有很大影响（图1）。詹姆斯·斯图尔特（James Stuart，1713—1788）和尼古拉斯·雷维特（Nicholas Revett，1721—1804），在1751—1755年间考察了雅典，最后于1762年出版了四卷本的《雅典古迹》（*The Antiquities of Athens*），并在第二卷中重点介绍了雅典卫城（图2）。

总体上，法国人并不热衷于照搬古希腊的建筑形式，而是更重视其中的建筑原理，“他们追求的是古代艺术的精髓而不是细部”。[03]例如勒罗伊曾称他对测量的琐事毫无兴趣，并不试图为人们提供模仿的样品，他只想描绘建筑的效果和特性。相比之下，英国人热衷于从古希腊雕刻及建筑样式中获得灵感，把新的考古学知识直接运用到建筑创作中。在欧洲，促发人们对帕埃斯图姆访问热情的是德国人温克尔曼（J. J. Winckel-

01　罗宾·米德尔顿，戴维·沃特金．新古典主义与19世纪建筑［M］．徐铁城等译．北京：中国建筑工业出版社，2000：75.

02　彼得·柯林斯．现代建筑设计思想的演变［M］．英若聪译．北京：中国建筑工业出版社，2003：72.

03　罗宾·米德尔顿，戴维沃特金．新古典主义与19世纪建筑［M］．徐铁城等译．北京：中国建筑工业出版社，2000：65.

（图1）

《希腊最美的纪念物遗迹》，勒罗伊，1758年

（图2）

《雅典古迹》中的帕特农神庙，詹姆斯·斯图尔特和尼古拉斯·雷维特，1762年

mann, 1717—1768）的著作，他在自己1762年发表的《论古代艺术》（*Anmerkungen über die Baukunst der Alten*）中介绍了帕埃斯图姆的三座神庙。温克尔曼对希腊艺术“高贵的单纯，静穆的伟大”（noble simplicity and quiet grandeur）的描述影响甚广。他认为希腊人是理想主义的，他们沉浸在时间和空间的遐想中，是“品味”（guter Geschmack）的守护者，是一种理想艺术的创造者。他认为希腊神庙是自然、简洁和创新的体现，它们源于人体的比例。他采纳了维特鲁威（Vitruvius）的“多立克柱式代表了朴素的男性身体”这一观点，称多立克鼓胀的柱身代表了力量感。此外，他认为这种美丽源自希腊的自由民主意识。他将希腊人视为一种整体，认为他们的文明与当代文明相对立。[04] 奥地利人冯·埃尔拉赫（Johann Bernhard Fischer von Erlach, 1656—1723）在1721年出版了《历史建筑纲要》（*A Plan of Civil and Historical Architecture*），全面梳理了建筑史。他在书中描绘了古希腊和古罗马的神庙、宫殿、陵墓和广场，同时介绍了埃及和亚洲建筑。埃尔拉赫在书的扉页和前言中表达了他的意图：致力于创作“运用了古代和国外各种著名建筑的图解的建筑历史”，来“点亮建筑学爱好者们的双眼，并为艺术家提供灵感”，从而有助于“推动建筑与艺术”的发展。书中重建的奥林匹亚（Olympia）庙宇后来也成为布雷（Étienne-Louis Boullée）某些设计的依据（图3）。[05] 相较于法国人、英国人所做的建筑设计方向的研究，德国人、奥地利人对希腊的研究更偏重体系化的艺术理论，这对当时整个欧洲的文化发展产生了广泛的影响。

04 A. A. Demandt, *Geschichte der Geschichte: Wissenschaftshistorische Essays*, Cologne: Böhlau Verlag, 1997.
05 伯恩德·艾弗森. 建筑理论：从文艺复兴至今 [M]. 唐韵等译. 北京：北京美术摄影出版社, 2018.

（图3）

奥林匹亚的宙斯庙复原图，《历史建筑纲要》插图，冯·埃尔拉赫，1721年

（图4）

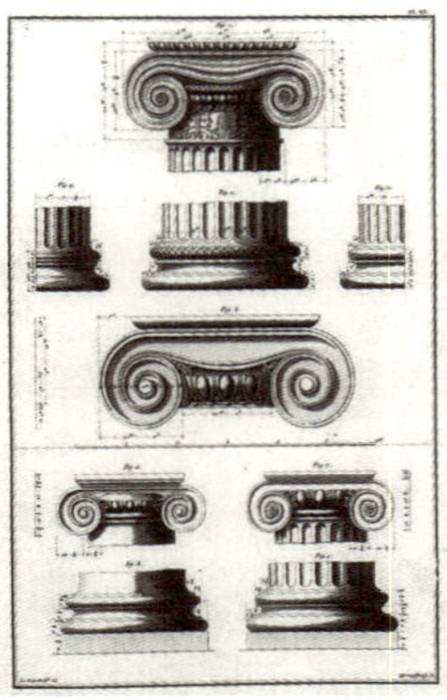

《希腊最美的纪念物遗迹》中的希腊爱奥尼柱式，勒罗伊，1758年

“希腊罗马之争”

如果说在18世纪50年代早期，希腊复兴只是对罗马古典主义提出挑战，那么到18世纪70年代，这已经发展成为一场道德和艺术上的激进运动。早在17世纪，法国的理论家如科尔德莫瓦（Géraud de Cordemoy）等人就提出了保卫希腊的主张，并将其作为古代和现代长期争论的一个分支。[06] 希腊优越论（pan-Grecian）最早起源于法国，那时对艺术家和作家来说，希腊的优越性已经是一个不争的事实。法国古物学家凯吕斯伯爵（Comte de Caylus, 1692—1765）是希腊优越论的重要代表人物。1752年，凯吕斯出版了七卷本的《古物集珍》（*Recueil d' Antiquités*），其理论影响了整个欧洲。他认为希腊人把艺术发展到了极致，罗马艺术只不过是对希腊的抄袭与模仿，是一种衰退。埃及艺术的精髓是宏伟（grandeur），伊特鲁里亚人继承了这一传统，并为这种宏伟增加了详细的细节。接着，希腊继承了伊特鲁里亚的艺术，发展并获得了早期文明的成就，并为艺术“增加了最高贵的优雅”（la plus noble élégance）。[07] 凯吕斯的朋友马里埃特（Pierre-Jean Mariette, 1694—1774）的观点与凯吕斯相似，赞同罗马艺术源于希腊，但他认为伊特鲁里亚人是希腊殖民者，伊特鲁里亚艺术也来源于希腊，罗马人所拥有的艺术技艺主要是由希腊的奴隶带来的，在罗马人的统治下，希腊艺术“单纯与高贵的美”只存在了很短的时间，随后逐渐衰退，最后变成了“可笑且野蛮”的东西。[08] 1753年，洛吉耶（Marc Antoine Laugier, 1713—1769）出版了《建筑评论》（*Essai sur I'architecture*）。他将维特鲁威对于原始茅屋的描述作为功能范式的代表。洛吉耶声称，希腊建筑拥有结构和简单形式的真实性，最终被罗马的设计者和追随者降格和腐蚀，文艺复兴时期的建筑师以及后来的波罗米尼（Borromini）又将它进一步庸俗化。[09] 这一理论溯源的影响非常大，它催生了一大批狂热的希腊拥护者。勒罗伊的《希腊最美的纪念物遗迹》用多立克神庙作为例子，展示了希腊建筑由木结构转向石结构的过程（图4）。此书将希腊优越论推向了一个新的高峰。只是，它对于希腊独创性（Greek originality）的过度推崇激怒了皮拉内西，使他开始进入希腊与罗马的论战。[10] 皮拉内西是坚定的罗马支持者，认为罗马建筑比希腊建筑优越。“希腊罗马之争”（Graeco-Roman controversy）对他来说与其说是不同学术信仰的辩论，不如说是对他民族自豪感以及内心对罗马的真实热爱的挑战。这场论战开始于皮拉内西与勒罗伊之间的争执，后来发展到皮拉内西与马里埃特的交锋。在这一过程中，皮拉内西创作了许多蚀刻版画，它们代替文字成为他反驳对手的有力武器。相较于勒罗伊的《希腊最美的纪念物遗迹》、斯图尔特和雷维特的《雅典古迹》，皮拉内西在1761年出版了《罗马建筑的壮美》（*Della Magnificenza ed Architettura de'Romani*）一书。皮拉内西的观点主要包含三方面。首先，在历史层面上，他宣称伊特鲁里亚是比希腊更古老的种族，他们在希腊真正开始发展之前就已经将艺术发展到了高度完美的程度，在很长一段时间里，他们是罗马人唯一的祖先。第二点是关于伊特鲁里亚人的天赋。皮拉内西认为伊特鲁里亚人比希腊人更有才华，他们发明并完善了雕塑、绘画、数学和技术，这些可以由他们建

06 John Wilton-Ely, *Piranesi, Paestum & Soane*, Munich: Prestel, 2013: 21.
07 Comte de Caylus, *Recueil d'Antiquités*, Paris: NM Tilliard, 1752-1767.
08 Giovanni Battista Piranesi, *Observations on the Letter of Monsieur Mariette*. Caroline Beamish, David Britt (trans.). Los Angeles: Getty Publications, 2002.
09 Wolfgang Herrmann, *Laugier and Eighteenth Century French Theory*, London: A. Zwemmer, Ltd., 1962.
10 John Wilton-Ely, *Piranesi, Paestum & Soane*, Munich: Prestel, 2013: 21.

(图5)

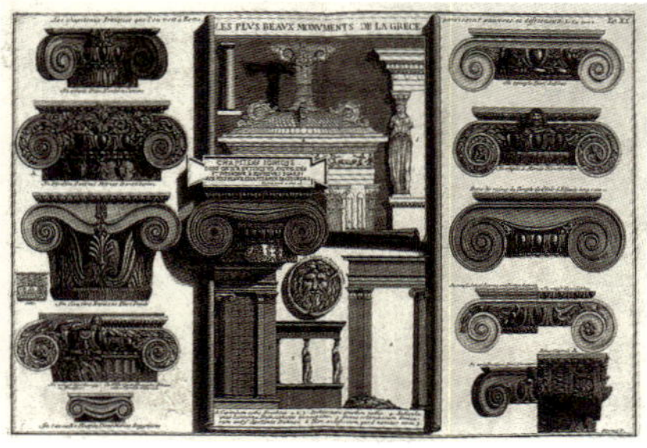

罗马柱头与勒罗伊绘制的希腊柱头对比，《罗马建筑的壮美》，皮拉内西，1761年

(图6)

《对马里埃特书信集的评论》扉页，皮拉内西，1765年

造的非凡的建筑物证明，比如阿尔巴诺湖（Lake of Albano）的水利工程、马克西姆下水道（Cloaca Maxima）、水渠、道路等。最后，皮拉内西强调了一个更加大胆的美学理论：伊特鲁里亚人没有装饰他们的建筑，他们宏伟的建筑风格堪比埃及；希腊人则崇尚虚幻的美丽，而不追求类似埃及的宏大风格，他们关心的是装饰、对细节的处理，而不是整个建筑，他们过分追求自己想要的（那一点个人的）自由。[11] 皮拉内西在《罗马建筑的壮美》中的文字与图版应该放在他的理论观点下来理解。其中不仅有皮拉内西赞同的例子，还有许多为了驳斥勒罗伊所举出的反例。他在书中将勒罗伊的作品与自己的画作放在一起，将希腊的柱础、柱子和柱头与罗马的进行对比，以此证明罗马在柱式上的优越性。在图版二十（图5）中，右边上三排是勒罗伊绘制的伊瑞克提翁神庙（The Erechtheion）的希腊爱奥尼柱头，左边上三排是皮拉内西画的罗马柱头。皮拉内西引用了勒罗伊的评注：“从前没有发现的一种（希腊）爱奥尼柱头，在某种程度上来说比罗马古迹中最美的爱奥尼柱头还要更胜一筹。”[12]皮拉内西在图版二十下方列举了三组罗马爱奥尼柱头的对比，以证明希腊爱奥尼柱头缺少美感，不及罗马柱头优越。 1764年，马里埃特在《欧洲文艺公报》（*Gazette Litteraire de L' Europe*）上以书信形式对皮拉内西作出反击，其中关于希腊艺术追求“一种美好和高贵的朴素”（une belle et noble simplicité）的说法，强烈驳斥了皮拉内西对于简洁华丽的建筑风格的看法。皮拉内西盛怒之下，在1765年立即出版了一本书发起反驳，其中有23页文字和9块图版。在这本书的扉页（图6）画面的左上角是马里埃特的一只手，正在给《欧洲文艺公报》写信，画面中心部分是他列举的塔斯干柱式的例子。皮拉内西认为塔斯干柱式是伊特鲁里亚人的发明，独立于希腊柱式。关于塔斯干柱式的独创性和价值的讨论在“希腊罗马之争”中是一个核心。对于勒罗伊和布隆代尔这些建筑师来说，塔斯干柱式是一种退化了的希腊多立克柱式。皮拉内西在马里埃特的信件上方写道“要么用这个”（aut cum hoc），在下方的塔斯干柱身上列举了一系列艺术家的工具（三角板、调色板、尺子等）并在最下方写道“还是用这个”（aut in hoc），表现出一位实践艺术家对理论家的蔑视。[13]

11 R.Wittkower, "Piranesi's' Parere su l'architettura'," *Journal of the Warburg Institute*, 1938, 2(2): 147.
12 Giovanni Battista Piranesi, *Parere su l'architettura*, Roma: Scritti di storia e teoria dell'arte, 1765.

13 Giovanni Battista Piranesi, *Observations on the Letter of Monsieur Mariette*. Caroline Beamish, David Britt (trans.). Los Angeles: Getty Publications, 2002.

早期的帕埃斯图姆神庙

帕埃斯图姆是位于意大利坎帕尼亚大区奇伦托地区北部、靠近蒂勒尼安海岸的城市，从陆地上距那不勒斯约70英里（约112.7千米）。希腊人在公元前6世纪修建了这座城市，取名为波塞冬尼亚（Poseidonia），即波塞冬城（City of Poseidon），用于大希腊的贸易。城市经历了一个伟大的繁荣时期，三座神庙在公元前6世纪至公元前5世纪陆续建造。大约在公元前420—公元前410年，这座城市被卢坎尼亚·萨米特人占领。后来，罗马人取代了他们，在这里建立了殖民地，并将城市更名为帕埃斯图姆。在公元9世纪，这座城市由于大面积暴发疟疾和阿拉伯人入侵而逐渐衰落，18世纪人们才重新发现了它。

帕埃斯图姆遗址包含三座古希腊多立克神庙（图7、图8），并因此而闻名。其中，赫拉一世神庙（Temple of Hera I）在皮拉内西的时代被称为巴西利卡，是其中历史最悠久的，建于公元前550—公元前530年，位于遗址最南端。其平面宽约25m，长约55m，正面柱子9根（很少见的奇数），侧面18根。北侧是赫拉二世神庙（Temple of Hera Ⅱ），在皮拉内西的时代被称为

(图7)

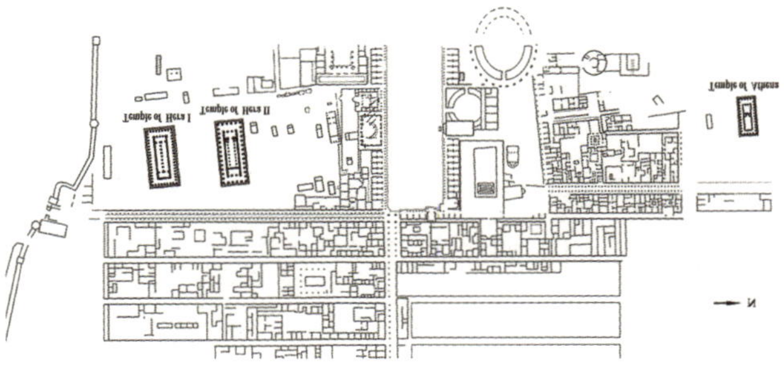

帕埃斯图姆三座神庙总平面

(图8)

从东南方向鸟瞰帕埃斯图姆三座神庙

海神神庙（Temple of Neptune）或者波塞冬神庙（Temple of Poseidon），最近被某些考古学家认为是阿波罗神庙（Temple of Apollo），建于公元前460—公元前450年。它是三座神庙中最大、最宏伟的一座，平面宽约26m，长约60m，正面柱子6根，侧面10根，石柱高8.9m，上、下直径分别为1.46m 和2.7m。其设计与公元前470年的奥林匹亚宙斯神庙（Temple of Zeus）有些相似，是同等规模希腊神庙中保存最完好的神庙之一。

遗址最北边是建于公元前500年的雅典娜神庙（Temple of Athena），以前被称为谷神神庙（Temple of Ceres），在皮拉内西那个时代被认为是朱诺神庙（Temple of Juno）。它是三座神庙中最小的一座，正面6根柱子，侧面13根。1732年意大利人加塔（Costantino Gatta）首次在地图上记录了帕埃斯图姆（图9），1746年，建筑师马里奥·吉奥弗雷多（Mario Gioffredo，1718—1785）首次在荒凉的环境中发现了帕埃斯图姆。自从帕埃斯图姆被发掘以后，拜访者络绎不绝，仅在1764年至1768年期间就有不少于8部相关著作出版。最早关于帕埃斯图姆的出版物是迪蒙1764在巴黎出版的《帕埃斯图姆三座神庙的平面、剖面等图集》，总共包含七幅蚀刻版画（图10）。书中不仅包含严谨的测绘图，如平面、立面及柱式细节，还包含较为直观的透视画。1765年，菲利波·摩根（Filippo Morghen）出版了帕埃斯图姆系列版画《佩斯托遗址的六处景色》（*Sei vedute delle rovine di Pesto*），包含六幅蚀刻版画。摩根的图版上写着作为绘图员的意大利画家安东尼奥·乔利（Antonio Joli）的名字。1756—1758年间，乔利在大旅行途中为约翰·布鲁德内尔勋爵（John Lord Brudenell）创作了关于帕埃斯图姆的画作，取景广阔，色调明快（图11）。之后出版的是1767年约翰·伯克豪特（John Berkenhout）的《帕埃斯图姆的废墟》（*The Ruins of Paestum*）[14]（图12）。这是第一本有较多文字叙述的帕埃斯图姆相关出版物。书中的配图由米勒（J. Miller）雕刻，但是画家的名字并没有被提及。无论是伯克豪特还是摩根都没有提供关于赫拉一世神庙的画作。伯克豪特这部作品成为迪蒙1769年再版的《帕埃斯图姆三座神庙的平

14　J. Berkenhout. *The Ruins of Paestum Or Posidonia*. London, 1767.

（图9）

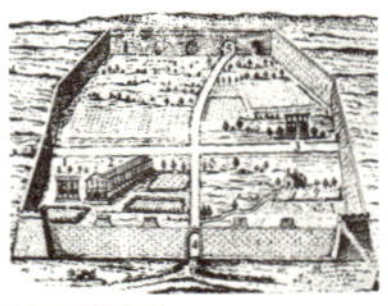

早期帕埃斯图姆地图，加塔，1732年

（图10）

帕埃斯图姆全景，《帕埃斯图姆三座神庙的平面、剖面等图集》，迪蒙，1764年

（图11）

雅典娜神庙外部，乔利，1758年

（图12）

赫拉二世神庙内部，《帕埃斯图姆的废墟》，伯克豪特（米勒雕刻），1767年

（图13）

从西南部看雅典娜神庙，《帕埃斯图姆的废墟》，梅杰，1768年

（图14）

赫拉二世神庙内部，《佩斯托城的废墟》，泡利（巴尔托洛齐雕刻），1784年

面、剖面等图集》的基础。在伯克豪特作品出版后一年，托马斯·梅杰（Thomas Major）的《帕埃斯图姆的废墟》（*The ruins of Paestum, otherwise Posidonia, in Magna Graecia*）出版了，内容比之前所有出版物都要丰富和完整（图13）。梅杰在前言中提到了希腊的优越性，并将希腊称为"人类的学校"（l'école du genre humain）。[15]受温克尔曼影响，他认为帕埃斯图姆是希腊早期的建筑，由于温克尔曼不喜欢这些柱子明显的凸肚，他绘制的图画作了些微调，掩饰了这些神庙柱子粗短的比例。泡利（Paoli）1784年出版的《佩斯托城的废墟》（*Rovine della città di Pesto detta ancoro Posidonia*）是帕埃斯图姆早期出版物中的最后一部，包含了之前众多出版物所用到的大部分材料，但比它们更加完善和系统（图14）。与梅杰不同，泡利试图证明帕埃斯图姆是伊特鲁里亚时代的产物，并认为希腊建筑具有"奇妙的秩序和比例，美丽且具有魅力和优雅"，[16]他将那些无柱础的柱子和维特鲁威的资料联系起来，声称这些柱子具有塔斯干式的独特风格——这一理念与皮拉内西很接近。最早关于帕埃斯图姆神庙的英文描述来自1753年第二代吉尔福德伯爵腓特烈·诺斯（Frederick North, 2nd Earl of Guilford）撰写的《关于建筑中的希腊复兴》（*Documents on the Greek Revival in Architecture*），这本书详尽地描写了那些习惯于优雅形式的眼睛受到的冲击："柱子是一种古老的多立克式形制，似乎是在那个时代建造的，当时这种建筑正处于原始的粗糙状态，形成了它后来的那种美。它们是粗短、笨拙和畸形的，直径在顶部比底部小得多；柱头很平，（柱身）有凹槽，但很粗糙。"[17]由于审美情趣不同，当时人们对帕埃斯图姆所代表的"粗糙版"希腊风格不感兴趣。苏夫洛在表述自己出版目的时写道："出版这本书并不是因为这些神庙有多么美丽，无论它们的比例如何也应该记录下来，并用它们的尺寸来表明罗马人的多立克柱式取得的进步。"[18]随后十年，欧洲建筑学家开始对多立克"醒目的雕塑品质"有所意识，更多的研究成果陆续发表，关于帕埃斯图姆的著作忽然涌现。[19]在18世纪60年代后期，文森佐·布伦纳（Vincenzo Brenna）为英国著名的古典文物收藏家查尔斯·汤利（Charles Townley, 1737—1805）制作了神庙的软木模型和一系列测量图。几十年后，帕迪格里奥内（Domenico Padiglione）在1802年制作了三座寺庙的模型（图15）。人们对于帕埃斯图姆的看法开始改变，这一风格逐渐被接受。

15 M. Thomas. *The ruins of Paestum, otherwise Posidonia, in Magna Graecia*. London, 1768: VII.
16 P. A. Paoli. *Paesti qvod Posidoniam etiam dixere rvdera: Paestanae dissertationes*. Pagliarini, 1784: 43.
17 M. McCarthy. "Documents on the Greek Revival in Architecture". *The Burlington Magazine*, 1972, 114(836): 760–769.
18 彼得·柯林斯. 现代建筑设计思想的演变 [M]. 英若聪译. 北京：中国建筑工业出版社, 2003: 72.
19 John Wilton-Ely, *Piranesi, Paestum & Soane*, Munich: Prestel, 2013: 27.

（图15）

帕埃斯图姆赫拉二世神庙软木模型，帕迪格里奥内，1802年

皮拉内西的《帕埃斯图姆的系列景观》

皮拉内西早年一直专注于绘制以古罗马建筑为主体的蚀刻版画作品。到了18世纪70年代中期，受到当时人们对古希腊遗址帕埃斯图姆狂热兴趣的感染，皮拉内西意识到需要去记录这些正在被热烈讨论的意大利古代建筑。他亲眼看到这些美丽的古希腊遗迹的时候，不可避免地被深深吸引，正如他的一位早期传记作者罗格朗[20]所说："他来到帕埃斯图姆面前的时候，被这些建筑遗迹所震撼，以至于不厌其烦地欣赏它们。皮拉内西不希望遗漏任何细节，认为它们像大自然一样伟大。这些建筑具有强烈的视觉冲击力，有着男子气概。"[21] 皮拉内西很可能在1777年考察帕埃斯图姆之前就曾造访过这里。因为在前几年，他们已经到过位于那不勒斯附近的庞培，并绘制了大量庞培遗址的画作。它们本是一本关于大希腊的著作的插图。这本著作被命名为《大希腊古迹》（*Antiquites de la Grande Grece*），在皮拉内西死后由其子弗朗切斯科出版。留存下来的画作风格粗犷，笔触豪放，明暗对比鲜明，显现出一种奇特的废墟感（图16）。1777年年底，皮拉内西对那不勒斯以南几十千米处的偏远沼泽进行了艰苦的探险，记录了帕埃斯图姆三座宏伟的希腊多立克神庙，陪同他的有他19岁的儿子弗朗切斯科和助手莫里（Benedetto Mori），他们绘制了一批草图准备雕刻成版画，收录在《现存于佩斯托古城中心的三大宏伟建筑遗迹的系列景观》（*Differentes vues de quelques restes de trois grands edfices qui subsistent encore dans le milieu de l'ancienne ville de Pesto...*）中，简称为《帕埃斯图姆的系列景观》（图17）。虽然最终出版的《帕埃斯图姆的系列景观》文字说明中没有明确提到有关"希腊罗马之争"的问题，皮

20 罗格朗是皮拉内西最早的传记作家之一，他与皮拉内西的孩子们有密切的联系，并拥有一份皮拉内西的手稿。
21 Brunel Georges, *Piranèse et les Français: colloque tenu à la Villa Médicis, 12-14 mai 1976*, Vol. 2, Rome: Edizioni dell'Elefante, 1978.

（图16）

皮拉内西考察庞培的草图

(图17)

从东部看赫拉二世神庙内部,《帕埃斯图姆的系列景观》卷首图,
皮拉内西, 1778年

(图18)

从东南部远眺三座神庙,
《帕埃斯图姆的系列景观》
图版一草图, 皮拉内西,
1778年

拉内西却暗示:“这些庙宇之所以宏伟, 是因为它们建立在意大利的土壤上, 这些遗迹展示了古代建筑师冲破严格规则的自由与发明创造的力量。”在《帕埃斯图姆的系列景观》卷首图的说明中, 皮拉内西还写道:“帕埃斯图姆的这些神庙比西西里岛和希腊的那些建筑还要具有美感, 它们能够消除长途旅行的疲惫, 满足好奇心。这些宏伟的建筑为神庙建筑的设计提供了优秀的范本。”[22]看得出来, 皮拉内西将帕埃斯图姆位于意大利本土这件事看得很重。一方面, 这说明伟大的希腊神庙也有意大利土壤滋养的功劳; 另一方面, 它的地理位置为意大利学者研究希腊神庙提供了便利条件。《帕埃斯图姆的系列景观》是皮拉内西生前最后的作品。1778年9月15日, 皮拉内西收到了教皇批准出版的授权, 但他在同年11月9日去世, 留下了这套未完成的作品, 在晚些时候由弗朗切斯科发行。这套正式作品包含卷首图在内总共21幅版画, 同时遗留下17幅做准备工作用的草图。这17幅草图有15幅被英国建筑师约翰·索恩爵士(Sir John Soane,1753—1837)收藏, 另外两幅分别藏于巴黎和阿姆斯特丹。图版一(图18)是一张包含三座神庙的全景图, 从西南部远眺三座神庙, 靠前方是赫拉一世神庙, 远处是赫拉二世神庙和雅典娜神庙, 现藏于巴黎的法国国家图书馆。图版十九(图19)描绘了从西北部看雅典娜神庙的景象, 现藏于阿姆斯特丹。这套草图并非只是皮拉内西创作的过程性产物, 它们的艺术性不在最终成图之下, 很多地方由笔触表现出来的灵动、流畅尽显皮拉内西创作时的热情与独特技法, 这些在成图中令人遗憾地消失了。而更为重要的是, 这些草图还清晰地表现出皮拉内西绘制这套版画的“概念”——历史定义、美学模式、场所氛围。这些“概念”决定了该套组图与相同主题的那些版画作品之间的根本区别, 它们也是本文讨论的重点。

(图19)

从西南部看雅典娜神庙,《帕埃斯图姆的系列景观》图版十九草图, 皮拉内西, 1778年

这套图的内容中比重最大的是赫拉一世神庙, 皮拉内西以它为主体绘制了九张画作(图版一至九)。赫拉二世神庙也绘制了不少, 包括卷首图在内, 以它为主体的画作有九幅(图版十至十七和卷首图)。首先是图版十(图20), 显示了从东北部看向赫拉二世神庙的最完整的总体外观, 画面左侧远处是赫拉一世神庙。接着就是图版十一, 从西南部看南部柱廊的近景。神庙的内部极为迷人, 两端带有门廊, 内部柱廊剩余部分还带有叠加的双层柱子(最初支撑了内殿的屋顶), 皮拉内西为它创作了六种视角的内部景观, 其中一幅用作卷首图。雅典娜神庙的版画为图版十八至二十, 它位于遗址最北端, 与另外两座神庙相距较远。这套组图中, 皮拉内西显然更热衷于描绘神庙的内部空间。赫拉一世神庙内部残存了部分门廊和三根内殿柱子, 赫拉二世内部残存了部分的双层柱廊, 它们都成为皮拉内西描绘的重点, 并且有些视角相当接近, 只是左右移动了几步的距离, 皮拉内西仍然花费大量精力描绘, 比较其中的微

22 John Wilton-Ely, *Piranesi, Paestum & Soane*, Munich: Prestel, 2013: 29.

（图20）

从东北方看赫拉二世神庙,《帕埃斯图姆的系列景观》图版十草图, 皮拉内西, 1778年

小差别，寻找最为合适的图景。雅典娜神庙内部几乎全部被毁坏，皮拉内西为它仅仅创作了三幅作品（表1）。皮拉内西在绘画中运用了一些特殊的构图技巧，他会为了更好地展现神庙的内部景观，在构图中省略部分柱子。以图版七（图21）为例，皮拉内西故意切除了外部柱廊（东侧和南侧）的一部分，以免它们遮盖场景的主要特征。同样的方法也应用在描绘雅典娜神庙内部的图版二十中。这一手法在皮拉内西其他图册中已经使用过。可见皮拉内西在描绘过程中，并不囿于视角下的客观状况。为了更好地展现他想表现的那些景观，他采用的是一种类似于剖透视的“设计表现”方法。虽然建筑是皮拉内西风景画的主要对象，但人物配景在传达感情和增加画面动感中起着重要作用。皮拉内西会在日常生活中做许多人物写生练习，汇编这些素材以便调用。[23]在皮拉内西早期的作品中，人物形象较清瘦且动感强烈。从18世纪50年代中期开始，皮拉内西的风景画变得具有戏剧性，越来越有挑起论战的倾向，但画面中的人物却越来越普通，与宏伟壮丽的建筑相比显得微不足道，只是作为“指示牌”，引导人们去看画面的重点。例如《罗马风光》（*Vedute di Roma*）中《切契利亚·梅特拉的坟墓》（*The Tomb of Cecilia Metella*）左下角的人物，他们用手指向某个建筑，似乎让观者往那边看（图22）。在生命的最后几年里，皮拉内西描绘了蒂沃利（Tivoli）的哈德良离宫（Hadrian's Villa）（收录在《罗马风光》里），这时他的绘画风格再次发生改变。草图中的人物改用不确定的轮廓表达，在最终图版中才会确定具体形象。也是这一时期，他计划出版一套关于庞培的作品，现存15张草图。人物轮廓线条更粗，关节更僵硬，但具有很强的力量感（图23）。海尔顿·托马斯（Hylton Thomas）描述道：“他笔触的简洁和力量使人联想起伦勃朗成熟素描中的那些特质。人物刻画上使用了大块的强烈阴影，轮廓平滑有力，沉闷的忧郁感与他早期的尖锐风格完全不同，深入地刻画了人物的特质。”[24]现存的17幅《帕埃斯图姆的系列景观》内页草图中有超过100个人物，风格与庞培系列版画有相似之处。虽然在创作时间上《帕埃斯图

23 H. Thomas, *The Drawings of Giovanni Battista Piranesi*, London: Faber & Faber, 1954: 25-27, 59-62.
24 H. Thomas, *The Drawings of Giovanni Battista Piranesi*, London: Faber & Faber, 1954: 27.

（表1）

主体神庙	图版编号	有无草图	空间	景别	具体内容
赫拉一世神庙	一	有	外部	远景	从西南部远眺三座神庙
	二	有	外部	中景	从东部看赫拉一世神庙
	三	有	外部	中景	赫拉一世神庙西侧柱廊
	四	有	外部	远景	从北部看赫拉一世神庙东侧柱廊
	五	有	内部	近景	向北侧看赫拉一世神庙内部
	六	有	内部	近景	向西侧看赫拉一世神庙内部，前景门廊
	七	有	内部	近景	向东侧看赫拉一世神庙内部，画面右边为南侧柱廊
	八	有	内部	近景	向北侧看赫拉一世神庙内部，部分北侧柱廊，内殿中心柱和门廊
	九	有	内部	近景	向东侧看赫拉一世神庙内部，内殿中心柱和门廊
赫拉二世神庙	十	有	外部	中景	从东北部看赫拉二世神庙，远处赫拉一世神庙
	十一	有	外部	近景	从西南部看向赫拉二世神庙
	十二	有	内部	近景	从东北侧看赫拉二世神庙内部，门廊和柱廊
	十三	有	内部	近景	向南侧看赫拉二世神庙内部，右侧是西侧柱廊
	十四	有	内部	近景	向西南侧看赫拉二世神庙内部，后侧柱廊
	十五	无	内部	近景	赫拉二世神庙内殿残存的柱子
	十六	有	内部	近景	在内殿向东看赫拉二世神庙内部，双层柱廊
	十七	有	内部	近景	从东北角看赫拉二世神庙内部，双层柱廊
	卷首图	有	内部	近景	从东部看赫拉二世神庙内部
雅典娜神庙	十八	无	外部	中景	从东南部看雅典娜神庙
	十九	有	外部	近景	从西北部看雅典娜神庙
	二十	无	内部	近景	从西南部看雅典娜神庙

（图21）

向东侧看赫拉一世神庙内部,《帕埃斯图姆的系列景观》图版七草图, 皮拉内西, 1778年

（图23）

皮拉内西庞培草图中的人物, 1778年

（图22）

切契利亚·梅特拉的坟墓,《罗马风光》, 皮拉内西, 1778年

姆的系列景观》与其哈德良离宫相关作品相近，但对比尚存的草图与版画，《帕埃斯图姆的系列景观》中的人物风格与那些后期作品仍有明显不同。总体上，《帕埃斯图姆的系列景观》的人物风格相较于庞培系列更内敛，并没有《罗马风光》中的人物那么富有戏剧性。并且，《帕埃斯图姆的系列景观》的人物风格缺乏统一性，例如图版十前景中的人物线条流畅(图24)，用较粗的轮廓线概括出人物外形，与同时期的庞培草图中的人物类似；而在图版十二中人物线条细碎且不流畅，与图版十明显不同(图25)。可见，这批草图中的人物可能并不出自皮拉内西一人之手。鉴于皮拉内西晚年身体状况堪忧，他或许依靠助手完成了一部分内容。这17幅草图都用黑色或棕色的钢笔勾线，并在某些部位使用棕色、黑色和少数白色粉笔涂抹细节。这些草图的完成度也有差别，有些只是半成品，如图版九(图26)，作为背景的建筑部分只进行了简单的勾线和明暗处理，相比之下，前景的配景反而下了更多的工夫，更为完善。这使得半成品亦有某种成品的味道。皮拉内西对草图有着自己的理解，他认为过分完整的草图会破坏最终刻在铜版上的细节的表现力。根据罗格朗的记载，皮拉内西曾向废墟画家休伯特·罗伯特（Hubert Robert，1733—1808）解释道：“……我同意，这幅画不是您在草图上看到的这样，它完全在我脑海中，您会在最终的图版上看到它。”罗格朗接着说：“皮拉内西从来没有制作完成的草图，他先用粉笔粗略地草拟，用钢笔或画笔进行再加工，甚至只是部分地进行加工，以确保他的想法被保留下来。不过我们几乎不可能在草图上辨析他的想法，因为它太混乱，他只是用精湛的技巧提取一些要素加以描绘。”[25] 借助草图来思考版画最后的完成形态，也是皮拉内西一贯的做法——这显然超出了版画家的工作范畴，接近艺术创作的模式。例如图版二的版画与草图(图27)，内容并没有变化，只是整个画面进行了镜像处理，很可能皮拉内西在最终制作版画的时候发现左右反转后的效果更好，于是做了调整。无论是草图还是最终蚀刻版画中的建筑都显示了高水准，但是在人物的表现上，后者显得匠气一些。例如图版三左前方的一组人物，右侧吹小号的男子弓身，右脚踩在石块上，似乎在与左侧的人物互动，而正式版画中该人物在平静地吹奏，与周边的人物显得疏离(图28)。应该是当时皮拉内西已经难以全程监督，细化工作交由工作室的其他人员完成，导致草图中的人物刻画之生动远高于蚀刻版画。通过草图与最终蚀刻版画的对比，我们可以尝试重现皮拉内西独特的创作过程。以图版十三(图29)为例，皮拉内西用浅褐色的墨水在褐色轮廓上渲染，然后用装有褐色墨水的钢笔绘制细节。在前景的处理上，皮拉内西用颜色较深的墨水加重，前景和中景的强调部分最终会用深色墨水进一步处理。很明显，皮拉内西在对建筑元素进行大致轮廓的绘制后添加了许多细节，其中有些细节在早期阶段就已经预留了位置，随着刻画的深入逐渐与建筑融为一体。还有多次出现的酸蚀现象，这本身就是蚀刻过程中的一部分，业已成为营造画面氛围的重要一环。

25 John Wilton-Ely, *Piranesi, Paestum & Soane*, Munich: Prestel Verlag, 2013: 31.

（图27）

从东部看赫拉一世神庙，《帕埃斯图姆的系列景观》图版二版画（上）与草图（下），皮拉内西，1778年

（图24）

图版十草图人物细节

（图25）

图版十二草图人物细节

（图26）

向东侧看赫拉一世神庙内部，《帕埃斯图姆的系列景观》图版九草图，皮拉内西，1778年

(图28)

图版三左前方人物细节，版画（上）与草图（下）

(图29)

向南侧看赫拉二世神庙内部，《帕埃斯图姆的系列景观》图版十三草图，皮拉内西，1778年

(图30)

从西南部看向三座神庙，《帕埃斯图姆的废墟》，梅杰，1765年

《帕埃斯图姆的系列景观》与其他帕埃斯图姆作品

将《帕埃斯图姆的系列景观》与早期出版的那些帕埃斯图姆相关作品比较，可以发现，对于艺术家和建筑师来说，皮拉内西的作品堪称同类作品在考古理念、情感理解以及视觉传达等各个方面的分水岭。首先，皮拉内西在绘画中常常使用夸张的透视，使画面更加具有冲击力。将《帕埃斯图姆的系列景观》图版三与梅杰的《帕埃斯图姆的废墟》进行对比，同样是从西南部看向三座神庙的角度，在梅杰的作品中，三座神庙的透视感很小，整体呈现的效果接近于轴测图(图30)；而皮拉内西在构图中增强了透视效果，最近处的赫拉一世神庙被放大，几乎占据了半个画面的大小，而最远处的雅典娜神庙小到几乎可以忽略(图31)。不仅是梅杰的作品，之前其他画家的版画作品几乎都选择了类似的透视角度，它们倾向于均衡地表现三座神庙，尽可能让三者在构图上占据相似的比重，甚至为了凸显较小的雅典娜神庙，在鸟瞰图中将其放大。而皮拉内西的视角更接近于人视点，展现的是人们站在三座神庙前的真实观感(图32)。另一个例子是摩根《佩斯托遗址的六处景色》描绘赫拉二世神庙内景的图版(图33)，与之角度类似的是《帕埃斯图姆的系列景观》中的图版十六(图34)。皮拉内西的画面景深被拉得很长，远处的山墙只有摩根版本中山墙的四分之一大小，皮拉内西通过强化纵深，使画面的透

(图31)

《帕埃斯图姆的系列景观》图版三，皮拉内西，1778年

(图32)

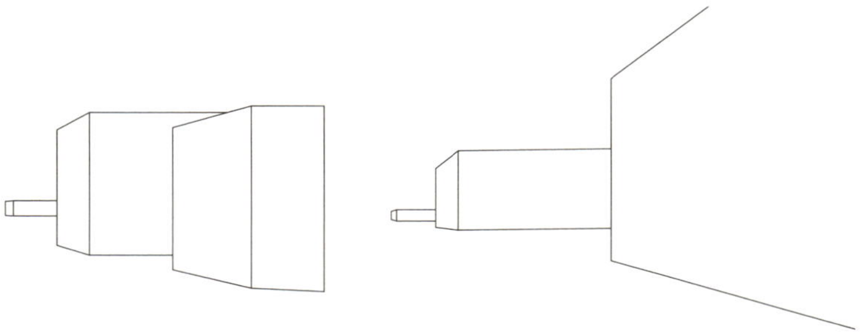

梅杰（左）与皮拉内西（右）作品透视对比

(图35)

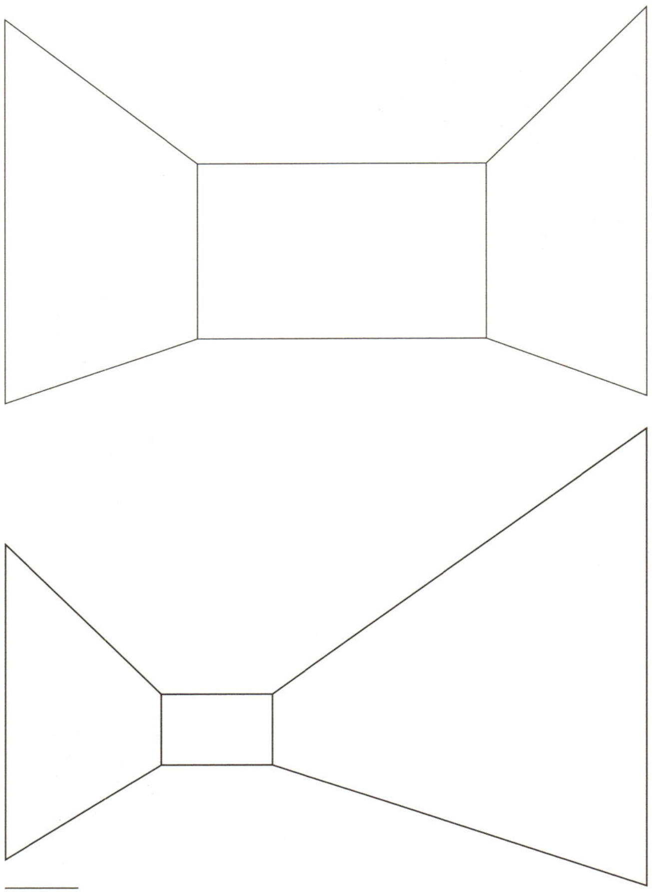

摩根(上)与皮拉内西(下)作品透视分析

(图33)

赫拉二世神庙内部,《佩斯托遗址的六处景色》,摩根绘制,1765年

(图34)

《帕埃斯图姆的系列景观》图版十六,皮拉内西,1778年

视感更为强烈。另外,摩根的版本视点居于神庙的水平方向正中间,整个视图是完全左右对称的,而皮拉内西的取景点在中心偏向左侧的位置,右侧的柱廊占据了画面三分之二的比重(图35),这既显出透视的自然,又设置了大面积的背光墙面,使画面更具压迫感。在梅杰和摩根的作品中,为了突出建筑物的高大,人物的比例被明显缩小了。而在皮拉内西的画面中,人物要大许多,但建筑给观者带来的视觉冲击并不亚于梅杰和摩根的作品,甚至反而更强了。皮拉内西擅长使用仰视的视角,令巨大的神庙仿佛漂浮起来,向着观者的身体直逼过来。皮拉内西这一处理方法很可能受早年舞台设计训练的影响。比比恩纳家族(Galli Bibiena family)摒弃了传统的中心点透视法,采用多个对角轴线,以包含更广阔的远景,创造更丰富的空间结构。这一革命性的构图方法皮拉内西在早年的《监狱》和《罗马风光》的室内场景中曾使用过。皮拉内西在构图上不局限于那些标准的端正角度,他精心组织这些柱廊及内部构件之间的关系,创造出一系列具有独特氛围的神庙内部空间。那些场景就像是观者身处现场,缓步流连之际所感受到的。它们不是视觉的产物,而是身体体验所得。其次,相对其他帕埃斯图姆的作品,皮拉内西对光线的处理要微妙复杂得多。以迪蒙描绘的赫拉二世神庙

（图36）

赫拉二世神庙内部，《帕埃斯图姆三座神庙的平面、剖面等图集》，迪蒙，1764年

（图37）

赫拉二世神庙内部，《佩斯托遗址的六处景色》，摩根、乔利绘制，1765年

（图38）

从东北角看赫拉二世神庙内部双层柱廊，《帕埃斯图姆的系列景观》图版十七，皮拉内西，1778年

内部这张画为例（图36），阳光明显来自画面左侧。迪蒙在表现阳光照射在建筑物中的效果时，只是做了简单的明暗处理，受光面和背光面各占一半。而在皮拉内西的《帕埃斯图姆的系列景观》的图版十三（图29）中，明暗层次要丰富许多。每一个部分的光线强度都不一样，即使同为亮面的柱子，每一根的明暗关系都有些微区别，有时还会用强烈的逆光来突显局部空间的存在感。皮拉内西对光线的描绘非常真实，他在前方门廊处增加了一块由边上构件投下的阴影，让前景断墙迅速成为焦点。而在迪蒙的画中，只有光线与建筑物之间的一层关系，构件之间的遮挡对光线产生的影响都被忽略。皮拉内西对于光线的细致描绘，甚至可以让我们从中感受到具体的时间和天气。海尔顿·托马斯评价皮拉内西的绘画才能时，曾称他在"形式的厚重与表皮的美感，建构与感性之间"实现了很好的平衡。[26]这是少有人掌握的蚀刻景观画技能。皮拉内西非常擅长处理阳光与天气的微妙差别在石材结构上的表现。要做到这一点，必须在日常生活中长期积累相关的分析经验。罗格朗曾描述过皮拉内西所做的努力："效果的真实和活力，精确的投影以及光线的透明度，或是在这方面采取的某些随心所欲（处理），甚至是色彩的暗示，都基于日常的观察。无论是在自然光下、直射光下还是在月光下，他都能通过光线增加建筑的厚重感与力量感，创造柔和、和谐的氛围。他通过观察光线在不同距离和时间的差异学习这些微妙变化。"[27]第三，皮拉内西在画面中创造了复杂的空间层次，并且这一份复杂性基于较少的建筑元素。洛拉·康托尔-卡卓夫斯基（Lola Kantor-Kazovsky）在评论皮拉内西的《监狱》时写道："皮拉内西偏爱在他的绘画中重复同一个主题，这种重复有时甚至是单调的。不同于某些画家偏爱在画面中展现多个元素，皮拉内西很多时候只是单纯地重复同一建筑构件。"[28]这一特质在《帕埃斯图姆的系列景观》中亦有体现，皮拉内西专注于赫拉一世神庙与赫拉二世神庙内部的门廊与柱廊，从不同的角度进行了绘制。以赫拉二世神庙内部双层柱廊为例：摩根的视角（图37）与皮拉内西的图版十七（图38）相似。不过，摩根作品的前景处只保留了最右侧靠近画面边缘的一根柱子，而皮拉内西不仅保留了左侧两根柱子，也让右侧门廊残片部分入画，形成一个前景的景框。在图版十七画面的最远处，可见南侧的赫拉一世神庙矗立在柱列后，而选择正常视角的摩根的作品，画面背景就要空旷许多。皮拉内西这些处理让其画面在视觉上比摩根作品多出两个层次，从前往后依次是最前方的柱廊与门廊、内殿的双层柱廊、神庙南侧的柱廊，以及远处的赫拉一世神庙四个空间层次。每个层次的色调依次减淡，最前方逆光的柱廊与门廊颜色最深，最远处的赫拉一世神庙颜色浅淡，若隐若现。空

26 H. Thomas, *The Drawings of Giovanni Battista Piranesi*, London: Faber & Faber, 1954: 31.
27 John Wilton-Ely, *Piranesi, Paestum & Soane*, Munich: Prestel Verlag, 2013: 34.
28 L. Kantor-Kazovsky, *Piranesi as Interpreter of Roman Architecture and the Origins of His Intellectual World*, Firenze: LS Olschki, 2006: 184-185.

(图39)

图版六（上）与图版十二（下）的多层次构图分析

(图40)

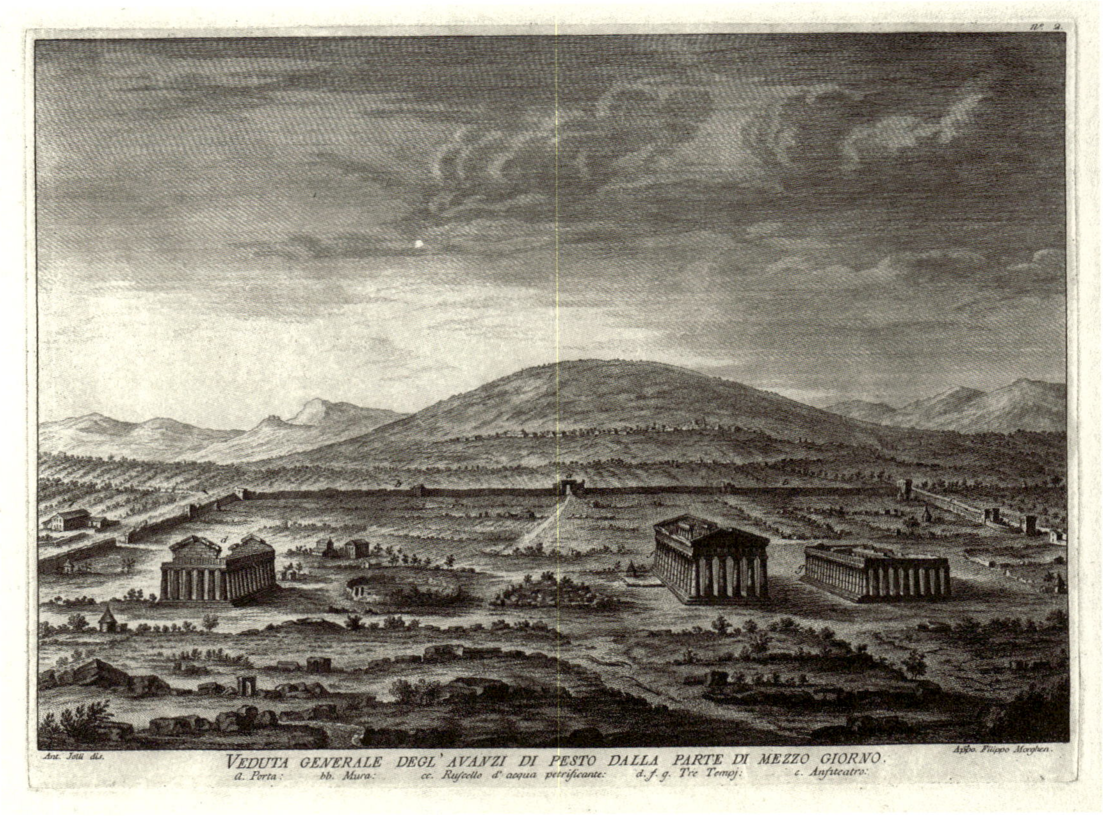

从西侧鸟瞰三座神庙,《佩斯托遗址的六处景色》，摩根绘制，1765年

(图41)

从东南部远眺三座神庙,《帕埃斯图姆的系列景观》图版一，皮拉内西，1778年

间层次虽多，但构图井然有序，并不凌乱。比起摩根这种开敞式的、对神庙内部空间的直接展现，皮拉内西习惯于设置暗色调的前景景框，使观者从柱与柱（或断墙）的间隙中去窥探内部景象(图39)。画面空间的神秘感由此加强，观者的感知从视觉的转化成身体的——受到进入其间的诱惑。米勒的《帕埃斯图姆的废墟》和摩根的《佩斯托遗址的六处景色》(图40)都有一个特点，那就是他们会在绘画时将神庙的状态进行美化，现实中的建筑要比他们描绘的更为破旧。相反，皮拉内西并不回避遗址的真实存在状况，甚至热衷于强调它们的废墟感。以《帕埃斯图姆的系列景观》图版一(图41)为例，图中展现了从远处眺望三座神庙的景象。皮拉内西将三座神庙安排在远景位置，前景处着重描绘了一组残留的废墟。它们不知出处，体量巨大，形态怪异，牛群、牧人徜徉其间，分外热闹。这组元素占据画面的一半空间，几乎成为画面的主体。皮拉内西显然并不认为它们会“抢戏”。而对于作为真正主角的三座神庙，他一如既往地对这些断壁残垣、地上细碎的石块、柱子上缠绕的藤蔓都进行了细致描绘。对比之下，摩根从西侧鸟瞰三座神庙的视图，画面中正向排列着三座神庙，干干净净、整整齐齐，周边环境着墨寥寥，只是陪衬，甘居背景。而梅杰在《帕埃斯图姆的废墟》中，特地掩饰了这些神庙粗短的比例，弱化了这些柱子明显的凸肚。皮拉内西则还原了帕埃斯图姆的比例，即使它与雅典时期的希腊建筑相去甚远，不符合彼时的常规审美。

(图42)

建筑内部拱券空间,《罗马风光》, 皮拉内西, 1778年

(图43)

向南侧看赫拉二世神庙内部,《帕埃斯图姆的系列景观》图版十三, 皮拉内西, 1778年

《帕埃斯图姆的系列景观》与《罗马风光》

皮拉内西从1748年开始构思一部关于罗马现实景观的版画集。这一工作占据了他职业生涯中的许多时间和精力, 并且贯穿其一生。皮拉内西于1778年11月去世, 同年集结了他创作的135幅版画作品的《罗马风光》出版。它与1778年完成的《帕埃斯图姆的系列景观》一样, 可以说是皮拉内西晚期风格的重要体现。众所周知, 相比于罗马建筑丰富的内部空间, 希腊建筑要单调得多。当然这是因为希腊神庙的重点在于外部造型。祭祀活动中人群大多是在外面环绕行走、聚集, 供奉诸神神像的内殿只有祭司和相关人员才能进入。但凡描绘或研究希腊神庙, 少有人对内殿用心在意, 这与罗马建筑的状况完全相反。如若在画面中展现建筑的内部空间, 显然罗马更胜于希腊。在《帕埃斯图姆的系列景观》中, 皮拉内西将希腊神庙的内部打开, 把那些原本"秘不示人"的内立面的列柱、横梁解放出来, 并且赋予它们以空间主角的意义——似乎它们成了罗马建筑中的"巴西利卡"的室内柱廊。譬如描绘从东北角看赫拉二世神庙内部双层柱廊的图版十七(图38), 如果我们将其与《罗马风光》中描绘建筑内部拱券空间的画作(图42)对比, 会发现两者构图手法非常相似。图版十七前景两侧是外侧柱廊和部分门廊, 而在《罗马风光》中画面类似的位置是拱券与墙体的局部。神庙内部的双层柱廊连同外柱廊(甚至包括相邻的神庙)一起组合成一个四层连续空间序列, 就像罗马建筑内部常见的连续拱形成的空间形态。虽然描绘的内容不同, 希腊与罗马建筑的内部空间性质也存在根本的差异, 但皮拉内西还是创造出类似的空间感。除了构图之外, 皮拉内西还有意无意地将希腊神庙中的墙元素加以放大, 并且充分利用柱子粗短的特点, 用大片的阴影减弱了其石头的质感, 让它接近窄墙的感觉。这些手法进一步使希腊神庙向罗马属性靠拢。比如在图版十三描绘赫拉二世神庙内部的画面中, 皮拉内西在左侧门廊受光的一面上投下一块本来不应该存在的阴影(图43)。它使得这片墙

面看起来像是某个更大尺度的建筑的室内局部。而右侧的柱廊看起来仿佛是一排开间墙。在阴影的作用下，它们和那块断墙的材质差不太多。光线设计与此同出一辙的是《罗马风光》中展现蒂沃利的梅塞纳斯别墅（Maecenas' Villa）的画面（图44）。皮拉内西用从右上方射下的光束来照亮建筑内部阴影处的拱券。画面中的建筑空间既厚重又宏大。这是一种标准的罗马大尺度空间室内废墟的表现手法，皮拉内西把它用在了希腊神庙上。这两套图版中的视角相似，都追求画面的冲击力。皮拉内西热衷于使用近景，包括卷首图在内的21张版画中有14张选择了近景。他尽可能地拉近取景的角度，让前景的建筑充满整个画面，似乎要冲出画面，向观者的头顶压过来。例如《帕埃斯图姆的系列景观》图版十一（图45）描绘从西南部看向赫拉二世神庙的场景，重点展现赫拉二世神庙南侧柱廊，皮拉内西选择了满画面的构图，让最近处的柱子占据了整个垂直方向，顶部的额枋被截去一部分，给人一种建筑试图破框而出的感觉，而远处的柱子渐渐消隐，直到画的边缘，更显出这股力量绵绵不绝，仿佛布满天地之间。类似构图也出现在《罗马风光》描绘尼禄水渠的图版（图46）中，虽然主体是拱券而非柱廊，但与《帕埃斯图姆的系列景观》图版十（图20）中的重复序列非常相似。两种材质、功能、体量、形态尺度完全不同的元素（亦是两个时代的空间象征）形成一种奇妙的镜像。《帕埃斯图姆的系列景观》图版六（图47）更能展现皮拉内西的大近景趣味。图版展现了向西侧看赫拉一世神庙内部的景象，画面前部是一个几乎充满整个画面的门廊，皮拉内西将这个门廊全部做了逆光处理，在浓重的阴影下，画面透出一丝暴虐的味道。这一整体氛围也出现在《罗马风光》中斗兽场内部场景（图48）的画面中。皮拉内西在画面近处放置了若干高耸的建筑废墟，透过这些废墟可以看到远处背景中的斗兽场，整个画面看似粗犷，其实隐含着皮拉内西的废墟强化的构图理念。这与《帕埃斯图姆的系列景观》图版一（图41）非常相似。皮拉内西在描绘《帕埃斯图姆的系列景观》和《罗马风光》的过程中，选择了相似的氛围。罗马建筑自古以来都被认为是宏大与充满力量的，皮拉内西的构图模式、光感操作、废墟强化等绘图手段都是应此而生。而希腊建筑一直是优雅古典的象征，其氛围与罗马建筑大相径庭。早期那些创作帕埃斯图姆画作的画家都表现出这一区别，但是皮拉内西将这一区别消解掉了，以至于将这两套版画放在一起，典雅静美的希腊与宏伟壮丽的罗马似乎叠合在一起，观者甚至会误认为是一套作品。这与皮拉内西先前的态度是相矛盾的。皮拉内西在早年出版的《罗马建筑的壮美》中曾提到，罗马建筑继承了伊特鲁里亚宏伟的建筑风格，理应被推崇。而对于希腊建筑，皮拉内西在该书中批判希腊人崇尚虚荣的美丽，注重装饰和细节，而不追求类似埃及的宏大风格。这一美学判断，其实与那些希腊拥护者一致。当时的人们大都认定希腊建筑应该是雅典卫城那种较为轻巧、优雅的比例形态。当皮拉内西第一次看到帕埃斯图姆的时候，他发现这一遗址与大家熟知的希腊神庙不同。他并不像其他希腊研究者那样排斥它的异常比例、密集柱距、厚重形态，甚至很可能还喜爱这些“非希腊模式”的特点，因为帕埃斯图姆让他看到了罗马的影子——它们有着相似的力量感与“男子气概”。于是皮拉内西选择用与《罗马风光》相似的手法创作《帕埃斯图姆的系列景观》，为这一希腊古迹营造出他所钟爱的罗马氛围。

（图44）

蒂沃利的梅塞纳斯别墅，《罗马风光》，皮拉内西，1778年

（图45）

从西南部看向赫拉二世神庙，《帕埃斯图姆的系列景观》图版十一，皮拉内西，1778年

(图46)

尼禄水渠,《罗马风光》,皮拉内西,1778年

(图47)

向西侧看赫拉一世神庙内部,《帕埃斯图姆的系列景观》图版六,
皮拉内西,1778年

(图48)

斗兽场内部景观,《罗马风光》,皮拉内西,1778年

结语

《帕埃斯图姆的系列景观》是皮拉内西关于希腊建筑的唯一一部蚀刻版画作品。它与其他帕埃斯图姆绘画作品风格迥异:透视感更加强烈,光的使用更为复杂细腻,构图更有冲击力。如果说那些画家的作品近似于纪实的老照片,那么皮拉内西的画更像是艺术创作。比如,皮拉内西的画相较于普通用于出版的蚀刻画要大不少,他的草图长宽大约分别是70cm与60cm。他常常通过对画幅尺度的充分调度来加强某些建筑细节,以获取他想要的戏剧性效果。实际上,早期那些画家的客观写实也颇有"水分"。比如他们都不太喜欢神庙粗短的比例,所以会加以调整或掩饰,对形态也会略加"净化""美化",使之接近雅典时期的那些著名希腊神庙。看似客观的描绘,其实对现实作了扭曲。画家们被通常的希腊思维模式限定,有意无意地将画面风格导向平静、均衡、优雅。皮拉内西笔下的希腊神庙貌似狂放不羁,实则真正回到了现实。每幅版画中,它们都显得粗糙厚实,有着罗马般的宏伟壮丽。皮拉内西大概发现,希腊建筑同样有着罗马建筑的宏大之美。那么,绘图风格的交叉互换似乎也无不妥。不过,当我们将这一行为嵌回到时代场景,就会发现这并非只是绘图风格的选择那么简单。首先,它与皮拉内西的"先锋精神"一脉相承。皮拉内西一直坚持对创造性的推崇。他反对一成不变的规则,偏爱富有想象力的创作。他在1765年的《观察建筑》(Observations of Gio. Battista Piranesi on the letter of M. Mariette to the authors of the "Gazette Litteraire de l'Europe",简称《观察建筑》)中就说过:"他们鄙视我的创新,而我鄙视他们的胆怯。"皮拉内西终其一生都在尝试突破自己,从早期偏向帕拉第奥式的古典风格到《监狱》的幻想风格,再到众多罗马古迹的创作,最后是融合了古希腊、罗马、伊特鲁里亚甚至埃及等多种古代特点的风格,他在题材、内容、绘图方式等各个方面都进行着不断的"越界"。在《帕埃斯图姆的系列景观》中将希腊神庙与罗马绘图风格进行"异质杂交",与他在《监狱》中创造的空间幽闭,以及在《战神广场平面图》中将古罗马城的平面图转化成几何体的狂欢有着异曲同工之处。它们都是冲破规则、打断既有思维模式的"先锋派"之举。也正是这些画作,让后世的一些理论家将皮拉内西当作欧洲先锋派文化的源头之一。其次,它为当时激烈的"希腊罗马之争"提出了一个特殊的答案。18世纪中期,当时欧洲几乎所有的建筑历史学者都卷入了这一场源头之争。皮拉内西一直是坚定的"罗马派",拒斥希腊风格。他与勒罗伊、马里埃特等希腊推崇者的争论业已成为建筑史上的一段典故。但是,他在见到帕埃斯图姆时,内心对"希腊罗马之争"释然了:原来,无论欧洲建筑的源头在希腊抑或是罗马,它们都拥有同样宏大的精神力度。这套《帕埃斯图姆的系列景观》就是对他此刻的"释然"的解释。另外,他还用其独特的画风告诉世人,虽然他为希腊神庙作画,但并没有背叛早年的立场,加入"希腊复兴"的阵营。"罗马性"依然是欧洲建筑的价值核心,这一看法没有变。

（附）《古代欧洲艺术的进程》序言（皮拉内西）（王佳倩 / 胡恒 译）A Preface to “A New Treatise on the Introduction and Progress of the Fine Arts in Europe in Ancient Times”(Piranesi)

希腊人不仅是艺术（本文的主题）的创造者，同样也是食物、饮品以及服饰（这对应他们的谷物女神刻瑞斯、酒神巴克斯以及智慧女神雅典娜）的创造者。这一观点广为人知但并非正确，尤幸直到最近还未产生深重影响。不过现在它开始变得有害了，并且使那些希望在美术创造方面脱颖而出的人（我非常赞赏他们）偏离正道。任何宣示自己有能力纠正错误的人，当然无畏大众的公开检验。整个欧洲都意识到了许多才华横溢的人在绘画艺术方面所取得的巨大进步，这使得艺术开始复兴；明白人类的聪明才智有其界限的人都意识到，这些进步有多么珍贵。自古以来，意大利一直是这些艺术流派的发源地；这并不是因为意大利人比其他人更有天赋，而是因为意大利比其他任何国家都拥有更多的历史遗迹，任何想要成为一名优秀画家、雕塑家或建筑师的人都应该学习这些优秀的历史遗迹。然而有一些艺术领域的新涉者（尽管他们中的一些人略有不凡佳作，并且表示通过对意大利历史遗迹的学习，外国人可以像意大利人一样在画艺方面获得成就），却在他们的著作中催促那些艺术追求者去学习希腊的艺术。这是为什么呢？因为意大利的艺术是从希腊人那里学来的，并且流传在意大利的一小部分古代遗迹至今尚未损坏。是谁创作了这些不朽的作品？人们试图去模仿希腊，但模仿得都很拙劣。那些可怜的艺术导师们，他们炫目的作品、荣耀、声誉，都来自对这些老古董的研究！因此，必须是希腊！虽然这些导师们告诫我们去奔赴学习之征程，可难道他们能够保证，在希腊的艺术繁荣了近两千年之后，在最优秀的财产被掠夺殆尽之后，我们还能够在那里发现比在意大利更好的东西？他们近期发表了一些有建筑与雕塑插图的书籍。如果把这些不完整、畸形的绘画当作优秀范例，并不能给那些渴望在公共建筑设计方面有所建树的人带来什么参考价值。他们的证据不过如此！他们中的一位自命的领导者，尽管十分偏爱此类残片，当被要求为它们辩护时，仍不敢承认自己的认同：他声称读者应该从希腊的那些未被记录下来的古迹片断中学习，而不是学习他书籍中的绘画——就好像他记录下来的与古迹本身相比不值一提。他很清楚，一直以来学生都源源不断地去拜访希腊、小亚细亚、叙利亚，以及其他曾被希腊播撒过艺术种子的地区，最终的结局都一样——每个人都去描绘那些不完整和变形的建筑、雕塑的绘画。换句话说，尽管他的倡导使许多人去希腊实地调研，但最终并不是想看到艺术繁荣昌盛。这是对任何想在艺术领域出人头地的人的一种嘲弄。那么，是否还应该继续追寻希腊那些可怜的文物呢？关于这个话题，我在最近出版的《罗马建筑的壮美》中做了充分的说明。我现在的目的是去发现在这个世界上有什么理由，或曾经存在什么理由，可以证明在艺术方面是意大利向希腊学习而不是希腊向意大利学习。就目前我所看到的，那些愿意去希腊旅行的人，并不是因为他们希望带回比在意大利随处可见的古迹更好的片断，而是几乎每个人都对一个观念深信不疑，即希腊人创造了一切。正如我书中所述，大家可以看到，罗马人这些伟大的作品是在接触希腊文化之前，按照伊特鲁里亚的规则创造的。大家不妨了解一下：多立克柱式，由希腊传入小亚细亚，在这里得到改良并且衍生了一种全新的柱式。另外，在那遥远的年代同样发生了一项巨大的转变：当那些柱式由殖民者传播至大希腊（Magna Graecia）以及托斯卡纳（Tuscany）后，后者对其没有改进，反之，爱奥尼亚人使其更加繁复花哨，但他们没有充分的天赋去将它完全转换为一种全新的柱式类型。总有人想去说服大家，意大利人不仅模仿能力欠缺，而且从未创造过任何新事物；如果罗马人学习伊特鲁里亚人是在希腊人之前，伊特鲁里亚人向希腊人学到的也只是零星，不足挂齿。他们显然将多立克柱式从希腊传播到意大利的时间搞晚了（大希腊殖民时期），因而意大利所有的艺术实践的时间都被推迟了。这导致了大众相信在早期意大利居民中散布着土著居民（the Aborigines）、佩拉斯基人（Pelasgians）、阿卡狄亚人（Arcadians）、伯罗奔尼撒人（Peloponnesdians）以及来自希腊的其他人。现在由我来解决这个争论。可是要揭穿这样的骗局，我得走进一个什么样的迷宫啊！我得考虑一下伊特鲁里亚人是谁，他们什么时候来到意大利的，又是从哪里来的；佩拉斯基人由于把艺术引进意大利而倍受赞誉，他们是否是伊特鲁里亚人的一支，是否在某一时期已经结识了希腊人或者是在意大利定居的希腊人；最后，是否在某个时间段，意大利不仅仅有人居住，而且还拥有许多伟大而辉煌、人才济济的城市，这些人学到了后来装饰希腊的艺术和科学知识，而希腊人本身对艺术从未拥有过任何认知，从来没有想到过像意大利人那样生活和举止，只是强于像野兽一样躲在洞穴里。我将不得不考虑，除了艺术之外，语言、文学、哲学、宗教和政治（这些现在在意大利普遍流行，是人们国家认同感的来源），也是由亚洲人传到希腊并由希腊人去教导意大利人，或是由意大利人去教导希腊人。艺术固然带来如此种种的问题，但艺术本身的问题更需要依次、分别和彻底地加以讨论。从来没有人敢冒险进入这片错综复杂的丛林，纯粹因为精神上的懒惰。而我现在打算尝试一二。若您要问：“成功的希望有多大？”这就是我的答案。尤西比乌斯（Eusebius）告诉我们，异教徒们曾经抱怨说，那些负责根除偶像崇拜的人对所有国家和民族所遵循的当地习俗、法律和仪式都缺乏尊重，他们背弃了拯救和保护世界的神（神是什么？是在每一个城镇、每一座城市、每一片乡村，所有的国王、暴君、哲学家和立法者，所有的民族，无论是希腊人还是野蛮人——总之，是整个世界——都用祭物、节日、游戏和仪式来尊敬和崇拜的对象！），支持某些无视理性和全人类的犹太童话。在这种情况下，我有权拒绝相信所有历史学家、学者和圣贤关于艺术起源的观点，即那些自古以来整个欧洲就一直相信的观点。异教徒用什么论据来质疑那些宗教伟人所揭露的真理？支持希腊人是艺术发明者这一观点的论据如下：这些观点被载入希腊人的著作中，并作为所有智慧、神圣和人类之源而散布在世界各地。但是，这些宗教伟人口中的真理力量是如此之大，以致希腊人的书籍失去了其强大的诱惑力和吸引力；他们在宗教问题上的说教，显然不过是谎话连篇的胡言乱语。后来，人们依然去阅读这些书籍，因为它们传授文学知识，据说它们也可以传授世俗知识。但是，如果它们提供的神性知识是骗局，那么关于世俗知识的骗局还会少吗？这两种知识形式在这些书中是如此紧密地联系在一起，以至于一旦其中之一的基础在这些争论的过程中被破坏，另一方就无法成立。如果要使异教徒放弃原本的信仰，就有必要向他们证明当时实践的艺术（最近在欧洲再次出现）没有一种是在希腊发明的。我毫不怀疑，一旦问题得到澄清，其他相关真相也会随之浮现。但这从未被讨论过，这不也很怪异吗？但对他们来说，在那个时候，这已经足够了。这个世界需要这些书和童话故事，这样文学的学习才更有趣；而要让人们读到这些书，他们需要保持一定的信誉，至少在并不那么重要的问题上是这样。因此，在学校里，除了那些代表虚假宗教的部分以外，其余的部分（即使乍一看完全不可信）都被当作真理接受了，而且现在仍然被接受着。所以人们从小就被教育，现在仍然如此：希腊人是我们艺术的发明者；当我们长大后，我们可能会区分作者的优与劣、矛盾与一致性，甚或诡辩与合理推理，而不是出于对作家的自发喜爱（他们的书使我们愉快），成熟地去自我满足。因此，我将藉由宇宙的启示者流传至今的秩序，通过将艺术和相关史事锚固在几个世纪而不是过去习惯的不确定的时间段上，去尝试纠正那些支持“希腊人是万物的创造者”，坚持“古代希腊的遗迹优于古代意大利的遗迹”的艺术界权威人物以及被引入歧途的学生。我这一推论，并不是针对他们的信念——可能（的确，它将）会被认为是错误的。但我还是想尝试一下。

越界的形式：对《先锋派的历史性：皮拉内西与爱森斯坦》的解读（胡恒）The Forms of Transgression: A Reading of "The Historicity of the Avant-Garde: Piranesi and Eisenstein"（Hu Heng）

曼弗雷多·塔夫里（Manfredo Tafuri）在1980年出版的《球与迷宫——从皮拉内西到20世纪70年代的先锋派和建筑》是其现代建筑史研究的巅峰之作，也被认为是其著作中“最难和最不易理解的”。[01]在书的导言《历史“计划”》最后一段，塔夫里对全书做了一个简要综述：

> “我们相信，贯穿始终的主题是清晰明了的：首先，研究‘越界’（transgression）和形式写作（formal writing），把它们作为一种变性的超越（perverse excess），作为驶出赫克勒斯石柱之外，超越法定界限的主体的远航；而后，对‘越界的语言’（language of transgression）逐步加以掌握，也就是，实现了主体的自由仅仅是‘对于技术的自由’（freedom for techniques），而非对于写作（writing）的自由。”[02]

01 Carlo Olmo. One History, Many Stories[J]. *Casabella*, 1995(619-620): 75.
02 M. Tafuri. The Historical "Project"[M]//M. Tafuri. *The Sphere and the Labyrinth: Avant-Gardes and Architecture from Piranesi to the 1970s*. P.D' Acierno, R.Connolly (trans.). Cambridge, MA: MIT Press, 1987: 21.

（图1）

皮拉内西头像

塔夫里从福柯的“越界”概念[03]展开其历史观。这一方面表明其历史认识论与福柯的切近，另一方面还表明“越界”概念中还隐藏着方法论的诸多细节，也即在具体的建筑史领域当中，“越界”改变着传统的研究方法，控制着历史研究的方向，锻造出“越界的语言”，并实现了最终的“主体的自由”。

《球与迷宫》正文的第一单元由两篇文章组成：《“邪恶的建筑师”：G. B. 皮拉内西、异托邦及远行》（"The Wicked Architect": G. B. Piranesi, Heterotopia, and the Voyage）、《先锋派的历史性：皮拉内西与爱森斯坦》（The Historicity of the Avant-Garde: Piranesi and Eisenstein）。两篇文章都与18世纪意大利建筑师和蚀刻画家乔瓦尼·巴蒂斯塔·皮拉内西相关（图1）。前者对皮拉内西画作的语义学内涵进行细致辨析，洋洋洒洒，蔚为大观。后者聚焦于对皮拉内西与爱森斯坦这两位看似并不相干的艺术家之间关系的建构（在先锋派历史的层面上），篇幅虽不太长，但塔氏历史观的一些重要命题都有涉及：“客体的危机”、“对作品的批评成为关于作品自身的操作”、“脑力劳动”和意识形态的关系、作品在“非语言序列”中的播撒，以及历史学家所设立的结构周期。当然，文中最重要的概念在于“越界”。这二字虽然并未在全文出现，但仍处处显现自身的存在——这也是塔氏历史写作的最终目的。

03 “越界”（transgression）是巴塔耶人类学（Anthropology）研究的重要概念。它与“禁忌”一同构成其人类学研究的基础。巴塔耶继承了马克斯·韦伯对资本主义的宗教伦理解释，根据宗教史，把资本主义一直追溯到最初道德对冲动的约束，认为这先于历史上一切统治形式和剥削形式。杀人的禁忌和性禁忌是人类最普遍最古老的禁忌。巴塔耶的目的并不仅仅在于指出禁忌的存在与关系，他更关心对禁忌的越界。他指出，禁忌皆可违。越界经常是得到允许的，甚至被规定的。“禁忌的存在就是为了被违反。”当禁忌被打破时，对它的意识才最强烈。禁忌的约束力来自一种神圣的权威，我们带着恐惧与激动的心情接近它，但又永远无法触及这个神圣之物。禁忌的有效性是建立在越界禁忌的经验上的，越界越被禁止，就越是充满诱惑。这是一种亵渎神圣的经验，其中，恐惧、厌恶和惊愕与迷恋和麻木的幸福交织在一起。巴塔耶认为人类社会是由世俗世界（合理化的劳动世界）与神圣世界（神、狂欢、至尊统治者的世界）相互补充而构成的。禁忌划定世俗世界的界限，而越界打开它朝向神圣的大门。针对西方现代性与现代理性，巴塔耶将“越界”转化成一个主体问题。它可以使自我封闭的主体重回被现代理性所分割撕裂的内在生活领域。越界重新赋予主体以本能冲动，超越界限，奔向神圣，从而超越“以纯熟的暴力把握世界的主体主义”。福柯在这个意义上接受了“越界”概念，并在哲学与思想史的范畴内进行“关于界限和越界的探询”。在《越界的序言》（A Preface to Transgression）中，他写道：“今天，界限与越界的游戏已经成为衡量一种源始思想的基石。而尼采从一开始就在他的作品中向我们展示了这样一种源始思想——这是一种把批判和本体论融为一体的思想，一种追究终极性与存在的思想。”同时，福柯也认识到，“越界”的目的就是“自我的回归”，而且，在巴塔耶看来，对这一自我超越的主体性的寻找，只能在色情的经验领域里实现，因为色情经验和宗教经验对禁忌与越界保持最高的敏感度。不过，福柯认为，有必要用写作和日常生活来进行对界限的探询和越界，虽然这同样极度危险。参见：哈贝马斯. 现代性的哲学话语 [M]. 曹卫东译. 南京：译林出版社，2005: 251, 273; James D. Faubion. Michel Foucault: Aesthetics, Method, and Epistemology[M]. New York: The New Press, 1998: 75.

概述

塔夫里这篇文章研究的主题是"先锋派的历史性"。塔夫里通过在18世纪意大利建筑师、蚀刻画家皮拉内西和20世纪初期苏维埃导演爱森斯坦(图2)两个人之间建立起"结构周期",来证明先锋派的内在困境所导致的先锋派对自身历史进行追溯的这一时代特征:从皮拉内西的"客体的危机",到立体主义时期毕加索的"客体的消失",再到爱森斯坦所热衷的"在先锋派的源头处反映出先锋派自身的危机,以及对该危机的克服"。塔夫里在文章的开篇就谈到建筑,"从皮拉内西的作品开始对先锋派和建筑之间的关系进行详细分析,这无疑是容易引起争议的"。[04]但是,塔夫里并没有将建筑太当回事。整篇文章除了皮拉内西的几幅画之外,再无什么和建筑有关的东西(除了第一句话之外全文不再出现建筑二字)。塔夫里的兴趣并不在他所说的"先锋派和建筑之间的关系",而在于先锋派文化自身的特征。对这些特征的研究既需要语言分析技术,也需要历史分析技术。塔夫里在文章的前半部分主要运用的是语言分析技术,借助爱森斯坦的文章来阐述对作品的批判性操作技术的实践过程;后半部分则主要运用历史分析技术,将爱森斯坦的"先锋派辩证法"历史化。在特定的时代中,在特定的意识形态氛围中,塔夫里将爱森斯坦作品中的怀旧情结揭示出来,怀旧对象是皮拉内西和福楼拜,怀旧目的是证明在无产阶级史诗背景之下,语言学工具依然有其存在的意义和价值。

04 M. Tafuri. The Historicity of the Avant-Garde: Piranesi and Eisenstein [M]// M. Tafuri. The Sphere and the Labyrinth: Avant-Gardes and Architcture from Piranesi to the 1970s. P.D' Acierno, R.Connolly (trans.). Cambridge, MA: MIT Press, 1987: 55.

(图2)

工作中的爱森斯坦

一、爱森斯坦分析皮拉内西

塔夫里在文章的前半部分(前23段)中,研究了爱森斯坦对皮拉内西的《监狱》(*Carceri*)和《黑监狱》(*Carcere oscura*)所用的"特殊的批判式分析技巧"。[05]这一研究有两个目的。第一,借助爱森斯坦的分析,展现出皮拉内西作品中表现出的先锋派的源头的某些特征,比如"客体的危机"、"先锋派的经验主义和形式主义的经验主义"[06]的对立面的综合、"相互刺穿的形式冲撞"[07],以此来和福楼拜、塞尚、毕加索一起形成先锋派的连续性。第二,详细辨析爱森斯坦的分析技巧,以此与其同时代的艺术理论(蒙太奇艺术理论、俄国形式主义理论)相比较,以及探讨20世纪60年代之后的法国新批评学派的艺术理论和爱森斯坦的分析法之间的联系。这一联系,体现出塔夫里将爱森斯坦关于作品的批评转化为自己的批评法的内在企图。前者关系到塔夫里全文的研究目的——对"先锋派的历史性"的论证,后者在区分开塔夫里不同的分析技术的同时,展现出他所赞赏的爱森斯坦的分析技术。塔夫里借用爱森斯坦的文章向我们详细地逐层剥离出这一分析技术的多重细节。塔夫里从爱森斯坦的两篇文章开始他的研究。这两篇文章从严格意义上说都与艺术史相关。一篇是针对西班牙画家格列柯,一篇针对皮拉内西。文章分别分析了格列柯的《托莱多城的风景和平面图》(*View and Plan of the City of Toledo*)(图3),以及皮拉内西的《黑监狱》(图4)和《监狱》(图5~图9)。看上去,这只是一个电影导演在艺术史中为其电影诗学寻找电影语言先驱,不值得大惊小怪,但是塔夫里却从中挖掘出爱森斯坦的分析技术的重要意义。塔夫里认为,爱森斯坦在两篇文章中都用了一种特殊的批判式分析技术。这一技术的基础就是"爆裂"(explosion)或"迷狂的变形"(ecstatic transfiguration)。两者都与蒙太奇理论直接相关。塔夫里引用了爱森斯坦的蒙太奇理论当中关于"爆裂"的几句定义:"蒙太奇是不同阶段画面的冲撞";"当镜头中的张力达到极致而不能再有所增加

05 同上,第56页。
06 同上,第61页。
07 同上,第62页。

(图3)

《托莱多城的风景和平面图》,格列柯

(图4)

《黑监狱》, 皮拉内西

(图5)

《监狱》之一, 皮拉内西

(图6)

《监狱》之二, 皮拉内西

(图7)

《监狱》之三，皮拉内西

(图8)

《监狱》之四，皮拉内西

(图9)

《监狱》之五，皮拉内西

时，镜头就爆裂，分裂成两个分离的蒙太奇片段”。[08]爱森斯坦将“爆裂”强行施加在格列柯和皮拉内西的作品上，从而使这些作品“丧失了它们本来的自律性（natural autonomy），出离了它们的隔绝状态，从而成为理想系列的一部分，换句话说，成为运用了电影语汇（cinematic phrase）的数个简单画面”。[09]这种方法在塔夫里看来，第一说明了爱森斯坦将这些绘画作品直接当作电影画面来对待（这是爱森斯坦最富创见的一点），第二说明了这些绘画作品具有文学作品的统一性特征，也就是说，其中各组成部分间的关系是一种动态构成（这表明爱森斯坦深受同时代的形式主义诗学理论的影响）。两者都为爱森斯坦的“爆裂”技术的运用提供了合法性。另外，“爆裂”对塔夫里来说，是爱森斯坦的一种批判方法。因为它不是一种解释技术，而是一种暴力，它强行将作品表面的完整统一破坏掉。那么，爱森斯坦是怎么在皮拉内西的《黑监狱》和《监狱》系列作品中使用他的“爆裂”技术的呢？这里首先要阐明的一个问题是，《黑监狱》和《监狱》在爱森斯坦的分析过程中，处于一种什么样的关系。《黑监狱》是皮拉内西1743年于罗马出版的名为《建筑与透视第一部分》（*Part One of Architecture and Perspectives*）的蚀刻画集中的一幅。这是皮拉内西出版的首部画集，共19幅，画面内容多为辉煌的古典宫殿的内景和古典建筑的废墟，监狱画只此一幅。《监狱》是1749年前后出版的蚀刻画集，共有30幅，全部都是监狱的内景画，是皮拉内西的代表作之一。《黑监狱》是一幅相当静态的画，虽然内容丰富，但是气氛凝重，画面均衡。《监狱》则是一系列开放式的动态画面，充满了诡异的细节和变形的透视，空间层层叠叠，非逻辑性突出。爱森斯坦认为，《监狱》是一个连续镜头，每一幅画都是一个镜头画面。它们之所以能够连成一体，是因为彼此分离的作品片段构成的整体建立在“知性蒙太奇”上，建立在“相互作用的知识动因所带来的并列冲突上”。[10]如果从这一整体镜头中截取一个静态画面，那么它就是《黑监狱》了。简单地说，《黑监狱》是一个濒临“爆裂”的镜头，它的内部张力迫使其最终“爆裂”成一个系列的蒙太奇镜头，这就是《监狱》。所以，《黑监狱》和《监狱》虽然相隔6年，但是关系是可逆的。《黑监狱》尽管是一幅画，但是其中包含了《监狱》的全部内容；《监狱》尽管动感十足，但是《黑监狱》这一理想画面仍然参与其中。爱森斯坦的批判式操作（critical operation）技术所要破解的就是两者之间的逆反关系——我们如何从《黑监狱》中读解出《监狱》，又如何从《监狱》读解出《黑监狱》。在塔夫里看来，爱森斯坦的“爆裂”技术分为两步。第一步，对《黑监狱》的各建筑元素强行施加“爆裂”（图10、图11）。它强化了各要素间的组织方式，并使整体形式“消解”。

08　同上，第56页。
09　同上。
10　同上。

（图10）

爱森斯坦对《黑监狱》的图解

（图11）

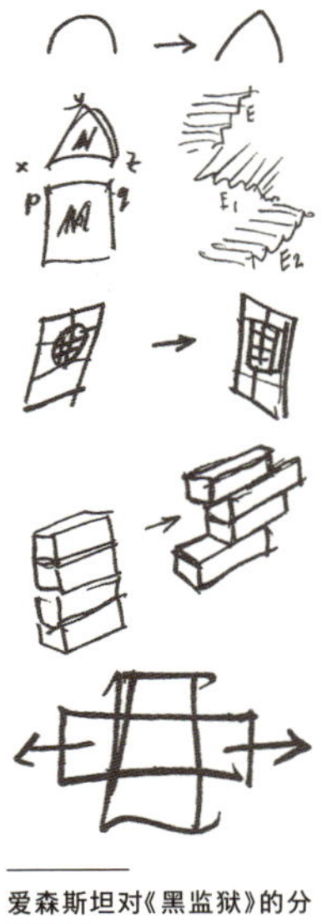

爱森斯坦对《黑监狱》的分析草图

爱森斯坦将元素自身解释为潜在运动所具有的形式，即使这一潜在运动被人为冻结。也就是说，“爆裂”的第一步针对的是元素。它预想各元素自身的运动形式被外表的静态所“冻结”。“爆裂”，或者说“迷狂的变形”要做的，就是“加速这一潜在的运动，刺激它，将它从形式的对抗中释放出来”。“形式的对抗”，就是爱森斯坦所认为的《黑监狱》静止外观下的真实状况。第一，18世纪的蚀刻画，形式就已被看作是“消解的”（在《监狱》中，形式消解是显而易见的）。形式的消解不是来自各组成元素的相互协调，而是由相互的对抗造成的相互消解。第二，《黑监狱》中，“对严格的结构主义的坚持”和“表达方式的分裂”共存。“形式的对抗”既来自这一共存，也来自“表达方式的分裂”。“对严格的结构主义的坚持”表明，《黑监狱》中存在一种有机结构的相关法则。“表达方式的分裂”表明，《黑监狱》中存在有机结构各形式元素的瓦解。“爆裂”加剧了两者之间的冲突，解开了画中的形式功能所具有的“神秘的约束力”。“爆裂”最终使《黑监狱》“动了起来”，作品中的“客体的反抗”被唤醒。与此同时，《黑监狱》和《监狱》之间的关系第一次出现了。爱森斯坦的虚构的“爆裂”所释放出的“片段和剩余物”，聚集在《监狱》的第一版中。塔夫里对爱森斯坦的分析在这里出现了一个转折。爱森斯坦对《黑监狱》所使用的虚构的“爆裂”，实际上就是皮拉内西自己在《监狱随想》（*Fanciful Images of Prisons*）和《监狱》第二版中的形式操作策略——“暴力且完全知性的态度”。[11]也就是说，爱森斯坦对《黑监狱》的“爆裂”，在某种意义上重复了皮拉内西在《监狱》中的操作。那么，爱森斯坦是如何理解《监狱》的呢？在爱森斯坦看来，《监狱》消解的不仅仅是要素的形式，也是它们的“客体性”（objectuality）。更准确地说，爱森斯坦对此的表达为“客体被消解为物质性的再现要素”（physical elements of representation）。[12]这一观点值得我们深究。在《监狱》中，我们确实再也看不到《黑监狱》中的完整空间和精确透视。一点透视下景框式的、井然有序的巨型拱洞，在《监狱》中变得交叉贯穿，且不时地在烟雾缭绕下出现非正常性重叠。通道、坡道、天桥、台阶，在《监狱》中不是不同空间的联系，而是营造空间变异的要素——它们时常发生断裂，或者引向不明的去处。客体性，在此指的是空间的统一性和各要素的合理性（透视关系的合理、功能的合理）。我们不能因为画中一座天桥突然断了，就说天桥这一客体消失。天桥无缘由的断裂是对于观者的认知习惯的违反，说明了消失的是天桥的“客体性”，也就是它的合理性遭受威胁，那么，失去了“物质性”的天桥，如果已经不能再被称为天桥的话，在画中的是什么呢？爱森斯坦认为，它就是“物质性的再现要素”，而不是物质本身。也就是说，画中天桥不是天桥，而是对于天桥的描绘，是一种再现。《黑监狱》中的情况则相反，我们在观看它时，感觉到的是它就是监狱，是对一个统一和整体的物质对象的描绘。各元素不具有独立含义，而共同消隐在整个空间气氛之中。所以，“爆裂”松解开《黑监狱》中的各要素之间的“神秘约束力”，实际上在做着一件“语义变形”的工作。将各要素之间的相互关系进行改变，致使物质性的构图元素发生意义上的改变，这就是一种来自俄国形式主义理论的“语义变形”。我们在《监狱》中能够看到这一“语义变形”的结果。在一个看似统一的大空间中，各要素各行其道，都顺应着自己的形式来表达自己。它们为了强调自己的存在，不惜运用激烈手段，这就是爱森斯坦所说的“暴力且知性”的态度。“爆裂”的第一步完成的是对画面的分割工作，并在《黑监狱》和《监狱》两者之间建立起联系——我们已经知道，“《黑监狱》来自《监狱》中的开放镜头”[13]，反过来，它也是《监狱》的来源。用塔夫里的话说，就是“爆裂”（以及它所激发的“迷狂的变形”）将两者之间的一个空隙填上了。

11　同上，第57页。
12　同上。
13　同上，第58页。

与此同时，“爆裂”也令《黑监狱》的潜在意义得以增殖。这就是“爆裂”的第二步工作。塔夫里认为，这也是爱森斯坦的“批判式操作”的一项内容。塔夫里认为，爱森斯坦的这一增殖工作，和罗兰·巴特（Roland Barthes）和杜勃罗夫斯基（Serge Doubrovsky）的新批评（nouvelle critique）派的批评技术密切相关。对于爱森斯坦的增殖与巴特的新批评技术，塔夫里等同视之。“这位俄国导演毫不犹豫地——照罗兰·巴特的说法——‘分离’了皮拉内西蚀刻画的‘所指’，‘在作品的第一语言上’附加上了‘第二种语言，也即一个连贯的符号体系’，这被引介为一种‘受控的转变，服从于视觉环境；它必须按照已定的法则，并一直顺着同一方向，来转变它所反映的一切对象’。”[14] 我们先来看看塔夫里为这一等同所做的解释。第一，塔夫里认为巴特和杜勃罗夫斯基的批评方法与俄国形式主义传统有直接联系，尽管巴特对此持否定态度。所以，塔夫里将巴特的批评方式套在爱森斯坦身上，其中有着原始动机。第二，塔夫里认为，“爱森斯坦和巴特所做的批评似乎都能够包含文本自身同样具有的越来越多的含混性（multiplication of the ambiguities），尤其是在组织原始的语言学素材时所固有的含混性”[15]。爱森斯坦所分析的《黑监狱》中，这一含混性就是皮拉内西在形式结构和客体消解的对比上所强加的“伪平衡”。“爆裂”要攻击的正是这一虚伪的平衡。那么，“第二种语言”，或者说“一个连贯的符号体系”，在爱森斯坦的批评操作中是怎么使用的呢？塔夫里认为，爱森斯坦使《黑监狱》中潜在的变形法则产生悖论后所出现的形式组织法则，就是第二种语言的表现。这“第二种语言”，就是“蒙太奇”。至此，塔夫里对爱森斯坦与《黑监狱》的分析暂停下来。他将爱森斯坦的理论背景铺展开，以此来解决“第二种语言”这一难题。因为这一难题是在分析之始就已埋下的。我们如何理解爱森斯坦将《监狱》看作一个连续镜头呢？这是个看上去很好理解，同时又大有深意的前提。好理解，是因为这一组画确实富有强烈的动态感、电影感；大含深意，是因为它们能够连成一个连续镜头的真正原因在于，它们之间具有蒙太奇结构。

爱森斯坦的蒙太奇理论被塔夫里引用了几句：

> “镜头绝不是蒙太奇的元素。
>
> 镜头是蒙太奇的细胞。
>
> 就像细胞在其分裂中形成另一种秩序一样，有机体或胚胎在镜头前辩证地跃至另一侧（on the other side of the dialectical leap from the shot），就产生了蒙太奇。
>
> 那么，通过什么来表现蒙太奇，继而表现它的细胞——镜头呢？
>
> 通过碰撞。通过相互对立的两个镜头的冲突。通过冲突。通过碰撞。
>
> 在我面前放着一张压皱的黄纸片。上面写着神秘的记号：‘连接 –P’和‘碰撞 –E’。
>
> 这真实地勾绘出 P（普多夫金）和 E（我自己）之间关于蒙太奇问题的激烈较量。”[16]

这几段文字不是爱森斯坦专门针对《黑监狱》而谈的，它是爱森斯坦为自己有别于同代人的蒙太奇理论而做的一个自我辩护。塔夫里发现，爱森斯坦自认为和一般意义上的蒙太奇理论不同的地方，正是他在《监狱》中所发现的特征——“碰撞、冲突”。但是，爱森斯坦不仅仅指出《监狱》作为一个极端的例子具有蒙太奇结构，他还认为，蒙太奇形式就是意象的结构，蒙太奇自身就是“客体的结构法则”。[17]这是爱森斯坦的一个了不起的创见。塔夫里对此的评价是“对作品的批评成为一种关于作品自身的操作”。[18]这也就是说，爱森斯坦的蒙太奇理论对作品的操作成为了对作品的批评。那么，是不是可以说，只要有自己的理论，就可以用它来对作品进行批评（用它来操作作品）呢？答案是，不一定。塔夫里提出了一个前提条件：“只有当作品的语境和批评家的语言之间存在着密切关系的时候，这才成为可能”。[19]这个前提条件的设定，将爱森斯坦的批评操作一下子提到了另一个层面。塔夫里将爱森斯坦看似相当形式化的批评操作历史化了。也就是说，其中隐含了复杂的时代症候，我们不能视而不见。

二、塔夫里分析爱森斯坦

爱森斯坦对皮拉内西的《黑监狱》和《监狱》的批判式操作，到了第22段基本上就中止了。准确地说，关于《黑监狱》的分析结束了，但是对于《监狱》的分析被引向另一层面——历史层面。这一历史层面包含两个维度：第一，爱森斯坦身处的特殊的历史情境，也就是意识形态背景；第二，先锋派自身的历史。如果说，文章前22段表现的是塔夫里如何分析具体作品，如何就作品本身来分析其语言问题和形式问题的话，那么后27段则表现出塔夫里如何分析作品的历史性问题。塔夫里在第24段的开头指明了自己的目的：“因此，就我们的目的而言，我们感兴趣的是去弄清20世纪30—40年代，爱森斯坦试图将哪些先锋派实验作为最适合他研究的东西。”[20]这也标志着塔夫里对爱森斯坦自身的历史分析的开始。塔夫里首先提出了爱森斯坦的蒙太奇理论和普通的蒙太奇理论、历史先锋派的观点的差异。普通的蒙太奇理论（“吸引力蒙太奇”）和历史先锋派（从未来主义到“古怪演员工厂”），都是一种以震惊为目标的行为，而爱森斯坦的蒙太奇理论却只对作品的结构进行思考。塔夫里认为，爱森斯坦的结构思考，恢复的是文本的概念和价值。他的意识形态，是随着苏维埃头两个五年计划的启动而来的那种兼有新民粹主义（neopopulism）和普遍主义（universalism）的意识形态。也就是说，他对先锋派和现实主义进行了一种含混综合。他没有简单地靠近历史先锋派的破坏艺术法则、继而破坏社会结构的基本思路，也没有完全走向社会主义现实主义（无产阶级史诗）这一苏维埃的特定意识形态要求。实际上，这两个方面在很多地方的关系极为含糊。比如，历史先锋派中的意大利未来主义被社会主义现实主义吸纳成为无产阶级史诗的意象参照，而历史先锋派中的形式主义倾向（在荷兰风格派中表现充分）被新俄国的意识形态所拒绝——它在构成主义中昙花一现。首先来看苏维埃的特定意识形态要求。塔夫里认为，蒙太奇的法则曾一直同刺激公众的主题（theme）联系在一起。1928年是苏联第一个五年计

14　同上，或见：罗兰·巴特.罗兰·巴特随笔选 [M].怀宇译.天津：百花文艺出版社，2005：137.
15　同上。
16　同上，第59页。
17　同上。
18　同上，第58页。
19　同上。
20　同上，第59页。

划的开始，爱森斯坦的《十月》在1927年完成。在塔夫里看来，1928年前艺术创作的目的在于刺激公众的热情，这也是蒙太奇的作用——煽动和引发震惊，例子就是《十月》。1928年后，情况发生了改变，一切都必须和一种"新功能"联系在一起，"处于转变中的城市无产阶级和农民大众，被要求在区域规划的范围内执行这一新功能"。[21]马雅科夫斯基就是一个著名的案例。他所经历的危机（最终导致自杀这一极端事件），正是1924—1930年苏维埃意识形态的新变化与其艺术创作之间的矛盾激化的结果。这一意识形态的变化是涵盖一切的、不可违逆的，它要求所有类型的"脑力劳动"都与其正面呼应。这一要求还有一个说法叫"社会委托"。呼应失败的例子（或者说委托失败的例子）是马雅科夫斯基，呼应成功的例子是爱森斯坦——他的蒙太奇理论的转向说明了这一点。我们当然不能简单地认为，爱森斯坦的转向是对主导意识形态的一种屈就。他对社会主义现实主义的呼应建立在对现实主义理解的基础上。1928年之后的现实已不再是1928年前的现实，不能理解这一点，艺术创作必然走向死胡同。其次是爱森斯坦和先锋派经验的关系。在塔夫里看来，爱森斯坦对先锋派经验的吸收主要在于未来主义和"左派"表现主义。它们用以建立美学刺激和公众间全新关系的那些要素——马戏场、音乐大厅、狐步舞、爵士乐、卓别林——都为爱森斯坦所接受。这一选择表现出爱森斯坦的美学倾向：采用新要素来重建艺术创作和公众之间的和谐关系，而不是自闭于象牙之塔，或者说一味强调摧毁艺术的形式和内涵；另外，这些新要素具有"新具象艺术"的特征，也就是说大多来自民间艺术，而非传统的古典艺术，因为在爱森斯坦看来，"公众意识形态必然需要经过这种艺术过滤"。[22]也就是说，爱森斯坦发现，第一，公众只能接受这一艺术；第二，公众必须接受这一艺术。这是爱森斯坦在1934年的看法。稍后，爱森斯坦对自己的这一看法做出了补充。"爱森斯坦自己注意到，在'小丑的彩衣'之下，'首先遍布在娱乐生活的所有结构中，最终进入整个生产方式'的东西，甚至在19世纪的文化传统中存在着更深的根源。"[23]塔夫里在爱森斯坦的这一看法下，发现了他将自己纳入先锋派自身的历史——也就是追溯先锋派自身历史的愿望。第一次寻踪的结果是19世纪的实验性小说，福楼拜（Gustave Flaubert）的《包法利夫人》。他的注意力集中在爱森斯坦的蒙太奇方法（交叉剪辑）和《包法利夫人》所采用的场景对话交替进行的手法之间的相似关系。爱森斯坦总结出的一个结论是，"（交缠的）两条线索，主题相同，一样单调。内容（matter）被升华为一种纪念碑式的单调性，通过一连串的交叉剪接（cross-cutting）和话语游戏（word-play）达到其高潮，而意义一直有赖于这两条线索的并置"[24]。对两条平行线索的交叉剪接，是爱森斯坦从福楼拜处得来的启示，这也构成了他的蒙太奇理论的参照。正如爱森斯坦对《黑监狱》和《监狱》所做的，他将双线并置的操作方法理解为客体自身的本质形态——对对象的批判式操作（爆裂）的动机在于对象本身正是以这种特殊的结构形式（蒙太奇）存在。爱森斯坦将并置的两条平行线索理解为两个对立面的综合，"一方面，是先锋派的经验主义和形式主义的经验主义的综合，它们在这些例子中看上去是历史上所认可的；而另一方面，是确认文本的整体性特征，拯救其有机性，以及坚持（动态的）形式结构主义之间的综合"[25]。塔夫里对爱森斯坦的总结，当然是基于爱森斯坦1939年左右的观点了。除了皮拉内西，爱森斯坦还在福楼拜、达·芬奇的《洪水》、格列柯的作品中也发现了这一点——他的批判式操作找到了好几个目标（都是艺术作品）。无论爱森斯坦的蒙太奇理论当中有多少马戏团之类的具象主义元素，它仍然是高度结构化和形式化的，这已无需隐藏。但是，这显然和普通意义上的历史先锋派的含义相矛盾。塔夫里认为，爱森斯坦的两个对立面的综合，否定了历史先锋派的一项基本断言，"对艺术品的确切概念的毁坏及对其形式的消解，有利于对立的空洞（empty）符号形成断裂的蒙太奇（discontinous montage）"。[26]塔夫里所说的历史先锋派的这一断言是达达主义、超现实主义一系的看法。在他们看来，形式主义、有机结构、文本的整体性，都是资产阶级艺术的特征，都不能对大众产生影响，都不能对个体生活产生影响。这自然和爱森斯坦的双层综合相悖。那么，此时俄国的主导意识形态和历史先锋派之间有何关系呢？苏维埃在五年计划的前半段时间里，情况也大致相同，"类似的语言学体系的暧昧自主性，不再发挥作用；它经不起俄国新公众的直接检验，他们满脑子都是充满意识形态的社会主义作品。绝非偶然的是，在完全放弃了构成主义的传承（legacy）之后，维斯宁（Vesnin）、布罗夫（Burov），甚至Vopra小组的追随者这样的建筑师，都试图经历无产阶级史诗——在新未来主义和20世纪形而上学之间徘徊不定的特定形式结构——的过滤"[27]。"无产阶级史诗"就是在新未来主义和20世纪形而上学之间游走的特定形式结构——塔夫里这一看法非常准确。我们现在可以很清楚地看到，爱森斯坦和两层对立面的综合，与俄国1928年后的主导意识形态（无产阶级史诗）之间的关系。将两者直接等同，当然是不恰当的，因为"无产阶级史诗"中没有自主的语言学体系的位置，没有形式主义的位置，没有结构主义的位置。我们更要注意的是两者的共同点，也就是"无产阶级史诗"中的形式的有机性原则——个体有机性和团体有机性。这是一种在资产阶级社会中完全不可能实现的有机性。我们知道，正如塔夫里所说的，"只有在社会主义社会中，资产阶级的形式传统似乎才能逃离19世纪的冲突——对总体性的渴望与在极度异化中垮掉之间的冲突"[28]。塔夫里为获得形式的有机性提出了一个方法，"将资产阶级的形式传统推到界限边缘"[29]。这似乎是个很好的方法。从资产阶级形式传统出发，无疑可以解决形式的起点和来源这一重要问题。如果认为社会主义艺术创作是一种彻底的创新，无需前辈和铺垫，这显然是唯心的看法，不是历史的看法。资产阶级艺术创作在19世纪面临的危机和冲突，正好成为社会主义社会展现其优越性的一个机会。"无产阶级史诗"作为此时的艺术家（包括建筑师）的唯一选择，可以说有着历史的必然性，而且是艺术发展的必然性。我们不能简单地将其解释为官方意识形态的压力的结果。尽管如此，爱森斯坦的"知性蒙太奇"没有完全否定电影结构的内在动力。也就是说，电影本身的形式力量没有因为内容的强制要求而被爱森斯坦放弃。爱森斯坦利用"知性蒙太奇"吸引观众，使他们参与到建构图像的动态过程中来。这是塔夫里对爱森斯坦的蒙太奇理论的意识形态背景的一个梳理。简略地说，"无产阶级史诗"是爱森斯坦面临的一个现实。他在某些方面契合了这一时代选择。他的双层对立面的综合，将这一"无产阶级史诗"的某一部分特征容纳进来：形式的有机性，以及总体性。但是，这只是爱森斯坦的艺术理论的一个局部，他的双层综合才是其理论的基本形式——他对《监狱》的兴趣也来自它的对立式综合的内在形式。将建筑史嵌入社会劳动分工史中，塔夫里用这一方法来阐明爱森斯坦的艺术理论的一个历史性特征，也就是艺术与意识形态现实之间的关系。通过爱森斯坦的文本（关于皮拉内西等人的研究文本）来追溯先锋派的历史，塔夫里用这一方法来阐明爱森斯坦的艺术理论与艺术创作的另一个历史性特征，也就是先锋派艺术在先锋派自身历史中的位置。塔夫里对爱森斯坦在先锋派历史中的位置的分析是这篇文章的最后也是最有分量的一部分。

21　同上。
22　同上，第60页
23　同上，第59页。
24　同上，第60页。
25　同上。
26　同上。
27　同上。
28　同上，第61页。
29　同上。

塔夫里的谈论主题也包含在其中。下面我们将分析塔夫里在这一部分中的阐述。塔夫里从爱森斯坦对皮拉内西的叙述开始，到塞尚、毕加索，再到爱森斯坦自身，延展出先锋派的发展线索，形成一个“闭环”。这只是塔夫里分析的第一步：（借爱森斯坦之口）画出先锋派历史进程的轨迹。第二步是分析爱森斯坦在文中的盲点，也就是他自身所回避的问题。通过这种相类于精神分析法的分析，塔夫里指出了先锋派的内在困境，以及这一困境在爱森斯坦身上的体现。第一步：先锋派的历史轨线。塔夫里在离开《黑监狱》和《监狱》大约十段之后，再度回到皮拉内西。先锋派的历史轨线就从皮拉内西开始，确切地说，开始于一个概念——“客体的危机”。在《监狱》中，爱森斯坦发现其中蕴涵着一个独有的冲突。一方面是物体扭曲和空间贯穿，另一方面是单一元素的形象特征被保留下来（过于强烈和自我）。两者冲突之余，也相互成就。前者被18世纪蚀刻画家指责为“客体的危机”，因为空间的整体性在各要素的自我表现中被消解。简单地说，监狱意象被消解，留下的视觉印记是中断的悬梯、不明去处的坡道，以及在半空中飘来荡去的铁链与绳索这些片段元素。客体的完整性、统一性、和谐性转换为不完整性、分裂性和冲突性。客体的危机，是统一性的危机。这就是塔夫里所认为的，爱森斯坦在皮拉内西的画中看到的“客体的模糊维度”。[30]虽然统一性已不再有组织空间效果的功能，但是它的消解所带来的单个要素的夸张呈现，使得形式的有机性更为强烈。换句话说，楼梯更像楼梯，尽管它不按我们的惯性思维显示自身。这就是塔夫里所说的“必然的形式有机性”。[31]第一次飞跃在塞尚。“超越了客体的精确轮廓的界限，这些客体进行着（构成客体的）几何形式的游戏。”[32]塞尚的作品中，客体是由几何形式构成的。对客体的描绘已不再关注其确切的轮廓（所有的物体都有视觉上的轮廓）。相对于《监狱》中客体之间的有机联系（对透视法、比例关系的服从）的消解，塞尚消解的是任一单个元素轮廓的有机界限——在《监狱》中此界限依然存在。第二次飞跃在毕加索。“客体现在已经消失。”[33]这是立体主义时期毕加索的创作特征。皮拉内西—塞尚—毕加索—爱森斯坦自己，这就是塔夫里画出的先锋派历史轨线。这根轨线的另一命名是“客体的危机”—“客体的消失”—爱森斯坦对先锋派源头的回溯。这根轨线看上去很是合理，富有逻辑性，但是其中出现了一个分岔——爱森斯坦对毕加索的《格尔尼卡》的分析。这一个分岔和爱森斯坦对皮拉内西的评论一起，构成了先锋派历史进程的另一根轨线，和之前的那根完全不同。它没有清晰的线性、连贯性，而充满了暧昧的回环和重复（每一个人似乎都是另一个人的叠影、化身）。爱森斯坦对《格尔尼卡》(图12)的分析，使得毕加索脱离了立体主义艺术立场，变成了一个倒退的艺术家。“客体的消失”又退回到对客体的追寻。用塔夫里的话来说，就是“通过对痛苦的回返，先锋派变得有历史性（becomes historic），同时毕加索也超越了完全主观的时刻”。用爱森斯坦的话说，就是“毕加索不知道从哪里去攻击那些导致社会的‘事物秩序’（order of things）混乱的东西；他在着手《格尔尼卡》之前，攻击‘事物’（things）和‘秩序’（order）……于是就看到了罪恶及其‘最初起因’潜藏在何处，在什么东西里”。[34]塔夫里认为，爱森斯坦对毕加索的《格尔尼卡》的分析，和对皮拉内西的《监狱》的分析，两者基本内容极为相似。他们（毕加索和皮拉内西）都扰乱了“事物”和“秩序”，因为他们都无法直接攻击“事物的秩序”。所以，《格尔尼卡》和《监狱》表现出了相同的特征——形式的变形、准则的扭曲，以及“作为极端事件的建筑”。这些形式的特殊表现，不是来自形式自身的内在动力，而是来自“痛苦”，来自艺术家向“痛苦”

30 同上。
31 同上。
32 同上。
33 同上。
34 同上，第62页。

(图12)

《格尔尼卡》，毕加索

的回返。“痛苦”的原因在于，产生于现实秩序的罪恶在艺术家心中激起了回应。艺术家要以自身的创作来表明自己同样承受着这一痛苦（实际上，他不一定真的遭遇这一痛苦），从而对自己置身于罪恶的受难者之外这一真实境遇进行自我忏悔（我并不是罪恶的受难者，但是我创作了这一作品就可算是加入受难人之中，因为这一作品能让人感受到“痛苦”）。可见，《格尔尼卡》和《监狱》形式的暴烈激荡掩饰了真正的罪恶和“痛苦”，成为现实的置换物，成为虚假的情感反射，成为艺术创作手法的源泉。换言之，“痛苦”成为了艺术手法的源泉。用塔夫里的话说，就是“从痛苦中吸取纯技术要素”。[35]因为同样的原因，皮拉内西、毕加索、爱森斯坦三人的某些作品可以归为一种类型。特别是爱森斯坦，他的《十月》《旧与新》《恐怖的伊万》，都表现出“痛苦”和纯艺术手法（换句话说，就是纯技术）之间的关系，对这一关系的探索也成为爱森斯坦的一个“痛苦”。哪一种理论话语（哪一种辩证法，它的双层对立面的综合），既能完美地表现出进步的艺术观（相对于艺术史），又能恰当地达成电影开始之前就已预设的政治任务呢？这个问题找不到答案。所以，爱森斯坦在他的不同电影中不断进行着理论与实践的重新洗牌。尽管很困难，爱森斯坦还是为自己找到一种方法，来处理其双层对立面的综合的辩证法形式——“将它们相互刺穿”。他是在比较中国、日本的直幅风景画和皮拉内西的《监狱》的构图法时发现这一点的。东方艺术有一种“寂静主义”，它“通过把一种消解为另一种来调解对立”。皮拉内西的形式法正相反，“存在着极度强化的并置的各方，我们不得不‘将它们相互刺穿’，并将它们的破坏力（destructive dynamism）带至极点”。[36]这种方法（过度强化的方法），也是毕加索在《格尔尼卡》中所运用的方法。塔夫里在皮拉内西和爱森斯坦之间发现了一根“红线”。现在的问题是，“将它们相互刺穿”的“它们”是什么？正常理解的话，“它们”指的是不同的客体，不同的形式表现。在《监狱》中，“它们”是

35 同上。
36 同上。

中断的天桥、巨型的怪兽石雕、蜿蜒盘旋的楼梯；在《格尔尼卡》中，“它们”是变形的牛、妇女、儿童。但是，联系皮拉内西的辩证法的真正主角来看就会发现，“它们”指的是先锋派的经验主义和形式主义的经验主义，也指的是有机性和结构主义，还指的是形式的痛苦和伦理及政治义务之间的矛盾冲突。虽然爱森斯坦声称他的辩证法的形式是“相互刺穿”，但是塔夫里发现，这种暴力辩证法，实质上仍然是一种理论的折衷主义。它是一种在“再现性价值的恢复”和“形式结构的自主性”[37]之间的折衷。也就是说，爱森斯坦一方面在竭力挖掘先锋派的不合时代的、乌托邦的特征（这一特征他希望在社会主义现实社会之外找到，它是具象的，又是非资产阶级的），皮拉内西的《监狱》提供了素材，这些暴烈的意象可以说是对“再现性价值的恢复”。另一方面，爱森斯坦希望将形式主义特征保留下来（这已被苏维埃的主导意识形态扫进垃圾堆），或者说，把语言学特征保留下来，《监狱》中的“令人着迷的形式对立结构”[38]无疑有着显著的语言学特征，尤其后者（先锋派特有的语言学工具）是爱森斯坦内心的一个结。他已经不能明确提出对它的思考（这必然会遭到残酷打击，马雅科夫斯基就是例子），但是又绝对不能放弃它（这就是塔夫里所认为的爱森斯坦与其他苏维埃艺术家的差别所在）。所以，爱森斯坦将其对语言学的热爱带进对历史先例的追寻之中。爱森斯坦向皮拉内西的回归，表面上是受其“无限形象的可能性”吸引，实际上是在为自己找一个语言学工具得以存在和运用的场所。可见，无论是“无限形象的潜在可能”，还是“对冲突、毁灭、记忆失误的夸张强调”，这些都是幌子。爱森斯坦经由毕加索的《格尔尼卡》向《监狱》的回溯，在塔夫里看来，只是爱森斯坦自己所画的一组画，背后是爱森斯坦自己。背负着语言学重责的爱森斯坦，面对着《监狱》和自己展开了讨论。可见，爱森斯坦为先锋派的历史轨线所画的是一根直线，从皮拉内西到福楼拜，到塞尚，再到毕加索，最后的终点是自己。塔夫里为先锋派的历史轨线所画的是一个封闭的圆，或者说重叠的两根线。起点是皮拉内西，终点是爱森斯坦（和皮拉内西），或者相反，起点是爱森斯坦，终点是皮拉内西（和爱森斯坦）。在第一根线中，终点的爱森斯坦就是先锋派的结束。因为先锋派从“客体的危机”走到“客体的消失”，到了爱森斯坦时代，则走向新现实主义。也就是说，终点是“客体”的复归——社会主义新现实的复归。当然，这一终点还有一个较为反思的形式，那就是爱森斯坦式的对先锋派历史的回溯。在第二根线中，终点变成了起点，起点变成了终点。或者说，这根线告诉我们，先锋派在进入一个特定的历史时期之时，所能做的事是什么。塔夫里这篇文章的主要讨论点就在这里。这也是塔夫里从爱森斯坦的文章中分析出来的盲点。塔夫里在这第二步的分析中，得到一个关于先锋派的论点，“先锋派丧失了其乌托邦的潜在可能，也丧失了它准备再度征服语言完满性的意识形态，它只能落回自身；它只能探索其自身发展的阶段（stages），充其量也只能认识到自身起源的暧昧性”。[39] 这就是时代的症候，体现在爱森斯坦身上的症候。先锋派失去乌托邦的潜在可能，是因为资产阶级时期的先锋派的乌托邦梦想似乎已经得到实现，资本主义制度被社会主义制度取代。乌托邦曾经是批判现实的工具和武器，现在已无用武之地。先锋派也丧失了“它准备再度征服语言完满性的意识形态”，这是因为先锋派也再难以和现实的意识形态相合作，因为它不甘心臣服于主导意识形态而将语言学工具完全放弃。先锋派走进了死胡同，既不能对现实进行批判（这已是自寻死路），也不能继续发展形式自主性的内在潜力。那么，它还能做什么呢？塔夫里在爱森斯坦身上找到了答案——“它只能落回自身；它只能探索其自身发展的阶段（stages），充其量也只能认识到自身起源的暧昧性”。这就是爱森斯坦在生命的最后一个阶段对皮拉内西、格列柯等人的研究的性质所在。无论是“相互刺穿”，还是“理论折衷”，爱森斯坦所寻求的历史连续性的脉络还是“语言学”。他希望通过自己对先锋派历史的寻踪，来证明“语言学研究”并非一种“转瞬即逝”的东西。换句话说，“语言学研究”不应该在苏维埃的社会主义现实主义的意识形态之下那么轻易地被扫进历史的垃圾堆。它应有“体制式”的意义。所以，爱森斯坦从皮拉内西作品中发掘的和在自己的创作中所运用的“形式扭曲、秩序和混沌的辩证法、陌生化技术”[40]都成为语言的“素材”。爱森斯坦回避了语言学，而将这些“素材”提到显眼的位置，正是为了掩盖其不舍语言学工具的真实态度。塔夫里称这一态度为“形式主义意识形态”。[41]形式主义怎么能和意识形态连在一起呢？我们知道，意识形态是由现实所生发的观念性的东西，而形式主义则隔绝现实，内向地组成自洽的世界，两者基本不搭界。爱森斯坦的“形式主义意识形态”被塔夫里命名为“先锋派的辩证法”，其含义就在于此——两个不搭界的对象，在爱森斯坦的创作中被“相互刺穿”或“理论折衷”。当然，我们不应该忘记，“先锋派的辩证法”第一次出现在皮拉内西的作品中（《监狱》），爱森斯坦称之为“否定的乌托邦”。皮拉内西的“否定的乌托邦”中有太多对立的形式，也就是说有太多的辩证法。它像一个极乐之地，安抚着爱森斯坦内心的焦虑。在这里，爱森斯坦可以暂时抛开政治义务，在无限的形象中梳理其钟爱的辩证关系：先锋派的经验主义和形式主义的经验主义，文本的有机性和形式结构主义。但是，快乐是暂时的，毕加索将爱森斯坦拉回残酷的现实。《格尔尼卡》不仅提出了政治责任的主题，更进一步提出从“痛苦”中吸取技术要素的主题。这一“痛苦”我们在前文已有所论述，这里需要再补充的是，它是强权（主要是资本主义）施加在整个世界上（当然主要是施加在无产阶级身上）的。在《格尔尼卡》中，它来自强权施加在西班牙人民身上的暴行，在爱森斯

37 同上，第63页。
38 同上，第62页。
39 同上，第62页。
40 同上，第62页。
41 同上，第63页。

坦的作品中，它来自强权施加在俄国人民身上的暴行。塔夫里认为，爱森斯坦对皮拉内西的追溯，就在于他不愿意面对这样一个问题——一旦承担起政治责任，我们似乎只能走毕加索的《格尔尼卡》之路。借助“痛苦”，我们创造了无产阶级史诗，只有它才能成为社会主义现实的特定要素。《监狱》之路只能存在于梦想之中，尽管爱森斯坦在电影创作中不断尝试将《监狱》中的形式要素结合进来。史诗之路，从政治角度来看，当然是唯一选择。“我们怎样才能证明，除了严格的学科思考之外，诉诸作为社会主义现实之特殊因素的史诗和痛苦是正确的呢？”[42]塔夫里认为这是一个终极问题，爱森斯坦回避了这一问题。但是，塔夫里认为自己的这篇文章就是在回答这一问题。这一问题是借助爱森斯坦来回答的。因为，虽然爱森斯坦没有直接面对它，而采取的是绕路而行的办法，但是，塔夫里通过对爱森斯坦的文本的分析将这一问题作为他者揭示出来。爱森斯坦热情洋溢地谈论皮拉内西、毕加索、福楼拜，其创伤性内核就在于“史诗”“痛苦”两个不在场概念。塔夫里这篇文章的中心问题，则在于探讨爱森斯坦回避社会主义现实的特殊因素（史诗和痛苦）的原因。在文章的最后一段中，塔夫里将爱森斯坦和无产阶级史诗进行了比较。塔夫里用“怀旧”概念将两者联系在一起。这里存在两种“怀旧”：一种是无产阶级史诗所体现出的“怀旧”，准确地说，是诉诸史诗体现出的“怀旧”。这种“怀旧”不是指内容，因为它的内容来自新生的社会主义社会，来自无产阶级和统治阶级之间的残酷斗争，这毫无疑问是全新的。它指的是形式上的“怀旧”，因为它必然采取宏大叙事的整体性结构，遵循严格的道德标准，指向确定的政治目的，发挥鲜明的意识形态功能。这一新的“现实主义”，从形式来说，和启蒙时期、19世纪英雄主义时代的伟大的“现实主义”并无二致。另一种“怀旧”是爱森斯坦式的——他对皮拉内西、福楼拜的“怀旧”。这一种“怀旧”是在为“先锋派的辩证法”寻找历史先例，寻找其历史连续性，寻找其历史合法性。最终，“怀旧”的结果是确认了先锋派起源的暧昧性。这是对“先锋派辩证法”中的语言学内容的曲折辩护。当然，对塔夫里而言，爱森斯坦的“怀旧”是对无产阶级史诗的“怀旧”的委婉批评——因为，作为先锋派运动继承人的“社会主义的现实主义”虽然也在回头观望，但是，它只是在寻找“痛苦”，而不对“先锋派的辩证法”投入一点兴趣，用塔夫里的话（文章的结束语）来说，“不再为英雄年代里的资产阶级暧昧性流下一滴眼泪”。[43]塔夫里对这一终极问题的回答，同样是委婉的，“晦涩的”。强行使爱森斯坦遭遇这一问题，并不在于为这一问题找到答案，但是这可以使我们对爱森斯坦的文章有更深的理解。归根结底，“社会主义现实”“史诗与痛苦”，这些并不是塔夫里的兴趣所在，它们都是历史的表征，是被篆刻在石碑上的光辉的历史。爱森斯坦等人面对这一现实所表现出的姿态中的种种含混暧昧之处，才是塔夫里研究的真正对象。先锋派的历史性不是表现在那些历史事件（它们总是以各种方式被曲解和转译）上，而是凝固在爱森斯坦等历史的创造者身上，一切历史都在他们身上刻下痕迹。这一痕迹是真切的，它们是检验任何一个史学命题的试剂。在塔夫里的文章中，这一痕迹就埋藏在爱森斯坦的文本中。从文本中，我们能够了解爱森斯坦想说的，也能够了解爱森斯坦不想说的。

42　同上，第63页。
43　同上，第64页。

三、结语

很明显，这篇文章论述了塔夫里的很多历史方法论命题——比如说“结构周期”“学术劳动和生产条件之间的整合机制（两个史学参数）”“意识形态和乌托邦的辩证法”“意识形态的历史角色”“研究以片段开始（文本片段）”“作品在生产关系中所起的作用”“自主的语言选择的历史功能”“历史空间”“巴特的新批评”“生产变革的原动力中计划抉择对于创作的意义”“作品对异己之物的偏离（对存在条件、生产条件、使用条件的偏离），对现实世界的偏离”“方法分层，或方法折衷”“客体的危机”“语言的生产力”“历史解密”等概念、命题，在《先锋派的历史性》中都找得到对应之处。也有些塔夫里看重的命题没有被涉及，比如“历史学家的任务是去详细阐明，在全球领土秩序革新的前提下，资本主义的体制制度所表现出的真正阻力”。[44] 当然，我们需要总结的是，在《先锋派的历史性》中“越界”何在？简单来看，塔夫里在文章的第1、3、7、24、40、49段中，用“我们的目的仅仅是……”，“但是，我们感兴趣的是……”，“但就我们的目的而言……”，“事实上，这整篇文章都回答了这一问题”，这一系列导引性的句子为我们展现出文章的路径和结构。我们似乎可以认为，塔夫里在围绕他所关心的问题——先锋派的历史性、先锋派的辩证法、客体的危机——展开论述，所用的材料是爱森斯坦的文本和相应的历史素材（皮拉内西的画、毕加索的画）。这些问题我们并不陌生，可以说，它们是塔夫里毕生的兴趣。通过爱森斯坦这个特殊的点，塔夫里将这些问题再度阐释了一遍，最终回到他的基本论点——通过写作，爱森斯坦回避了社会主义现实的特殊因素（史诗和痛苦）的问题。但是，我们也可以赋予这篇文章其他形式。比如，它是一个简史，一个关于先锋派的历史的简史。它在爱森斯坦身上展开。换句话说，先锋派的历史凝聚于爱森斯坦。所以，通过他的一个文本，我们就可以梳理出先锋派的历史的若干转折点：人——皮拉内西、福楼拜、塞尚、毕加索、爱森斯坦自己；观念——“客体的危机”“客体轮廓的消失”“客体的消失”“客体的复归”。在每个点上，先锋派的连续性都得到体现，因为他们（它们）都表现出先锋派的辩证法。但是，每一个点上的辩证法的内容都不一样，其冲突在爱森斯坦处达到极致。所以，虽然每一个人都是历史的承担者，但是，先锋派的历史只展现于爱森斯坦一人身上，因为他是先锋派的终点，更是一个自主地（或无意识地，这两者没有区别）追溯自身历史的先锋派。这是先锋派辩证法矛盾最大化之后的反应之一。所以，先锋派的连续性不仅在他身上停止脚步（在同时代的先锋派人物处都这样），同时还发生了回摆。这一回摆的幅度，在他临近去世前达到最大值——指向皮拉内西。这一简史也是一个“结构周期”——从皮拉内西到爱森斯坦，从起点到终点。或者比如，它是一次对爱森斯坦之梦所做的分析。也就是说，这是一次针对爱森斯坦的精神分析。在苏维埃五年计划的史诗式现实之中，爱森斯坦做了这样一个关于皮拉内西的梦。梦中场景是《黑监狱》和《监狱》，梦中的主角是皮拉内西，配角是毕加索、福楼拜、塞尚，梦中的情节是爱森斯坦为先锋派拍了一部电影，影片的镜头由皮拉内西的画连缀而成。塔夫里为爱森斯坦的这个梦所做的分析，就是这篇文章。言语，是精神分析的入口。在这里，文字代替言语的位置，成为分析的首要材料。我们仔细揣摩之下，可以发现，爱森斯坦对皮拉内西的《黑监狱》和《监狱》的分析和弗洛伊德所说的梦的运作方式（“缩聚”和“易位”，“映像的产生和润饰”[45]）颇有相似之处。爱森斯坦将格列柯、皮拉内西、中国画、《包法利夫人》、毕加索这些表面上并不相干的因素连接在一起，不是和“缩聚”很相似吗？他那么热衷于阐述《监狱》中的电影语言特征（蒙太奇、爆裂），并且殚精竭虑地在达·芬奇、福楼拜等人的作品中寻找与之相仿的双线结构特征，这和具有逻辑性的“易位”过程是否也有些相似呢？“易位”将不重要的细节推出来，以掩盖真正的愿望和目的；爱森斯坦对艺术中的语言形式的狂热寻踪，实际上是对官方意识形态压制和取缔“语言学工具”在艺术创作中的作用的反应。“映像的产生和润饰”——这是梦的形式的结果阶段，“这时梦好像一个脚本，已能讲述其中包含的事情，甚至现实生活中互不联系的事情，并具体化为生动的映像，联结成完整的图景”[46]。爱森斯坦对皮拉内西的分析简直是对这一“映像的产生和润饰”的含义的重现。皮拉内西、福楼拜、塞尚、毕加索、爱森斯坦连在一起，形成一个完整的先锋派发展的连续图景。而且，重要的是，对这一画面的描绘，其内在原因（经塔夫里的分析）只不过是他期望回避开这样一些现实——现实主义已经成为先锋派的直接传人，艺术创作目前所能做的只有诉诸作为社会主义现实特殊要素的史诗和痛苦。简单地说，他对先锋派历史的描绘，对自己的艺术创作的合法性的证实，只不过是因为他的创作行为已不合时宜，面临被扼杀（不仅是艺术创作，还有生命）的危险。可见，先锋派的历史，只不过是爱森斯坦虚构出来的一个幻象，它展开于（或者说横亘于）爱森斯坦的主体与现实之间。弗洛伊德称此“幻象”为“无知”，它通过象征和想象来作用，其中一项功能是将过去的东西加到个体的当下历史中来——这和爱森斯坦对先锋派历史全景画的编织是否很相似呢？梦，永远是某种愿望的体现。爱森斯坦的皮拉内西之梦背后的愿望，就是能够脱离出史诗与痛苦的政治负担，使自己的艺术探索能够合法地生存下去。塔夫里的释梦行为在文章的最后两段揭示出这一答案。我想，无论是简史式写作，还是释梦式写作，对于塔夫里的这篇文章而言，都是可能的解释方式。当然，它的最外在、最表象的面貌，是主题研究——关于“先锋派的历史性”“先锋派的辩证法”“客体的危机”等概念的研究。以简史式写作的角度来看，我们会发现，爱森斯坦的文章中有大量的虚构和省略之处。怎么能够凭借寥寥几人就勾画出一部简史呢？皮拉内西的1000余幅蚀刻画中难道只有这31幅（《黑监狱》和《监狱》）才代表皮拉内西吗？爱森斯坦填补了《黑监狱》和《监狱》之间的空隙，那么它们与其他的画之间的空隙呢？将中国画和《监狱》一类的系列作品相比合适吗？《包法利夫人》中的双线交替，是19世纪小说的普遍特征吗？以一种（语言）叙述风格来指代先锋派运动的整体特征，这合适吗？简史写作式的分析，最终既呈现某种焦虑的连贯性（它是先锋派历史表面的连续性的实质），同时也暗示出，创作只属于自身的时代，简史不存在，存在的只有分隔开的、局部的、片段的、自我独立的小历史。从释梦式写作的角度来看，文章则充满了移情和双关。它（文章）就是梦。当然，这是一种特别的梦，它不是由言语（产生于分析者和被分析者之间）所构成，而是由经过理性过滤后的文字（自我的言语）组成。我们在这一梦中没有发现任何虚构之处，一切都是真实的，都指向一个目标——愿望。爱森斯坦对皮拉内西，对格列柯，对福楼拜，对中国画，对毕加索，对普多夫金，对自己

44 Manfredo Tafuri. The Sphere and the Labyrinth: Avant-Gardes and Architcture from Piranesi to the 1970s[M]. Pellegrino D' Acierno, Robert Connolly(trans.). Cambridge: MIT Press, 1987: 20.

45 C. 克莱芒, P. 布律诺, L. 塞弗. 马克思主义对心理分析学说的批评[M]. 金初高译. 北京：商务印书馆, 1985: 17.

46 同上。

的分析，无一例外地掩饰着同一个愿望，那就是对现实的恐惧的逃离。塔夫里敏锐地指出，爱森斯坦向皮拉内西的追溯，这一对起源的返回，包含了对“语言暧昧性”的探索。“语言学”，就是爱森斯坦的创伤性内核。现实中的“语言学工具”在政治上的不正确，使得爱森斯坦在梦中去创造一个“语言”自身的不确定特征——回避开现实主动设置的敌对状态。这一梦中的“虚构”所起的作用，就是力图使“语言学”在现实中免遭政治责难——“语言学工具”本身就是含糊不清的，所以，也就没有必要与之为敌。塔夫里发现，“语言的暧昧性”是爱森斯坦强加在皮拉内西身上的主题。他不惜将皮拉内西的形式处理法——“形式的扭曲、秩序和混沌之间的辩证法、陌生化技术”全部理解为“语言暧昧”的表现。实际上，这些只能表明皮拉内西此刻的创作的若干特征。他的个体性和独特性，被爱森斯坦扭曲进自己的梦的逻辑之中。由此可见，爱森斯坦这一行为中包含了“置换”“易位”“变形”“重构合理性逻辑”等多种梦的运行机制。主题式研究、简史式写作、释梦式分析，是塔氏这篇文章隐含的三种理解模式。塔夫里所说的“越界写作”，正在于其写作形式的游移不定。内容的越界是显而易见的——这篇文章除了建筑，其他谈到的都很多。语言的越界是塔夫里的主旨所在，在这篇文章中，他研究各项主题（先锋派的辩证法、客体的危机），勾勒出先锋派历史的轮廓，判断皮拉内西为先锋派运动之源头，对爱森斯坦的时代症候进行诊断。所以，我们在其中既看到批评，也看到描述，还看到分析。几种不同的形式语言交叉前行。语言的越界最终带来了主体的越界。他既是主题的研究者，也是简史的梳理者，更是一个症状的分析者。“越界和形式写作，成为一种变形的超越，成为驶出赫克勒斯石柱之外，超越法定界限的主体的远航。”[47]这是塔夫里在做的，也是皮拉内西的蚀刻画、爱森斯坦的电影在做的。当然，这亦是本文希望做的。

47 Tafuri, "The Historical 'Project'," p.21.

皮拉内西的朋友们：约翰·索恩与亚当兄弟（王佳倩 / 胡恒）
Piranesi's Friends: John Soane and Adam Brothers（Wang Jiaqian / Hu Heng）

一、约翰·索恩与皮拉内西

收藏家索恩 “不要忘记皮拉内西，他多才、奢侈、荒谬，从他的画透露出来的内容中你会获得很多信息。”威廉·钱伯斯在他写给游学者爱德华·史蒂文斯（Edward Stevens）的信中如此说道，此信后来被收录在约翰·索恩爵士[01]的档案中[02]。受此信件的启发，索恩在1778年开始了他的“大旅行”。慕名于皮拉内西令人震撼的蚀刻画，索恩来到罗马拜访了他——几个月后皮拉内西去世（1778年11月9日）。从那时起，皮拉内西的概念和理论就影响着索恩一生。索恩有一个著名的私人博物馆（自宅兼收藏室），其中收藏了数量可观的皮拉内西的蚀刻作品，还有各种各样的历史文物——雕塑残片与绘画居多。索恩将这些藏品的风格延伸进他的博物馆设计中。他用皮拉内西式的“幻想画”去营造他的博物馆的氛围，将空间、光和古物展品进行戏剧性的组合，刺激观者产生创造性的想象。索恩拥有24卷皮拉内西的绘画作品，分成三组。1778年索恩拜访了皮拉内西以后，获得了皮拉内西1748年创作的《罗马风光》中的四幅，分别是《万神庙》（*The Patheon*）、《康斯坦丁拱门》（*The Arch of Constantine*）、《塞维鲁凯旋门》（*The Arch of Septimius Severus*）和《切契利亚·梅特拉的坟墓》（*The Tomb of Cecilia Metella*）。其中三幅版画1790年悬挂在林肯因广场（Lincoln's Inn Fields）12号的早餐室里。1813年，当索恩搬到13号公寓的时候，这些版画都被移了过来。从19世纪20年代中期开始，它们一并被挂在新画室的展板上。

01　约翰·索恩爵士是18世纪英国最重要的建筑师之一。在设计上，他将英系的如画风格与法系的古典主义结合起来，并提出自己的诠释。索恩雅好收藏，建有自己的博物馆——其在建筑史上的名气甚至不在索恩之下。

02　J. Harris, Sir William Chambers: Knight of the Polar Star[M]. London: A. Zwemmer,1970: 21-22.

皮拉内西与索恩的建筑风格 皮拉内西的蚀刻画对欧洲新古典主义产生了重大冲击，尤其是那些曾到罗马进行过实地学习与研究的建筑师，其中有一位是索恩的第一位老师小当斯（George Dance the Younger）。[03]两人曾一同对古罗马广场上的神庙遗址进行测绘，结下了友谊。小当斯设计的伦敦市政厅大厅的圆拱多少受到皮拉内西《罗马风光》中哈德良离宫某些穹顶残垣意象的启发。他设计中屡屡出现的“神秘的光线”更与皮拉内西那些浴场或古墓的室内场景画作密切关联。索恩的建筑理念与小当斯非常接近。皮拉内西对他的影响更为全面。比如皮拉内西的幻想画作品《宏伟的桥梁》（*the Bridge of Magnificence or Ponte Magnifico*）（图1），直接启发了索恩的皇家学院“凯旋桥”（Triumph Bridge）设计，最

03　D.Stroud. George Dance,Architect, 1741-1825[M]. London, 1971: 98.

（图1）

宏伟的桥梁，《建筑与透视的第一部分》，皮拉内西，1743年

终使他获得了旅行奖学金。皮拉内西著名的《监狱》(最早发表于1745年，并于1761年再版)，对索恩的复杂空间设计多有启示。皮拉内西于1756年出版的《罗马古迹》巨著中的废墟考古图像风靡一时，索恩在自己的绘画中多有效仿。其中有一幅广为流传的关于英格兰银行的废墟想象画，是一个现代功能的建筑被转化为古文物研究者忙碌挖掘古代废墟的反时空场景。它由索恩的绘图师约瑟夫·甘蒂(Joseph Gandy)绘制，开启了建筑史上的“颓废”风潮。《罗马古迹》中关于陵墓的部分对索恩尤为重要——皮拉内西借由这一题材充分发挥自己狂野的想象力，使那些图像产生了莫名的、怪诞的感染力。这种神秘、诡异的气息看起来深得索恩认同。他的私人博物馆的内部空间设计的灵感显然来自于此。当然，彼时英法建筑师对“墓葬建筑”的普遍兴趣也是一个原因。1777年皮拉内西造访了当时被宣传得沸沸扬扬的帕埃斯图姆神庙遗址，对其激赏有加，并制作了一批出色的版画。不知道是否受到了皮拉内西的激励，1779年3月，年轻的索恩和他的新赞助人德里(Derry)主教也拜访了帕埃斯图姆，绘制了一些草图，包括平面图和立面图，并将它们与早先的托马斯·梅杰书中的图版进行对比(图2)。1780年2月，他与主教，还有一群来自西西里岛的旅行者再次回到帕埃斯图姆。他在速写本上写道：“这三座神庙是多立克式的，但比较粗糙和原始，特别是位于末端的神庙虽然有着希腊多立克所有的细节，但却没有应该具备的优雅和品味；它们似乎都是用同一种材料建造并风化而成。我们在周边的小镇和海岸发现了相当数量的这种石材。”[04]看得出来，索恩似乎并不像皮拉内西那么推崇帕埃斯图姆，对其粗蛮强悍的非常规审美有所疑虑。不过他对风格的工艺、材料来源有意识的思考，却是难得。考察的成果之一就是索恩设计的一个精美的带有穹顶的狗舍。其设计像一个神庙，上部中间是一个双层的穹顶，横饰带上雕刻着狗群，很是有趣，下部体块的外墙装饰有索恩在帕埃斯图姆研究过的无柱础的多立克柱式。整个建筑比较厚实，也不失华丽(图3)。将粗犷的希腊神庙风格移植到较为平民化的建筑类型以作实验，可见索恩并没有彻底否认这一美学。更进一步的实验是索恩于1798年为一位旅行同伴亨利·格雷斯沃尔德·刘易斯(Henry Greswold Lewis)设计的位于英国沃里克郡莫尔文庄园的帕埃斯图姆谷仓(Barn à la Paestum)(图4)。其屋顶是希腊神庙式的三角双坡，下面是中楣，横梁为木制，支撑起屋顶的结构是一组怪异的成对砖柱，其多立克柱头非常粗豪。这个谷仓是索恩对帕埃斯图姆的较为完整的再现，所以名字也挂上了帕埃斯图姆字样。不过，多立克双柱的使用也与皮拉内西的《宏伟的桥梁》一画有关。另外一个相关的案例是第二年他与甘蒂一起创作的获奖作品“凯旋桥”的修改版设计。这个凯旋桥的设计无疑就是以《宏伟的桥梁》为底版，索恩把一层拱间的双柱去掉，把二层的希腊多立克柱式做了更为复杂的变化(特别是柱子与墙体的不同结合)(图5)。[05]当然这两座桥的整体样式都来源于帕拉第奥在《建筑四书》中收录的一座其本人设计的古典风格的石桥。这座带柱廊的桥“设计极美”(帕拉第奥自诩)，来自帕拉第奥对台伯河上的圣天使桥以及弗拉米尼亚大道上的里米尼桥等古代石桥的研究。索恩在1810年第三次英国皇家学院演讲中专门提及在建筑内部使用圆柱的远古传承，“我们在帕埃斯图姆的其中一座庙宇中有一个非常独特的例子——赫拉一世神庙(或称巴西利卡)”。[06]索恩甚至直接将帕埃斯图姆的一些神庙立面移植到建筑设计里来。1827年，索恩为约克公爵在圣詹姆斯公园里设计了一个陵墓的入口(图6)。其四柱门廊与赫拉二世神庙立面山花以及下面四根柱子这部分几乎如出一辙。

04 John Wilton-Ely. Piranesi, Paestum & Soane[M]. Múnich: Prestel Verlag, 2013: 84.
05 同上，第88页。
06 同上，第94页。

(图2)

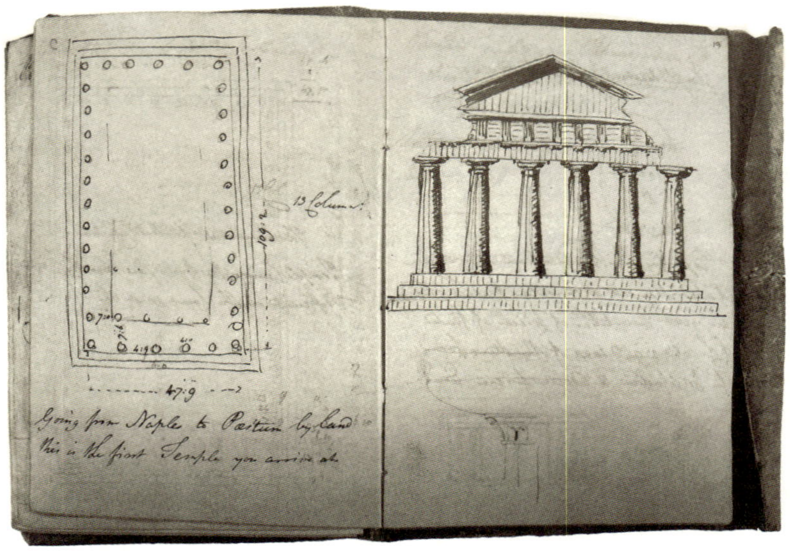

索恩考察帕埃斯图姆的速写本，雅典娜神庙平面与立面，1779年

(图3)

带有多立克柱式的狗舍，索恩

索恩的矛盾态度 皮拉内西对索恩的启迪颇多，但是索恩对他的态度却非一味推崇，还曾公开对皮拉内西表示了批评。索恩1806年被任命为皇家学院建筑学教授时说道：“他对古代建筑遗迹毫无了解，沉浸在这些放纵和异想天开的组合里令人毫不意外。他将一生投入到古典艺术的怀抱，沉浸在对古罗马宏伟遗迹的沉思之中，一直观察它们崇高的形象和伟大的组合。他举过无数的例子，来表达他是多么真切地感受到这些建筑崇高朴素的价值。也正是他，面对如此多的古典建筑的例子，被复杂的细节、不确定的线条以及古典主义多样的形式所迷惑，令人难以置信。但，这就是皮拉内西。”[07]这一批评表现出索恩的矛盾心理。他在皇家学院授课时会用皮拉内西的作品作为素材，但这一个人偏好却与教学体系所需要的理性与逻辑相冲突。毕竟，皮拉内西的作品本质上是对规则的挑战。他的那些奇幻、诡异的画风并非手法或审美风格的另类选择，而是对理性思维模式的冲击。这与固守道德秩序的学院教学之间存在着根本的不协调。虽然在公共场合索恩对皮拉

07 同上，第92页。

(图4)

位于沃里克郡莫尔文庄园的帕埃斯图姆谷仓，索恩，1798年

(图5)

凯旋桥设计，索恩，1799年

(图6)

为约克公爵设计的陵墓入口，索恩，1827年

内西颇多微词，但行动上却无法摆脱皮拉内西的“精神控制”。在其私宅兼博物馆中，索恩毫无顾忌地将皮拉内西在《监狱》里营造的幻觉空间和《罗马古迹》中那些巨大的地下墓穴的场景糅合在一起。一个三层高的空间，里面设置了各种圆拱、拱廊，墙上、地上放置着各种古代雕塑、浮雕、铸件、装饰品、画作，顶部有一个穹顶，光线从上面射下来，俨然一座刚刚被考古发现的古罗马墓穴。索恩在屋里放置了一些透明或者彩色的玻璃、镜子，对屋顶洒下的光线加以折射，那些幽深光线之下的古物由此呈现出难以言表的质感，仿佛身处1000多年前的原始现场(图7)。索恩如此描绘其中的早餐厅：“从这间屋子可以看到纪念碑中庭和博物馆，顶棚上的镜子与地上的落地镜，加上各式各样的物品，与这块小天地的装饰和设计协调地搭配起来，所有这一切营造出一系列幻想的效果，从而创造出一种建筑的诗意。”[08] 这个私人博物馆与索恩1830年的英格兰银行鸟瞰剖透视（甘蒂绘制）颇有相似之处。如果说前者来源于皮拉内西的古墓题材的版画，那么后者俨然出自皮拉内西所画的哈德良离宫或者戴克里先大浴场等古建筑群的遗址景象。大片的残垣断壁、坍塌中的穹顶（最右边紧临街边的股票大厅的穹顶就是索恩设计的）、裸露的骨架，充满了古罗马的废墟感(图8)。索恩毫不讳言这张画与皮拉内西的联系，说道：“我认为这个空间如果需要一部楼梯，那也只能是皮拉内西在奇妙的监狱梦中所描绘的那些《监狱》里的黑色楼梯（Carcerian dark Staircases）中的一个。”[09]

08　罗宾·米德尔顿，戴维·沃特金. 新古典主义与19世纪建筑 [M]. 邹晓玲等译. 北京：中国建筑工业出版社，2000：198.
09　John Wilton-Ely, *Piranesi, Paestum & Soane*. Múnich: Prestel Verlag, 2013: 97.

（图8）

英格兰银行鸟瞰剖透视图，
索恩（甘蒂绘制），1830年

（图7）

林肯因广场房间穹顶区的景象，索恩，1780年

二、亚当兄弟与皮拉内西

亚当兄弟 英国国王首席建筑师苏格兰人罗伯特·亚当（Robert Adam，1728—1792）和其弟詹姆斯·亚当（James Adam，1732—1794）来自一个建筑师家庭，他们的父亲是18世纪上半叶苏格兰著名建筑师威廉·亚当（William Adam）。老威廉在1748年去世时已经建立了相当大的企业，业务包括石场、木场和钢铁厂，并在法夫的布莱尔亚当购买了地产。老威廉去世后，罗伯特和詹姆斯的家人们决定，两兄弟应该去意大利进行“大旅行”，在对古代建筑进行系统研究的基础上寻找新的建筑理念。罗伯特早年在苏格兰的设计风格多样，可以看出他有开放的思维。首先，他将父亲老威廉的设计模式与新帕拉第奥风格的基本几何形式结合起来，随后又将范布勒（Vanbrugh）、霍克斯莫尔（Hawksmoor）等巴洛克建筑师擅长的强烈雕塑感和纹理表达整合进来。1754年10月，罗伯特启程前往意大利，在佛罗伦萨见到了建筑师查尔斯-路易斯·克莱里索（Charles-Louis Clérisseau）。接下来的几年里，这位罗马法兰西学院前顾问在学院最新的学术领域、考古发现和理论论争等方面对罗伯特进行再教育，同时训练其如画风格的构图以及组织装饰语言的手法。更重要的是，克莱里索还为罗伯特搭建起与罗马艺术界的联系，其中就包括皮拉内西。

（图9）

幻想建筑作品，皮拉内西，18世纪40年代晚期

（图10）

幻想建筑作品，皮拉内西，1755年

(图11)

蒂沃利的哈德良离宫残留拱券，罗伯特·亚当，1756年

(图12)

《罗马古迹》卷首图中的罗伯特雕像(右下)，皮拉内西，1756年

亚当兄弟与皮拉内西 亚当兄弟与皮拉内西相遇后迅速建立起深厚友谊。亚当兄弟成为皮拉内西的主顾，而皮拉内西在书中亦多次提及罗伯特以示友好。并且，詹姆斯的英国国会大厦的设计被皮拉内西用来支持他在1765年出版的《观察建筑》(*Observations of Gio. Battista Piranesi on the letter of M. Mariette to the authors of the "Gazette Litteraire de l' Europe"*，简称《观察建筑》)中论述的关于折衷主义的理论。罗伯特在1755年6月第一次见到皮拉内西的时候这么评价他："(皮拉内西)性情固执，不接受任何指导，他的语言表达很不得体，激烈且不可思议，威尼斯人的特点从他身上都能找到，没有任何东西是令人能愉快接受的，与他在一起的每一刻钟都令人厌烦。"而这一负面评价随着他们的不断熟悉转变成了赞赏认同："皮拉内西是我见过的最不同寻常的朋友，我们很快变得亲密。当我们刚见面时，他以为我和那些喜欢古物却缺少知识的英国人一样，但他看了我的一些草图，非常高兴并说我比曾经在意大利的那些英国人更具有建筑高贵艺术的天赋。"[10] 皮拉内西的激进思想深刻地刺激了罗伯特。在给家人的信中，罗伯特描述了皮拉内西的模式蛊惑人心的作用："我以前从未见过，他对寺庙、浴室和宫殿的与众不同的设计注入了如此惊奇巧妙的想象……任何建筑爱好者都会深受启发……他和我说只要我愿意，他很高兴为我创作，他为我画了两幅既奇妙又聪明的画。"[11] 罗伯特后来携这两幅皮拉内西为他创作的奇幻画作回到英国。数十年后，索恩从亚当的收藏品中获得了这两幅画。一幅是未完成的草图，画的是一座具有复杂弧形柱廊并由数个方尖碑簇拥的纪念碑式建筑(图9)。红色粉笔绘制的底稿，部分用棕色的墨水明确，像是皮拉内西18世纪40年代后期的作品，那个时候皮拉内西继承了提埃波罗(Giovanni Battista Tiepolo)的"变形透视"风格，并混合了最新接触的罗马古物的启发。另一幅画的是一组巨大的连续拱券构成的城市空间，高处有些神庙，低处放置着奖杯亭一样的雕塑，空中弥漫着蒸汽(图10)。画中景象应该是对古代罗马的想象。而其似户外又似室内的空间模糊特性与皮拉内西早期的《监狱》又非常相似。它用钢笔和棕色墨水绘制，并用红色、白色粉笔涂抹，其狂放不羁的笔触接近皮拉内西18世纪50年代中期的画作。无论这两幅作品的具体创作日期和内容到底为何，它们都展示了一种来自古罗马的雕塑与宏伟建筑相簇拥的建筑与空间风格。这一风格有着强烈的幻想性，影响了当时法兰西学院的一大批人。克莱里索甚至要求罗伯特在熟悉他教导的基本绘图术的基础上发展这一风格。受到皮拉内西的启发，罗伯特的兴趣与绘图风格都发生了变化。他们例行的写生考察选择了皮拉内西画过的蒂沃利的哈德良离宫，并且罗伯特不再耽于折衷主义(以中世纪与帕拉第奥的古典主义为主体)的精细唯美，而开始关注古代罗马建筑结构的组成形式和光的情感属性。他为研究蒂沃利的浴场遗址拱券所绘制的画(图11)与皮拉内西绘制的同一场景的风景画颇为相似，并且更为朴素写实。罗伯特与皮拉内西的密切关系也体现在皮拉内西的一些重要出版物中。1756年，皮拉内西在《罗马古迹》的序言中对当时罗马建筑行业的狭隘观点进行了谴责。在这一点上，他觉得罗伯特这位年轻的苏格兰建筑师与他志趣相投——两人都认为考古学不是单纯的猎奇，其中蕴含着创造力潜能，对设计有所激励，并且它还能解决实际的技术问题。皮拉内西在他1756年出版的《罗马古迹》第二卷(墓葬主题)卷首图阿皮亚大道(Via Appia)的前景处放置了一个刻有罗伯特头像的纪念碑(图12)。这是一幅前所未有的古罗马墓葬大道的图像，道路两旁密密麻麻地堆积着古代的雕塑、浮雕、铸件、缩小的神庙，震撼人心。道路左侧的前端放在地面上的就是罗伯特的半身胸像，看似一个罗马帝王。其左侧是另一位苏格兰画家艾伦·拉姆齐(Allan Ramsay)，形象近似一个希腊青年。[12]《罗马古迹》皇皇四卷本凝结了皮拉内西的巨大心血，是他关于古代罗马研究的集大成之作，也是其代表作品之一。这段时间里，皮拉内西正在创作一幅巨大的古代罗马平面图，原本打算作为《罗马古迹》的组成部分，将它献给罗伯特，后来他将其分离出来，这就是1762年出版的《古罗马战神广场》中著名的《战神广场平面图》。在18世纪50年代，皮拉内西陷入"希腊罗马之争"时，《罗马古迹》与《古罗马战神广场》都是至关重要的论战"武器"——两者对后世影响巨大。《战神广场平面图》左上角的牌匾上有两个图徽，右边是皮拉内西与罗伯特的侧面头像前后叠在一起(罗伯特在前)，旁边刻着两人的名字，左边是文艺女神缪斯全身像，手里拿着一幅某宫殿的平面图(比较接近屋大维宫)，下方刻有献给罗伯特的铭文(图13)。罗伯特现存的草图显示，他参与了这一作品的创作。[13] 1760年6月，詹姆斯在兄长罗伯特离开意大利回到英国后出发前往意大利，开始自己的"大旅行"。他在威尼斯见到了克莱里索，

10 Fleming John. Robert Adam and his Circle[M]. Edinburgh & Rome:Harvard University Press, 1962:166.

11 同上，第167页。

12 苏格兰画家拉姆齐在1755年曾发表过一篇《关于鉴赏力的对话》，其中论述了与皮拉内西论战对手勒罗伊类似的观点，即罗马建筑起源于希腊，且希腊建筑又发源于埃及。

13 J. Fleming. "An Italian Sketchbook by Robert Adam, Clérisseau, and Others," *Connoisseur*, 1960, 46: 186-194.

Tab. V.
ROBERTO·ADAM
ARCHITECTVRA
ICHNOGRA
CAMPI·M
ANTIQVAE
IOANNES·BAPTISTA·PIR
IN·SVI·AMORIS·ARGVM
D·D·
Regula Palmorum MCC
Nymphaeum Neronis
MONS VATICANUS
Cryptoporticus aestiva
PORTICUS
Stagnum Neronis

《古罗马战神广场》平面图上献给罗伯特的牌匾，皮拉内西，1762年

(图14)

英国柱式柱头细节，詹姆斯·亚当，1762年

(图15)

伊特鲁里亚风格的更衣室，罗伯特·亚当，1775年

两人一起游览了威尼斯，并在翌年抵达罗马。詹姆斯在罗马的这段时间里潜心研究"英国式"柱式（British Order）。他试图"拒绝一切规则，关注'变化中的变化'。对建筑外观而言，一个经过恰当处理的高低错落与形体凸凹的设计，可以实现一种优雅的远观效果"。[14]詹姆斯在柱头上雕刻了象征英国皇家的狮子和独角兽(图14)，这一作品后来收录在詹姆斯1778年的著作《建筑作品》(*Works in Architecture*)中。皮拉内西在《观察建筑》中提到了詹姆斯的这个英国柱式的设计，他以此柱式作为关于装饰论争的出发点。

亚当兄弟与"希腊罗马之争" 皮拉内西对于古代建筑遗迹的兴趣影响了罗伯特。他在1754—1758年旅行过程中考察了位于斯普利特（Split）的戴克里先宫殿（Diocletian' s Palace），并在1764年出版了他个人的第一本装帧华丽的著作《达拉马提亚斯普利特的戴克里先宫殿遗址》(*Ruins of the Palace of the Emperor Diocletain at Spalatro in Dalmatia*)。他也曾去过赫库兰尼姆（Herculaneum），后来因为旅行资金耗尽，被迫放弃了考察希腊的旅行计划。不过詹姆斯·斯图尔特和尼古拉斯·雷维特1751—1755年访问希腊的旅行已经流传甚广，两人出版的《雅典古迹》将希腊研究成功地应用于伦敦的许多大型建筑和乡村住宅中。与皮拉内西坚定的罗马立场不同，亚当兄弟无意在希腊与罗马两种风格之间作出选择。他们一方面认同皮拉内西所说的伊特鲁里亚人优先于希腊人对罗马产生影响，另一方面也不否认希腊的影响。所以，罗伯特能够与皮拉内西一起深入考察罗马古迹，同时也"为希腊风格的传播摇旗呐喊，并且十分得意于他们'在整个系统中引入了革命'"。[15]在他们的一本书的扉页图上，智慧女神密涅瓦（Minerva）在向一个建筑学生展示一幅地图，她的食指指向希腊，拇指却指向意大利。虽然亚当兄弟对皮拉内西充满敬意，但是仍然不太理解他对帕埃斯图姆的热情。詹姆斯见到帕埃斯图姆时，并不欣赏帕埃斯图姆粗犷的希腊风格。而罗伯特第一次访问帕埃斯图姆时就表示："看到最近被许多人谈论的被称为奇迹的著名古迹，但是，除了好奇，它们不值得花费我们一半的时间。它们是早期不优美的多立克，没有细节并且几乎不能提供好的景象。这就是帕埃斯图姆。"[16]他与那个时代许多人一样，认为这些神庙过于朴拙，比例怪异，细节粗糙，远逊于雅典卫城那些"正统"的希腊神庙。到了18世纪70年代，皮拉内西已经超越了古希腊罗马论战中狭隘的学术争论，转而提倡一种融合了古希腊、罗马、伊特鲁里亚甚至埃及等多种古代文化思想的当代风格。这种文化混同的构想与亚当兄弟一直热衷的折衷主义正相吻合。亚当兄弟曾试验性地将伊特鲁里亚的内饰风格转化为一种新的语言，将古代艺术转化为现代的表达方式。比如在1775年为银行家柴尔德和他妻子设计的更衣室内部，在墙壁、天花板、壁炉架、壁炉板等细节上，罗伯

14 德汉诺 - 沃尔特·克鲁夫特. 建筑理论史：从维特鲁威到现在[M]. 王贵祥译. 北京：中国建筑工业出版社，2005：186.
15 同上，第185页。
16 J. Wilton-Ely. Amazing and Ingenious Fancies': Piranesi and the Adam Brothers[J]. *Memoirs of the American Academy in Rome*, Supplementary Volumes, 2006, 4: 220.

特费尽心力谋求这些古代图案、元素在艺术上的统一性(图15)。这显然受到皮拉内西在1769年出版的《多样的方法》(*Diverse maniere*)的启示。书中讨论了伊特鲁里亚人的艺术成就，并且皮拉内西在序言中提出了在设计中引入古物花瓶上的绘画的问题。皮拉内西在《多样的方法》中还对艺术家作出新的定义："一个艺术家要为自己赢得荣誉或者有所成就，就不能满足于忠实地模仿古人，而应该研究古人的作品，以显示自己有发明创造的才能。通过谨慎地把希腊人、伊特鲁里亚人和埃及人结合在一起，为自己开辟一条道路，去发现新的装饰和新的方法。人类的理解力并非如此短暂和有限，如果我们对大自然进行仔细而深刻的研究，就会像古代那些伟大设计一样，给建筑增添新的魅力和装饰。"[17]这是皮拉内西对"希腊罗马之争"所做的新的答复。它较之早期独尊罗马、摒弃其余的绝对态度显然更易于为亚当兄弟接受。

17　皮拉内西的*Diverse Maniere Dadornate i Cammini*收录于皮拉内西的著作*Various Views of Rome*，1769年第33页。

三、结论

相对于令人恼火的法国同行们(许多人都是皮拉内西在"希腊罗马之争"中的辩论对手)，皮拉内西对索恩及亚当兄弟这些英国建筑师更有好感。其中的原因大概有三个。一则，18世纪的法国建筑师们对古代建筑的热情在于他们希望通过(准科学的)考古学来建构自己的体系化的建筑艺术理论。如果这一新的理论体系能够摆脱文艺复兴时期的意大利建筑理论模式的控制，那就更好。所以"希腊罗马之争"中的法国理论家[比如洛吉耶(Marc Antoine Laugier)]都倾尽全力地论证希腊作为建筑学源头的合法性，而对建筑形式的细节并不在意，就像勒罗伊公然声称他对考古测量的翔实毫无兴趣，只想描绘建筑的效果与特性。反过来，英国建筑师们对古代建筑的兴趣在于设计。他们更乐于从古代建筑中获得灵感，直接转化到自己的创作之中。他们并不介意建筑学的源头到底为何。皮拉内西虽然理论立场坚定，但是其论述方式与图像的表现都是建筑师式的，并且其蚀刻画中蕴含的历史知识、设计信息数量巨大且精细入微，这些对"创作型"的英国人有着不可抗拒的吸引力。二则，皮拉内西在1765年的《观察建筑》中改变了早期对罗马的无条件坚持，开始对基于罗马建筑的严肃规则进行反思。他开始批评维特鲁威，展示富于想象力的立面设计。比如图版中的立面上的柱式、上楣、檐口的形态都被自由处理并随意放置。装饰素材既有来自罗马(主要是晚期罗马)的建筑与雕塑，也有埃及的雕塑及石棺，还有伊特鲁里亚的和希腊的花瓶。它们全凭皮拉内西个人的审美喜好及想象力组合、混搭在一起(图16)。皮拉内西以自己为样板，建议艺术家们应该不拘一格地从各式各样的古典文化中吸取资源，谨慎整合，开辟属于自己的道路。这一思路显然合乎亚当兄弟的文化杂食秉性。可以说，他们的设计自始至终就是沿着这一方向在推进——把所有建筑风格都综合起来。即使是皮拉内西后期推崇的帕埃斯图姆风格，亚当兄弟一开始也并不认同，但慢慢也接受下来，并在1778年后逐渐将类似的希腊式手法运用到设计之中。另一方面，英国建筑师在18世纪中期发展出来的如画风格建筑理论，亦有皮拉内西的"世界主义"的色彩。他们认为环境重于建筑，诗歌、文学、绘画、历史、古迹、自然山林都要融为一体，各种建筑风格能够相安共处。如画风格对东方建筑各种元素的消化吸收，可以说是皮拉内西理论的延伸。三则，皮拉内西的废墟画中的原始自然主义气息、荒凉阴郁的氛围或是颓废感，深深地吸引了英国建筑师(这一点并不受法国建筑师欢迎)。这与那时英国的"消极浪漫主义文学"风潮甚至德·昆西(Thomas De Quincey)的《一个吸食鸦片者的自白》中的颓废派美学倾向款曲相通。这样看来，索恩诡异的私人博物馆、英格兰银行鸟瞰废墟图的出现，以及如画风格在英国大行其道，就是很自然的了。它们都不可能出现在法国，甚至意大利。

(图16)

PARERE
SU L' ARCHITETTURA.

DIALOGO.

Protopiro, e Didaſcalo.

Protop. Come, Didaſcalo! Dopo che, per la tanta pratica che avete dell'Architettura, eravate giunto a diſcernere il buono dal cattivo, in vece di approfittarvi del voſtro ſapere, anche voi volete farvi tenere per un di coloro che, quanto più credono d'intenderſi di queſt'arte, tanto meno ne ſanno?

Didaſc. Perchè, Protopiro?

Propop. Ma che diſegni ſon quelli, che vi mettete a difendere? Mi fate ricordare di quell'aſſioma del Monteſquieu: *Un edifizio carico d'ornamenti è un enimma per gli occhj, come un poema confuſo lo è per la mente.* Così diſſi al Piraneſi medeſimo, nell'atto ch'ei mi moſtrava codeſti diſegni come per qualche coſa di buono, che fuſſe uſcita dalle ſue mani.

Didaſc. Cappita! Oh voi sì, che non portate in groppa.

Protop. Oh, io amo la verità.

Didaſc. Anch'io; e poichè l'amo più di voi, perchè meglio di voi la conoſco, vuò dirvi, che il Monteſquieu s'intendeva più di Poesìa, che d'Architettura. Comprendeva, che v'erano tanti altri ripieghi per un Poeta da diſtinguerſi, ſenza ſtar a confonder la mente a' leggitori; ma non ſapeva, in genere d'ornamenti, quanto ſono ſcarſe le rendite dell'Architettura, ſe ſi proibiſce agli Architetti di raffazzonarla con altro, che con quel ch'è ſuo. E poi ditemi: un poema confuſo non ha fatto altro, che confonder la mente: all'incontro un edifizio carico d'ornamenti è quello, ch'è piaciuto per tanti ſecoli, e che or piace più che mai, credendomi, che gli edifizj non ſieno fatti per dar nel guſto ai cenſori, ma al Pubblico. Or come pone egli, il Monteſquieu, un'opera, ch'eſſendo confuſa, ſi ſolleva tutti contro, con un'opera che, ricca d'ornamenti, ha allettato ed alletta la maggior parte degli uomini? Amico, ſiate più circoſpetto nell'adottare certi proverbj nuovi; poichè, a ben peſarli, non han di bello altro che la buccia. Attenetevi a quell'antico: *L'uſo fa legge.*

C　　*Protop.*

《观察建筑》中的插图版面

文献 Literatures

皮拉内西的《建筑观》（鲁道夫·维特科威尔）（鲁雯卉 胡恒 译）

Piranesi's "Parere su L'Architettura"（Rudolf Wittkower）

（图1）

《罗马建筑的壮美》中的图版二十

01

这几张雕版画（参见文章相关配图）显示出皮拉内西一生中最重要的转折点。1761年后，当他四十岁刚出头时，其研究出现了一次危机。这里暗藏着的人们普遍关心的问题，值得我们简短回顾下整个情形。

1761年皮拉内西出版了《罗马建筑的壮美》（*Della Magnificenza ed Architettura de' Romani*），一本包含两百多页文字和38幅版画的书。该书直接针对两个对象展开辩论以表达其艺术观点：1755年出版的一篇佚名英语论文[01]，以及法国人勒罗伊（Le Roy）于1758年写的《希腊最美的纪念物遗迹》（*Les Ruines des Plus Beaux Monuments de la Grèce*）。后者首次把雅典的希腊建筑引入西方世界，这件事情有着深远的影响，导致他成为皮拉内西的重要对手。在版画的随附文本中，勒罗伊解释了建筑是希腊人所创造的，罗马建筑皆起源于此。由于罗马人仅仅是模仿者，所以他们的建筑比之希腊就是一种堕落。

这些论述与那个佚名英语作者[02]的观点相似，激起了皮拉内西的反对。在此之前他一直沉浸在纯粹的考古世界里，从未尝试任何理论思辨和评论。现在，他的回应以强烈的讽刺方式爆发出来。他的观点有三个。第一个观点是，他认为在历史领域中伊特鲁里亚人（Etruscans）是比希腊人更早的种族，他们在希腊人开始搞艺术之前就将艺术发展到一个高度完美的状态，他们在很长一段时间里是罗马人唯一的主宰。第二个观点是关于伊特鲁里亚人的天赋。皮拉内西强调他们比希腊人更有才华。他们创造了近乎完美的雕塑、绘画、数学及技艺。这可以通过他们非凡的建造得到印证，比如阿尔巴诺湖的水利工程、马克西姆下水道、水渠、圆形广场、道路建设等等。在最后一个观点中，皮拉内西强调了其美学理论：伊特鲁里亚人不装饰建筑物；其宏伟的建筑风格可以与埃及媲美。反之，希腊人在追随一种虚幻的美而不是宏伟的风格；他们关注的是装饰以及细部处理而非整体的建筑；这一理念泛滥成灾。皮拉内西认为，在罗马帝国后期，理性被放纵所取代。罗马建筑师尽管从希腊人那里吸收了很多东西，但也修正了大量的错误。[03]

皮拉内西这些版画只能在他的理论观点的背景下来理解，因为它们不仅显示了他赞许的例子，也有不少是文字所批判的与理性及宏伟相对的反例。[04]在一部分版画中出现了勒罗伊的版画。[05]皮拉内西以此为基础，将希腊圆柱和柱头与罗马的相对比，试图证明罗马建筑的优越性。他的尖刻嘲讽在图版二十（图1）中更加明显。这幅图将伊瑞克提翁神庙上的爱奥尼柱头与大量罗马柱头进行了比较，其中也包含一些来自勒罗伊的例子。希腊的柱头要承受勒罗伊的"爱奥尼式柱头，毫无疑问被当作柱式中柱头最美的"这一论断的考验。对于皮拉内西来说，画中围绕希腊柱头的两排罗马柱头是罗马的爱奥尼柱式更加丰富优美的有力证据。但在版画上他也引用了勒罗伊的一句话："罗马的爱奥尼柱头显露出（装饰性的）贫乏和（美感）缺陷。"

02

在他们的历史概念中，勒罗伊和皮拉内西仅是18世纪风潮的两个主要论述者。泛希腊（Pan-Grecian）理论首先在勒罗伊的祖国法国发展起来。对于艺术家和写作者来说，希腊的优越性成为了无可争辩的公理。以下例子可以证明这一思想趋势，如18世纪中叶最重要的著作之一，乔治的《法律、艺术与科学的起源》（*The Origin of Laws, Arts and Sciences*）[06]，以及凯吕斯（Caylus）提出的一个影响遍及欧洲的理论[07]："希腊

01　参见：（自称为）"调查者"（The Investigator），《一场关于品味的对话》（第二版），1762年。这个作者为画家亚伦·拉姆齐（Allan Ramsay）。皮拉内西在艺术理论上提出的问题从未得到过很好的解释，尽管在有关他的各种书里都能找到很多有价值的材料，比如A. 吉泽克（A. Giesecke）1912年出版的《图像大师》（*Meister der Graphik*）第6卷第20页起，以及H. 佛西隆（H.Focillon）1918年出版的《G.B. 皮拉内西》。

02　亚伦·拉姆齐不仅在希腊研究方面，在哥特时期方面也是个中翘楚。

03　（《罗马建筑的壮美》）第62章："建筑师开始接受希腊的怪念头"。第58章：罗马人运用希腊（的内容）"经常是一时兴起、非理性的"。罗马人"在他们自己发现的希腊建筑上修正了很多的瑕疵"。

04　例如第67章中关于柱头上海豚的部分。

05　可以说，勒罗伊作品中的一页很迷幻地嵌在皮拉内西的雕版上，并冠以出自勒罗伊原文的标题"希腊最美纪念性建筑物"（Les plus beaux Monuments de la Grèce）。

06　法文第一版，1758年。引自英文版，爱丁堡，1761年，第二册，201页。

07　《古物集珍》（*Recueil D'ANTiquités*），巴黎，1752–1767年，第一卷，第 IX、119页等。

人使艺术在罗马达到极致，在那里没有什么比信仰更耀眼，在长时期的野蛮斗争后，他们最终焚化为帝国的灰烬。”从希腊到罗马的衰退是针对一个更大的背景而言的：艺术的旗帜从一个帝国传到下一个帝国，在半路上发生了质变。埃及艺术的实质是“宏伟”（grandeur），这个传统从埃及传到伊特鲁里亚，“宏伟”被加上细部；然后从伊特鲁里亚又到达了希腊，建立在早期文明的成就之上，艺术家们获得了“更加高贵的优雅”。[08]

因此，甚至凯吕斯都接受了伊特鲁里亚学家提出的伊特鲁里亚文明是一伟大文明的历史观点。那些学者如同民族主义者一样，展示意大利土地上文化的古老、辉煌和连续性。但凯吕斯并不像他们那样认为伊特鲁里亚艺术是制高点。他认为那只是发展的初期阶段，希腊人使之更为出色。尽管有些奇怪，但对伊特鲁里亚艺术的研究起源于一个苏格兰人，托马斯·邓普斯特（Thomas Dempster）。[09]在18世纪，越来越多的意大利学者被他们祖先的历史深深吸引。伊特鲁里亚研究院和博物馆建立起来了；实地调研在伏尔泰拉（Volterra）、科内托（Corneto）和丘西（Chiusi）等地开展起来；数不清的卷轴写满了伊特鲁里亚艺术的财富。这场伊特鲁里亚复兴运动中的杰出学者是 A. F. 戈里（Gori）、G. B. 帕西利（Passeri）和 M. 瓜纳西（Guarnacci）。皮拉内西主要引用了高利和帕西利的文字，但似乎瓜纳西才是他真正的诱因。他在罗马待到1757年，1743年之前为红衣主教雷佐尼科服务，后来为教皇克雷芒十三世效劳。后者与皮拉内西的亲密关系人尽皆知。[10]瓜纳西的学术著作[11]出现于皮拉内西的《罗马建筑的壮美》一书几年之后。但人们发现，所有关于伊特鲁里亚人古代文明的言论，比如其在艺术、技艺、科学技术上的创造力以及在希腊文明之上的优越性，都有大量丰富的材料支撑。

皮拉内西的美学取向也并非自己独创。从很多摘引中可以明显地看出他非常熟悉凯吕斯的作品。他接受了后者关于伊特鲁里亚的宏伟和希腊风格优雅的分析，但是颠倒了它们的价值。罗马艺术至高无上的概念源于自瓦萨里（Vasari）之后无数的意大利历史学家。瓦萨里将艺术的发展解释为始于埃及再通过希腊和罗马不断提升的过程，并经过一个黑暗时代的断裂发展到了现代。对他来说，早期阶段都在为罗马艺术的辉煌做准备。瓦萨里甚至感觉到了伊特鲁里亚艺术的特殊性，但这并没有在他的体系里占据一席之地。[12]

秉持罗马优越性理论的并不仅限于意大利艺术家和作者。威廉·钱伯斯爵士（Sir William Chambers）从同样憎恶希腊的皮拉内西那里受到鼓舞，他概述道：

> 所有倾慕罗马建筑的优越性的言论，都是很早之前就有的，那时希腊建筑还负有盛名；在安提科（Attica）的设计之后，一些建筑在英国很多地方建造起来。幸运的是，这首批样板并没有刺激更多人的欲望：经过几次徒劳的挣扎后，罗马模式获得了全面的胜利。在那时似乎并没有进一步与之对抗的必要性；那些计划再版其作品（1768年）的言论都受到了压制。但是后来希腊支持者们再次冒险回潮，并再一次威胁要夺回阵地。因此在第二版中省略掉的部分，可以认为是对这些人的警告。[13]

尽管勒罗伊与皮拉内西所处的阵营泾渭分明，他们之间原则性的障碍也看似难以逾越，但其背后却有非常重要的观点联系。他们都相信客观的法则，都捍卫建筑的理性、必然性、真实性和简洁性。这些是启蒙时期古典学说的中心观点，两个人的根源都在于此。勒罗伊的思想大抵源自柯德穆瓦（Cordemoy）[14]和洛吉耶长老（Abbé Laugier）[15]；反之，皮

08　凯吕斯很快接受了艺术以一种历史学家熟悉的规则发展的观点—历史学家把人类的进化当作世界君主政体的胜利。从希腊到罗马的衰退的观点出现在 M. 古伊斯（Guys）的《希腊文艺之旅》（*Voyage littéraire de la Grèce*）（巴黎，1771年，第二卷，第3页）和 J.F. 布隆代尔（Blondel）的《建筑学》（*Cours d'architecture*）（巴黎，1771年，第44页），以及斯图亚特和雷维特《雅典古迹》（*The Antiquities of Athen*）的前言中。

09　《伊特鲁里亚皇室》（*De Etruria Regali*），佛罗伦萨，1723年6月。在尤斯蒂（Justi）的《温克尔曼和他的同代人》（*Winckelmann undsein Jahrhundert*）中（1923年第三版，第二卷，第283页），有一个全面回顾伊特鲁里亚研究历史的章节。

10　参看前述引用的 H. 佛西隆书，第73页。

11　《意大利的起源或伊特鲁里亚历史记忆》（*Origini Italiche o siano Memorie Istorico-etrusche*），1767—1772年。

12　Vite 编辑，米拉内西（G.Milanesi），《序言》（*Proemio*），第一卷，第220页。

13　《公共建筑装饰艺术论文》（*A Treatise on the Decorative Art of Civil Architecture*），伦敦，1791年，第26页。参照劳伦斯小姐（Miss Lawrence）在这个问题上的论文，第136页。

14　《建筑或建筑艺术新论》（*Nouveau Traité de toute l'Architecture ou l'Art de bastir*），第一版，巴黎，1706年。

15　《建筑评论》（*Essai Sur L'Architecture*），巴黎，1753年。

16　尽管罗多利从未写

拉内西确实受到了罗多利神父（Padre Lodoli）[16]的熏陶，后者对还在威尼斯时的青年皮拉内西有着决定性影响。皮拉内西不仅主要的建筑理性主义立场来自他，某些观点亦然。例如希腊建筑由木而石的发展，《罗马建筑的壮美》一书某几页文字及版画沿袭了罗多利的思想。它们以不合逻辑、不合理性以及反自然的方式呈现了这一过程。

03

皮拉内西这本备受争议的书，希腊学家们不可能置之不顾，并且没人会惊讶一个法国人执笔回应了皮拉内西。1764年，马里埃特（Mariette）在《欧洲文艺公报》上刊登了一篇反对皮拉内西的文章。他的观点在本质上与同样来自法国的凯吕斯相同。但是对他来说伊特鲁利亚人是希腊的侵略者；所有能在希腊找到其源头的罗马艺术大体上都由希腊奴隶在罗马完成，并在罗马人的赞助下倒退了：“然而没有什么作品满载着无必要的、在创作的范围之外的装饰，我们为了奢华牺牲了一切，其保护者的身份走到了尽头，因而变得荒唐和野蛮。”[17]

希腊艺术在另一方面追赶着“美丽与高贵的简洁性”。这与皮拉内西对简洁和装饰的建筑风格的看法完全相反。

皮拉内西立即愤怒地回击。这表现在1765年的一张主题页、二十三页文章和九幅版画中。实际上，主题页（图2）已经包含了一个反击计划和一次进攻。更强劲的攻击工作被一个塔斯干柱式的实例“承包”了。对于皮拉内西来说，塔斯干柱式是伊特鲁里亚人的一项创造，独立于希腊柱式。虽然在我们看来很奇怪，但这场关于塔斯干柱式优点与创造力的讨论实是“希腊罗马之战”的重心。对勒罗伊和像布隆代尔这样的建筑师来说，塔斯干柱式是多立克柱式的堕落。但是，两个阵营对此并没有分得那么开。例如博学的汉卡维尔（D'Hancarville）曾在1766年出版了哈密尔顿选集[18]，尽管据传言，他作为一个温克尔曼、一个希腊学家的赞赏者接受了大量“罗马的”理论。他不仅假定伊特鲁里亚文明的古老和创造力以及伊特鲁里亚—罗马的发展，而且将这个观点应用到建筑学上面，并相信塔斯干柱式是多立克柱式的原型（model）。他问：“多立克柱式不就是希腊人加了些装饰使之看起来有些不同的塔斯干柱式么？”[19]

另一方面，罗伯特·亚当（皮拉内西的朋友[20]，其在罗马的圈子使他着实获得了很多历史教育）只承认三个柱式，“至于塔斯干柱式，只不过是个差劲的不完美的多立克柱式”。而复合式——同样一个纯罗马柱式——对他而言也是“笨拙讨厌的科林斯与爱奥尼的混合物，毫无优雅美丽可言”。[21]

这样，对每个同时代的旁观者来说，皮拉内西的主题页被其左侧两个谜一般的设计赋予了一种“时事的”品质。主题页上部出现了马里埃特的手，[22]正在给《欧洲文艺公报》写信，上面是名言：“要么用这个”（aut cum hoc）。下面是一个塔斯干柱式的轮廓，里面填充了艺术家的工具和名言：“还是用这个”（aut in hoc）——这是实践艺术家对理论家的蔑视的象征。

皮拉内西的正文包括三个部分。第一部分以“马里埃特信中对皮拉内西的观察”（Osservazioni di Gio Battista Piranesi sopra la Lettre de Mariette）为题——仅仅是他在《罗马建筑的壮美》中的论证的重复——他试图逐字逐句尖锐地反驳马里埃特。第二部分以“建筑观”（Pareresu l'Architettu）为题，采用一个朋友与皮拉内西的对手进行对话的形式。这场讨论以皮拉内西的某个设计开始。波特皮罗（Protopiro），一个严格主义者，攻击其过多的装饰，他责备皮拉内西的逻辑无法自洽，因其在《罗马建筑的壮美》一书中反对装饰。他以这些创作为由断定皮拉内西“以一种随心所欲、异想天开

过一行字，他的个人影响看起来比18世纪任何建筑理论家都更明显。我们已经知道洛吉耶在很多方面受其影响，只是作为一个法国人，他转而针对罗马并认为希腊才是最完美 [参照 J. V. 施洛塞尔（Schlosser）的《艺术文献》（*Die Kunstliteratur*）]。作为18世纪末最重要的古典理论家，弗朗切斯科·米利吉亚（Francesco Milizia）的观点也主要来源于罗多利的思想。安德烈·迈莫（Andrea Memmo）对其思想体系进行了总结，参见《罗多利式的建筑要素，基于科学的坚固性和优雅制造的技术并非异想天开》（*Elementi d'architettura lodoliana ossia l'arte del Fabbricare con solidità scien-tifica e con eleganza non capricciosa*），两卷本，左拉，1834年。

17　参见马里埃特与博塔里（Bottari）的通信，博塔里《信件集》（*Raccolta di Lettere*），米兰，1822年，第五卷第157、162、167页。马里埃特声称这封信是《欧洲文艺公报》在他未知情的情况下发表的。

18　参见《可敬的 M. W. 哈密尔顿先生关于伊特鲁里亚、希腊和罗马的文集》（*Collection of Etruscan, Greek, and Roman Antiquities from the Cabinet of the Hon. W. Hamilton*），1766年，第一卷第52、72、94、104、108页。

19　除去美学的判断，汉卡维尔关于伊特鲁里亚风格简洁性以及希腊的装饰性的思想与皮拉内西在1761年的观点一致。参照上条第147页。

20　皮拉内西把《古罗马战神广场》（*Campus Martius antiquae urbis*）献给了罗伯特·亚当（1762年），并在《建筑学》中为他的作品制作了四块图版。

21　参见《建筑作品》（*Works in Architecture*），1774年，第一卷第4页。第二卷（1779年）中，亚当认为伊特鲁利亚—罗马的接续并没有受到希腊的影响。艾希比（Ashby）[《伯林顿杂志》（*Burlington Mag.*），32期，1918年，第187页] 提到一个事实：塔斯干柱式的伊特鲁里亚源头在19世纪仍然被里弗拉（Rivoira）所反对 [《隆巴德建筑起源》（*Origin of Lombard Architecture*）]。

（图2）

《马里埃特信中对皮拉内西的观察》中的主题页

的方式工作”。迪达斯卡洛（Didascalo）站在皮拉内西一方，以令人诧异的方式为之争辩。他否认严肃、理性和对原则的坚守能达到目的——不仅是希腊建筑，维特鲁威的原则和帕拉第奥的古典主义都证明了这一点。如果把维特鲁威的原则代入其逻辑的推论，结果将是原始茅屋：“没有墙、没有圆柱、没有壁柱、没有腰线、没有飞檐、没有拱顶或屋顶的建筑”。希腊学家们、维特鲁威们、严格主义者们和纯粹主义者们所说的建筑法则并不是与生俱来的。就这样，对皮拉内西在《罗马建筑的壮美》一书中将法则套在建筑上并攻击其“异想天开”的控告被驳倒了。他争辩道，在这本书里，皮拉内西确实揭示了希腊建筑的某些基本错误，以及罗马人如何试图缓和其固有的弊端。如果有人遵循严格主义者的法则，建筑就会变得极度单调。没有了多样性的艺术将沦为泥瓦匠的手艺活。但皮拉内西所拥护的自由并不代表混乱。部分需与整体协调；装饰有其自身层次的规律，并能使整体更加优雅和愉悦（“层次和要突出的东西越多，宏伟感就越少”）。

在结尾，皮拉内西直接转向马里埃特，质问他如何保持“美丽与高贵的简洁性”（马里埃特语）而不至于把建筑学削减至“只会重复的工作”（勒罗伊语）。马里埃特所说的“荒谬和野蛮的样式”，就来自对建筑学中隐含的可能的多样性的阐述，以及以创作冲动优先。如果有人因此责备创作之丰饶，就不应只责备古代的建筑，也应该责备现代欧洲产生的一切。

在结论里，皮拉内西声称正在筹备一部新作，他所有的思想都会在其中得到进一步的表达。他将之冠以“古代欧洲艺术的进程”（della introduzione e del progresso delle belle arti in Europa ne' tempi antichi）的标题。但是它实在令人失望。因为它仅仅重复了他之前关于意大利优于希腊的旧理论，并未超越于此。

如果读者未被皮拉内西将他的不同观点协调统一的企图所误导，就不会忽略他在1761年的《罗马建筑的壮美》与1765年的《建筑观》之间的决定性的思想突破。前一本中维特鲁威拥有不可动摇的权威，后一本中古代的作者则被严厉地批评。皮拉内西试图用诡辩找到出路，他现在认为，他以前批判的那些装饰是不可或缺的。上述那些法则、理性和简单性的原理现在被无情嘲笑了。

什么导致了皮拉内西观点的改变？马里埃特信中的“美丽与高贵的简洁性”一句话指点了迷津。温克尔曼（Winckelmann）这句贴近古代的名言，在18世纪60年代初期就征服了欧洲。皮拉内西不能再忽视希腊的简洁及发展成熟的罗马建筑也有装饰特征的事实。为了保持连续性，他尝试证明：他在早期观点里暗示了，即使伊特鲁里亚的建筑也是有装饰的。[23] 因此，他转而赞赏装饰建筑并指责简洁性。尽管可能听起来有些奇怪，不过温克尔曼自己也推崇装饰建筑，在他的《古代建筑笔记》（*Anmerkungen über die baukunst der alten*）一书中，能找到皮拉内西单调性理论（monotony）的源头。温克尔曼的文章包括两个部分，分别为“本质”与“精致”（意味着“装饰”）。“本质”从属于物质，包括建筑（建造）的方法、建筑的形式（包括柱式）、建筑物的各个部分。但是一个没有“装饰”的“本质”的建筑将会变得乏味：“建筑学中的雷同与单调……都是应该谴责的”。皮拉内西一直紧跟温克尔曼，但是他并不盲从温克尔曼的结论。后者所言的装饰，尽管在理论上有可取之处，但与建筑学的衰落在历史上是一致的。[24]

但是，除了想要维护罗马建筑的愿望，皮拉内西态度的转变有其他一些更重要的理由，这只能通过其毕生的工作展开来理解。1761年之前他的活动主要在考古学上。他的出版物不涉及美学论述，主要是大量的版画图册——从16世纪起就在罗马流行的文物图书类型。在他1743年的第一部作品《建筑及其透视第一部分》中，他试图严格遵照帕拉第奥的原则，却采取了极具幻想式的方法——重建主要的古代建筑类型。他1748年出版的《共和时代与帝国初期的罗马古迹》包括了一系列与罗马有关的观察，献给他的保护者——古文物研究者乔瓦尼·博塔里（Giovanni Bottari）。说教意图的迹象第一次出现在其1753年的作品中，标题为《屋大维·奥古斯都的战利品……利于画家、雕塑家和建筑师》（*Trofei di Ottaviano Augusto… utili a pittori scultori ed architetti*）。在1756年的《罗马古迹》中——四卷本都包含了海量的罗马古迹——他表达得更清楚：在前言里，他陈述其意图是将罗马人的伟大遗迹发扬光大，以增益于业余爱好者和建筑师。《罗马建筑的壮美》尽管是一部历史作品，但是仍然以其论战式的优点贯彻了全面说教的目标。他以此展示了对于实际的建筑需求越来越大的兴趣。[25]

但是他的天赋并没有一直锚定在《罗马建筑的壮美》中论述的古典理论上。当他想挥洒灵感时，就遁入一个寻常建筑（every-day architecture）之外的领域。他1750年的《监狱》是一个毫无传统建筑形式的充满想象力的创作，不遵循任何既有的规则。

马里埃特——他熟知皮拉内西对奢华感的兴趣——执念于将《罗马建筑的壮美》中的版画作为证据，而忽略了仅仅从蚀刻画中并不能推导出作者的美学理论这一事实，[26]断定皮拉内西主张“荒唐而野蛮的样式”。而那个时期显然并非如此。直到《建筑观》出版时，皮拉内西的理论视野发生变化，马里埃特的评论才得以成立。《建筑观》里表达的反维特鲁威、反古典主义的观点现在不仅符合他之前雕刻的大部分建筑的特征，也符合他对那些古迹的理解。

22　这可能为了指出马里埃特信中 sinister（意为“左边的、凶恶的”）意图。

23　皮拉内西的正文附图有三幅是他在伊特鲁里亚地下室内发现的装饰（图3）。其中第一个标题是“分析在科内托附近的古伊特鲁利亚地下的不同线脚和绘画”。下面是讽刺性的标签，“历史难题适于裁缝。伊特鲁里亚和希腊人创造了这些种类，它们在科尔内托和丘西被雕刻出来，由皮拉内西在托斯卡纳发现”。

24　“古代的起源”等概念的历史是温克尔曼思想的基础，参照潘诺夫斯基（Panofsky）《理念论》（*Idea*）（1924年，第92页）、《十字路口上的赫克利斯》（*Hercules am Scheidewege*）（1930年，第174页）。在康德（Kant）的《判断力批判》（*Kritik der Urteilskraft*）中，差异被固化了，其中“纯粹美”（reine Schönheit）对于“依存美”（anhängende Schönheit）的超越性使主体处于“先验”（priori）的争论中。

25　瓦尔波（Walpole）合乎情理地同意这个趋势。在对《英格兰绘画趣史》（*Anecdotes of Painting in England*）第四卷的宣传中，他建议那些品位优美过头的英国建筑师去学习“皮拉内西关于崇高的梦想，他在罗马的辉煌过去后仍构想它的愿景。他像萨尔瓦特·罗沙（Salvator Rosa）一样野性，像米歇尔·安格鲁（Michael Angelo）一样凶猛，像鲁本斯（Rubens）一样豪放，想象一下震惊着几何学并在印度也难以实现的场景。他在桥上累建宫殿，又在宫殿上建庙宇，山一般的庞大建筑缩小了天空的比例。多么大胆的品位！野性中存在着何等的庄严！他的粗犷与细节中暗藏着何等的劳作和思想”！

26　马里埃特同样被新古典“发现者”们著作中的标准模式所误导，其中包括以教诲为目的的学者著作随附的一系列雕版画。勒罗伊和斯图尔特、雷维特、罗伯特·亚当、克莱里索以及其他人都证实有同样的两个意图：传播知识，以及为艺术的进步服务。对于这些建筑师和写作者来说，他们的古代建筑研究与他们的美学信念息息相关。

(图3)

《马里埃特信中对皮拉内西的观察》中关于伊特鲁里亚装饰的插图

他对建筑的新观点不再适合通过古代建筑的版画来阐述。他使用了自己的设计创作，目前看来与他自己的理论全然吻合。有些版画被波特皮罗和迪达斯卡洛谈及，那些确实比皮拉内西其他作品更惊艳，它们的幻想性意象(图4~图6)很好地印证了钱伯斯的《市民建筑论》(*Treatise on Civil Architecture*)(1791)中对皮拉内西性格的描述。它们展示了覆以丰富装饰的纪念建筑的剖面。所有维特鲁威—帕拉第奥严格主义者的规则都被扔在脑后。它看起来没有和谐的秩序；没有柱上楣构，没有檐口；没有传统位置上应有的模制线脚；雕塑像建筑要素一样被使用(如皮拉内西自己在《罗马建筑的壮美》正文中谴责的)，随意地分布在整个建筑上。他的选择动机来自罗马人，并主要来自罗马晚期的建筑与雕塑，来自埃及的雕塑和石棺，来自伊特鲁里亚和希腊的花瓶。他展示了古代的全部遗产是如何用来发展新的多样性并提升创造力的。

其中四个设计作品中的建筑上刻有题铭，皮拉内西的意图以格言警句的形式显露出来。第一个[28]引用自泰伦斯(Terence)的《宦官》(*Eunuch*)：了解自身而不究查古人所做且今人亦能之事，可谓理智。[29]这是为同时代人创作的独立性做辩护。接下来引用了奥维德(Ovid)《变形记(十五)》(*Metamorphoses*)的一句：造物者总在推陈出新。大自然一直在自我更新，从陈旧中创造新的形式，因此人类也应该如此。第三个铭文是勒罗伊的一句话，我们已经听过了，反对照本宣科地复制古代艺术："除复制外别无他法，是对庄严的艺术不公正的对待。"这可以在以幻想代替模仿的设计中找到例证。最后一句题铭中，所有论战的辛酸爆发出来，皮拉内西很自我地宣布：他们轻视我的新奇，我轻蔑他们的胆怯。[30]

因此，皮拉内西宣称自己喜爱新奇，即是喜爱对古代模式的自由转译，而不是如实的翻译。他的《建筑观》再现了从考古学

27 "一个有名气的意大利艺术家的品位和恣意的想象力通常都很不错，而他们在纸上的构图效果却很难与之相称，尽管他们被称为建筑师，却对结构和计算一无所知，对可居住结构的设计没有涉足，执行实际项目的方式也很欠缺。笔者听说，一些法国学院派门客在罗马指控他(皮拉内西)发表的作品构思复杂，缺少计划，这种指控毫无根据。"在皮拉内西的作品中，并不存在这种规划。假如这不是时代错误——钱伯斯于1755年离开意大利——我们可以推测他参照了与图4~图6相类似的设计。

28 第一版中，这些图版没有编号。它们的排列顺序看起来与我们现在依据的这个有编号的版本十分不同[参照英国建筑师皇家学会(Royal Institute of British Architect)的副本]。

29 皮拉内西对拉丁文的知识从他用 vas 代替了 vos 可见一斑。

30 出自塞鲁斯特(Sallust)"In Iugurt"："我鄙视新颖的玩意，它们毫无价值。"(Novitatem meam contemnunt, ego illorum ignaviam.)

(图4)

《马里埃特信中对皮拉内西的观察》中想象的宫殿立面的插图

(图5)

《马里埃特信中对皮拉内西的观察》中想象的宫殿立面的插图

(图6)

《马里埃特信中对皮拉内西的观察》中想象的宫殿立面的插图

到富有想象力的艺术有意识的过渡。在这样一位革命性的现代主义者手中，考古素材变成了武器。

但是皮拉内西的观点并非曲高和寡。现今很多人都攻击那些严格遵守古代规则的抄袭者，并推崇多样性及对古迹个性化的转译。即使如布隆代尔这样的传统主义者——尽管并非全心全意——也转而反对古典教条，即艺术由可被教授的规则组成，比如他曾说"有时我们必须战胜规则，从不偏离常规就会面临枯燥乏味的风险"。[31]其他人更加直言不讳。亚当兄弟声明古代的大师自己也没有恪守陈规："规则经常束缚了天才并限定了大师的灵感。"天才只需要自我的认可，自由自在地"通过众多作品以新奇和丰富重铸古代的美好精神"。[32]这些观点完全与皮拉内西一致。在法国，克莱里索出版他的尼姆(Nimes)古迹时附上了这个挑战："依从相同的工程规则去学习古人，需擦去毁坏我们作品的屈从和模仿的痕迹。"[33]

在这些写作中——以及皮拉内西一个更晚些的作品中[34]——"天才"(genius)一词在18世纪出现了新的含义。皮拉内西和他的同道建筑师们参加了一个世界范围内的运动，号召鼓励创造力并解放个性的发展。

艺术家作为创造者这一新概念在18世纪从英格兰开始传播到整个欧洲。早在1711年阿迪森(Addison)就反对基于规则——那些"仅仅通过自然因素的力量而非经由艺术和学习"[35]而产生的天才作品中蕴含的规则——的模仿性艺术。温克尔曼用他著名的格言表达了抄袭铁律："我们若想变得伟大，假如可以模仿，就去模仿古人吧。"[36]当皮拉内西和其他人[37]想要一

31 同上条，第一卷，第132页。

32 同上条，第一卷，第6页。对于古人也曾打破规矩的想法，参见皮拉内西在《战神广场平面图》(1762年)中给罗伯特·亚当的献词："'观察者'发现自己并没在现代创造出更多的东西，古人也曾反对严苛的建筑法则。"

33 《法国古迹》(*Antiquités de la France*)，巴黎，1778年，第12页。

34 参见下条。

35 参见Hans Thüme, *Beiträge zur geschichte des geniebegriffs in England* (Halle Saale, M. Niemeyer, 1927); B. Rosenthal, *Der Geniebegriff des Aufklärungszeitalters* (Emil Ebering, Berlin, 1933), p.15.

36 《关于绘画和雕塑中效仿希腊的思想》(*Gedanken über die Nachahmung der griechischen Werke in der Malerei und Bildhauerkunst*)，1755。

37 比如汉卡维尔说道：在每一种艺术中，好

的模型通过激发想象力让思想获得新生(参见注释18所引书籍的前言)。类似的观点可见海诺德(Reynold)的"原创性来自模仿"(演讲二，1905年版，第22页)，参见 E. 温德(E. Wind)《人文主义和英雄主义群像》(Humanitätsidee und heroisiertes Porträt)，《圣经简述》(*Vorträge der Bibl*)，瓦尔堡，1930年1月，第181页。

（图7）

波波洛圣母教堂立面，皮拉内西设计

（图8）

教堂祭坛设计草图，皮拉内西绘

个历史知识的坚实基础以证明个体自由的合法性时，其结果只能是古代遗产。从这里到德国人构想的浪漫的天才概念——“合乎天然非全然来自天才不可”[38]——其间还有很长的一段路。但是皮拉内西在这个方向上比同代人走得更远，因为他强烈的意念和格外炽热的感情。

我们回到皮拉内西的设计。必须说，尽管他否定严格的法则，但他也不赞同完全的自由。并且这些法则（之前已经提到）对部分和整体的和谐、装饰的凸显及等级之类的事情的思考都非常含糊。不过有一点是确定的：他自己设计依据的原则从来都不是新的。在探寻原创性的过程中，他无意中发现了一种根植于意大利精神的方法。他颠倒了建筑整体结构和单一部分的传统含义。山花（pediment）一般是建筑结构强调的重点，但是被皮拉内西降格为一个装饰性的细部；装饰用的框架反而变成了结构的特性；一个建筑元素被置于另一个的前面，建筑的不同层面混在一起，诸如此类；同一行柱子的柱身凹槽刻得也不一样，并且不杵在柱础里而放在有边框的面板（framed panels）上；甚至本应向上生长的植物装饰也被倒转向下（图7、图8）。观者陷入这种矛盾的风格所造成的持续的迷惑和冲突之中。简而言之，我们面对的是一种早期风格的原则。在这种原则下，独创性和个性代替了某种16世纪手法主义的客观准则。[39]皮拉内西用其设计延续了一种传统——它曾被米开朗琪罗之后的一些独立艺术家所接受。

皮拉内西《建筑观》的创作是一项从传统束缚中解放出来的行为，它来源于伴随这位艺术家成长的那些思想。如今，他的理论观点符合他的直觉式艺术追求。[40]他的分裂人格中教条且对抗真实才华的那一部分消亡了，如今他可以自由而彻底地创作个性化作品。[41]

04

由《建筑观》建立起来的原则引领了皮拉内西后来的创作。四年之后，在《壁炉的各种装饰方法》（*Diverse maniere d'adornare i cammini ed ogni altra parte degli edifizi*）（1769年）中，他用前所未有的风格设计了一组大型的壁炉和墙饰系列（图9、图10）。这本图册还附上了一个前言和《一篇为埃及和托斯卡纳辩护的论文》（An Apologetic Essay in Defence of Egyptian and Tuscan Architecture）。[42]这里，《建筑观》的理念以一种清晰明了的形式再次展现，新的部分在于他对待希腊的态度。如今他已经摆脱了准则的束缚，也就无需再贬低它们了。他甚至接受了马里埃特的观点，即托斯卡纳人是希腊的移民——只是这一点“并未被充分证明”。“优雅和风度”成为他推崇希腊艺术的理由。他建议艺术家选择希腊人、托斯卡纳人、埃及人和罗马人的艺术，谨慎结合自己的风格，来“开启新装饰和新风格的道路”。他强调了对于独创性的需求：“向他们借鉴，不要被动地抄袭，否则可能会将建筑和高贵的艺术降格为可悲的机械。”通过学习古代艺术，人们能够展现自己是“创造性的，并且，正如我常说的那样，是创作天才”。只要不扭曲建筑，建筑师想多么古怪都可以。皮拉内西借机再度诠释了他在装饰上的观点。在重申他先前的暧昧立场之外，皮拉内西还认为所有装饰都得有一个合适的架构。这是一个古典主义者的要求。在自己的作品中，他成功地满足了这一要求，不过呈现的结果充满了幻想。

皮拉内西借着反对不利于他天赋发挥的理论规则，得以“挣脱旧式单调轨道”，向独创性转变，这也使他的好斗性缓解了很多。在晚年，他拜访了帕埃斯图姆（Paestum），并且于有生之年画下了留在意大利土壤上的希腊神庙的蚀刻画。[43]

38 参见席勒（Friedrich Schiller），《论朴素的诗和伤感的诗》（*Über naive und sentimentalischeDichtung*），1795年6月。

39 关于原则，参照作者在《艺术通报》（*Art Bulletin*）1934年和1937年上的文章。

40 所有的皮拉内西传记作者都承认这一点，当然有时也带点怀疑。贝安科尼（Bianconi）（皮拉内西首个传记作者）声称皮拉内西没有自己的理论观点，只是某个博学团体的传声筒。我希望现在的读者都会认识到这一点并不重要。

41 我们可以确认，在1764—1765年，皮拉内西收到了他一个相当重要的实践建筑委托，即在艾文廷山上的波波洛圣母教堂（the Church of Santa Maria del Priorato on the Aventine）的重建，以及教堂前广场的设计，参见W. 科尔托（W. Körte）《作为实践建筑师的皮拉内西》（Giovanni Piranesi als Praktischer Architekt），《艺术史杂志》（*Zeitschr. für Kunstgesch.*），1933年，第16页）。方案中他试图运用同时期的《建筑观》里的设计原则去解决具体的问题。

42 图册以意大利文、英文和法文出版。

43 画册由皮拉内西的儿子弗朗切斯科出版。皮拉内西在拿到出版许可的两个月后（1778年11月）去世[参见A.M. Hind《G. B. 皮拉内西，一部批判性的研究》（*G. B. Piranesi, A Critical Study*），1922年，伦敦，第3、19页]。弗朗切斯科得为版画下方的文字负责—它们显示出皮拉内西不仅没有发现多立克柱式的美，也不能欣赏这种宏伟风格本质上的希腊属性。

（图9）

《壁炉的各种装饰方法》中的插图

（图10）

《壁炉的各种装饰方法》中的插图

皮拉内西与古文物学者的想象（皮特 · N. 米勒）（李阳 胡恒 译）

Piranesi and the Antiquarian Imagination（Peter N. Miller）

（图1）

《古猴》，让 - 巴蒂斯特 - 西梅翁 · 夏尔丹，1743年，布面油画

让 - 巴蒂斯特 - 西梅翁 · 夏尔丹（Jean-Baptiste-Siméon Chardin）令古文物研究名誉扫地的《古猴》（*Le Singe Antiquaire*）（图1）甫一面世，相关图像尽皆失色。画中，古文物学家的勤勉被嘲讽为目光短浅（虽不致无知），沦为笑柄。正如让 · 塞内克（Jean Seznec）很久之前告诉我们的，德尼 · 狄德罗（Denis Diderot）举文化权威之旗反对凯吕斯伯爵（Comte de Caylus）等满腹经纶的官员时，夏尔丹即是其麾下战将。[01]在长达一个世纪的运动中，《百科全书》（*Encyclopédie*）对“博学”（erudition）的嘲讽或许已是尾声，但在先前的论战高峰中，谢克利 · 玛米恩（Shackerly Mermion）的《古董商人》（*The Antiquary*）（1640年）已令古风遗韵不再“时尚迷人”。

爱迪生（Thomas Edison）的态度比较公正：尽管创造性的行为中百分之九十九来自努力，但百分之一的灵感也不可或缺。回溯一下前现代时期皓首穷经者的辛劳工作，我们会发现不仅有赫拉克勒斯式的学术壮举，也不乏灵光闪现式的小成果——无论是约瑟夫 · 斯卡利杰（Joseph Scaliger）校订文献的壮举、佩雷斯克（Peiresc）毫不逊色的跳跃式猜想，抑或凯吕斯本人对物品的深厚感情，我们总能从中体味到不可忽略的人性，甚至“浪漫”、灵感。其实，对绘画、诗歌或盆

罐的任何复原都暗示出一种才能：想象破碎之前的整体。这种想象一定基于永无止境的研究。而这才是爱迪生此言的真意。

眼下如果用一个术语来描述欧洲古文物学，那就是“重构”（reconstruction）。非重构则古物不能再生，而这项工作——涉及文献学、考古学，甚至是心理学——正是古文物研究者的重担。在我们看来，古文物学术中不时出现的转向细枝末节、无意诠释文物本身重要性的做法令人困惑。实际上，这是我们远离真正的重构实践所致。学者们兴趣盎然地拼合老蛋头先生（Humpty Dumpty）支离破碎的遗留残片，以回到过去为最终目的。他们将历法、法典、重量与尺度、历届执政官、儿童游戏的碎片统统分类，并认为那就是过去原有的状况。仅仅为一项论证而修饰行文措辞、罗列证据，并非古文物学者所应为，它只是当历史的真义消失不再时，后人的基础整理工作。

夏尔丹之猴呈现出一片残照中的重构之举。唉，16、17和18世纪的古文物学者也只能在此昏暗中供后人凭吊。然而，18世纪中期局势有所回转时，对于此前古文物学者的实践，是否也出现了其他的理解方式和途径？这些新路数是否会烛照已有的古物研究史，且更能为“此后”汲汲于重构的现代古文物研究史扫清瘴浊？怀此雄心者，非建筑师、艺术家与古文物学者乔瓦尼 · 巴蒂斯塔 · 皮拉内西莫属。

01

我们若回顾古文物研究的历史——伟人阿纳尔多 · 莫米利亚诺（Arnaldo Momigliano）信手绘制的一片广阔迷离之海——就会发现，自文字复兴之日起，博学与想象就纠缠不已。[02]

“漫步罗马”是一则流行的人文比喻。它由彼特拉克（Petrarch）开创，经波焦（Poggio）发扬光大，并被瓦萨里奉为圭臬——他曾这样描述伯鲁乃列斯基，“凭此研究，他能打开精神之眼凝视罗马，仿佛它还未毁灭”——随后被布克哈特（Jacob Burckhardt）窃取。少年佩雷斯克1600年前后漫步罗马的轶事已是广为人知（cliché）。它更加有效地阐明了想象与博学间的联系。佩雷斯克的传记作者写道，他漫步罗马时：

> 凡他所愿，便可轻易获知祠庙、男校（Chap-Schools）、图书馆、竞技场、剧场、角斗场、赛马场、海战陈列室、音乐厅（Musick-Room）、市场、展会、谷仓、军械库、浴室、热水浴场、供水设施、桥梁、巨型塑像（Collosuses）、尖塔、柱廊、雕像以及其他万物的位置，这些都出自他研读的其他作品，并记入他随身携带的工作簿。[03]

这些学富五车的旅行者透过城市的物质废墟，看见世界之都（Caput Mundi）古罗马的光辉，想象着使这一切再度成为可能。在安科纳的塞利亚克（Cyriac of Ancona）的夸夸其谈中，碑文和考古研究正是凭借这种能力才使亡灵复活。[04]事实上，只有凭借想象，过往才能复生。所以，当西格蒙德 · 弗洛伊德（Sigmund Freud）在《文明与缺憾》（*Civilization and Its Discontents*）中重提人文主义者想象的罗马时，他已经熟练掌握隐含于想象与重构中的古今绸缪。[05]

尽管如此，人们早在15世纪末就已认识到博学与想象间的平衡嬗替。安东尼 · 克拉夫顿（Anthony Crafton）注意到，弗朗切斯科 · 科隆纳（Francesco Colonna）的情色考古小说《寻爱绮梦》（*Hypnerotomachia Poliphilii*）中充盈着求学激情和学术热望。[06]随着塞利亚克一丝不苟的绘画（经木版画的精心演绎）将古物变得大众化，科隆纳的杰作发掘出一切往事重提中的潜在想象。[07]尽管其中奇妙、天真的景象难以

01 让 · 塞内克，《随笔：狄德罗和古代》（*Essaissur Diderot et l'Antiquité*），牛津：牛津大学出版社（Clarendon Press），1957。

02 最经典的文本出自阿纳尔多 · 莫米利亚诺（Arnaldo Momigliano）所著《古典学历史研究专稿》（*Contributo alla storia degli studi classi*）[罗马：历史与文学出版社（Edizioni di Storia e letteratura）]中“古代史与古文物研究”（Ancient History and the Antiquarian）一节。参见，《莫米利亚诺与古物研究：现代文化科学之基》（*Momigliano and Antiquarianism: Foundations of the Modern Cultural Sciences*），多伦多：多伦多大学出版社，2007。

03 参见皮埃尔 · 伽桑狄（Pierre Gassendi），《崇高与优雅真鉴》（*The Mirrour of True Nobility and Gentility*）（伦敦，1657），第30页。罗伯特 · 伯顿（Robert Burton）对这类博学的幻想揶揄了一番：“您这些不可一世的批评家、文辞严谨的小丑、脚注狂人和好奇的古文物学家，以苦为乐（ineptiarum delicias）地在故纸堆中找出所有的智慧遗迹；他们糟蹋了他们取得的一切，又不便吹毛求疵，只能视之为儿戏；他们纠正那些病得不轻的人，并迷惑自己，以寻找罗马有几条街、几间房、几扇门、几座塔……罗马元老院议员曾怎样披戴穿着、行走坐立，在哪儿能找到便器。”

04 关于塞利亚克（Cyriac），参见詹弗兰科 · 帕奇（Gianfranco Paci）和塞尔吉奥· 斯科诺基亚（Sergio Sconocchia）编，《安科纳的塞利亚克和古文物研究者的人道精神文化》（*Ciriaco d' Anconae la cultura antiquaria dell' Umanesimo*），（Reggio Emilia: Diabasis, 1998）；弗朗西斯 · 斯卡拉蒙蒂（Francesco Scalamonti），《安科纳的塞利亚克最负盛名的一生》（*Vita Viri Clarissimi et Famosissimi Kyriaci Anconitani*），耶稣会查尔斯 · 米切尔（Charles Mitchell）和爱德华 · W · 博德纳尔（Edward W.Bodnar）编译，费城：美国哲学学会，1996；卡尔 · 奥古斯特 · 诺伊豪森（Karl August Neuhausen），《古文物研究和美术》（*Antiquarische Gelehrsamkeit und Bildende Kunst*）、《文艺复兴时期古文物学者之态》（*Die Gegenwart der Antike in der Renaissance*），科隆：瓦尔特 · 柯尼希书店，1996；安科纳的塞利亚克，《后来的旅行》（*Later Travels*），爱德华 · W · 博德纳尔（Edward W.Bodnar）编译，坎布里奇，伦敦：哈佛大学出版社，2003。

05 西格蒙德 · 弗洛伊德，《文明与缺憾》（*Civilization and Its Discontents*），伦敦：霍加斯出版社，1930。

06 安东尼 · 克拉夫顿，《聪明的冲突之书》（*The Bright Book of Strife*），参见《新共和报》（*The New Republic*），2000年5月22日。

07 查尔斯 · 米切尔（Charles Mitchell），《意大利文艺复兴时期的考古学和传奇》（*Archaeology and Romance in Renaissance Italy*），参见《意大利文艺复兴研究》（*Italian Renaissance Studies*），1960，455–483页。

再现，而考古小说这一形式却不乏效颦之作。

古文物研究学界认为，继热衷于祝祷水星和亡灵的塞利亚克之后，蓬伯尼奥·勒托（Pomponio Leto, 1425—1498）不仅沉浸于罗马的学问和服装，更同他的朋友们一起点亮了古罗马的节日。在他身后，下一代的杰出人物皮罗·黎戈里奥（Pirro Ligorio, 1510—1583）是教皇和红衣主教的建筑师、知识顾问，他身处16世纪中叶罗马古文物研究的核心。其遗产——一项饱受同代人争议的主题——的核心就是重构古代纪念碑。他对遗存构造、硬币和铭文的细致描绘渗透着本人对幸存片段的"完善"理念。应当将它们视作伪造还是复原？[08]霍华德·伯恩斯（Howard Burns）的判断似乎值得回味：

> 黎戈里奥的学识刻意求真，反复溯源，绝非虚言：若同以往般指其为伪造，则完全误解了他的研究方法及其与那些现代考古学家的不同之处。他着意于让文物残片和罗马废墟重归完整。欲成之，则须反复求证于相似实例，不断依样复原个别作品……其项目之注重源流、敬奉史实，丝毫不亚于现代学者。[09]

02

黎戈里奥的"案例"是我们理解皮拉内西这一难点重重的课题的绝佳切入口：学术性的视觉智慧天生不敌文本？运用学术想象以"补全"或"完善"文物的残垣断壁是一项技能，或是一桩罪行？若视之为技能，它对回溯至彼特拉克与科拉·迪·里恩佐（Cola di Rienzo）时代古文物学术（感性发轫之初）在想象与博学之间的关系能做何解释？[10]如果皮拉内西关于废墟的画作常常被视作《寻爱绮梦》的某种"黑暗"续篇，那么，又是什么使他立于这条始于安科纳的塞利亚克、取道黎戈里奥、直抵18世纪以及之后的通途之上？笔者将在本文的结尾勉力勾勒这一皮拉内西身后的脉络，并指出这种古文物研究工作方法怎样揭示了19、20世纪文学的新概念。

诸如福西永（Focillon）的传记等20世纪皮拉内西学里程碑式的著作，使人们的注意力从《监狱》和《建筑及其透视第一部分》背后的浪漫皮拉内西撤离，回到其身处时代的意大利历史语境中。[11]其他的著作关注作为新古典主义理论家、秉持罗马风格的价值对法德开战的皮拉内西，比如约翰·威尔顿-伊利（John Wilton-Ely）所著《皮拉内西的精神和艺术》（*Mind and Art of Piranesi*）。[12]这些著作都关注皮拉内西作品的内容。随着这种转变，皮拉内西的写作，特别是那些难以盖棺论定的文字，得到了更加近距离的审察，以及更为方法论的讨论。诸如《皮拉内西和文化考古》（*Pranesi e la cultura antiquaria*）（1985）、诺伯特·沃尔夫（Norbert Wolf）的随笔《罗马马戏团》（*Der Römische Circus*）（1977），以及洛拉·康托尔-卡卓夫斯基（Lola Kantor-Kazovsky）关于皮拉内西知识背景的专著（2006）等文集先后将皮拉内西置于他那个时代的论战中，并继续深究皮拉内西的诸项写作，直至其背景。[13]

皮拉内西与其他古文物学家的比较可能尚无定论，但我们对其图像的博学印象是毋庸置疑的。奥古斯塔·蒙费里尼（Augusta Monfereini）指出，皮拉内西的与众不同在于结合了当时考古学文化的所有线索：基于文献的博学、建筑师的图形样式、工程师对模型的兴趣、艺术爱好者对过去的激情。她认为，皮拉内西研究方法的标志就是他的"经验主义"。[14]相反，苏珊·M. 迪克森（Susan M. Dixon）认为皮拉内西视觉文化的关键在于他为18世纪意大利古文物研究修筑了防御工事，而当时古文物研究正依赖图像力量进行重构。特别是以弗朗切斯科·比安基尼（1662—1729）为首的严肃

08　关于黎戈里奥（Ligorio）最重要的近期著作是安娜·施罗伊斯（Anna Schreurs）的《皮罗·黎戈里奥的古文物图景和艺术视野（1513—1583）》[*Antikenbild und Kunstanschauungen des Pirro Ligorio（1513—1583）*]，科隆：瓦尔特·柯尼希书店，2000。同时参见大卫·R. 科芬（David R.Coffin）《皮罗·黎戈里奥：文艺复兴艺术家、建筑师和古文物学家》（*Pirro Ligorio: The Renaissance Artist, Architect, and Antiquarian*）（柏克校区：宾夕法尼亚州立大学出版社，2003），以及收录于《皮罗·黎戈里奥：艺术家和古文物学家》（*Pirro Ligorio: Artist and Antiquarian*）的随笔［罗伯特·W. 加斯顿（Robert W. Gaston）编，佛罗伦萨：西尔瓦娜出版社，1988］。欲知他在罗马古文物学传统中的地位，参见伊戈·霍克洛兹（Ingo Herklotz）《凯西亚诺·达·波佐和17世纪考古学》（*Cassiano dal pozzo und die Archäologie des 17. Jahrhundert*）（慕尼黑：希尔纳出版社，1999），第10—11章。

09　霍华德·伯恩斯（Howard Burns），《皮罗·黎戈里奥的古罗马重构：老尤瑞比1561年的形象》（*Pirro Ligorio' s Reconstruction of Ancient Rome: The Antiquae Uribs Imago of 1561*），参见加斯顿（Robert W. Gaston）的《皮罗·黎戈里奥：艺术家与古文物学家》（*Pirro Ligorio: Artist and Antiquarian*），第37页。然而，伯恩斯并未深入研究，以验证想象和博学间的相互作用能实现"修复"。

10　加斯顿在其《皮罗·黎戈里奥》导言（第14页）中提出并回答了第一个问题，第二个问题悬而未决（第15页）。

11　亨利·福西永（Henri Focillon）《乔瓦尼·巴蒂斯塔·皮拉内西，1720—1778》（*Giovanni Battista Piranesi, 1720—1778*）（巴黎：H. 劳伦出版社，1918）。

12　约翰·威尔顿-伊利（John Wilton-Ely），《皮拉内西的精神和艺术》（伦敦：泰晤士·赫德逊出版社，1978）。

古文物学者的作品，成为18世纪60年代早期皮拉内西考古学作品的重要范本。[15]

那时，古文物研究的是图像——是的，想象还未出现。然而，在重构过去的古文物学活动中，正是想象力将皮拉内西与其前辈区分开来。如果一切重构都需要富于想象的跳跃，那么，对皮拉内西来说，对过去面貌的追求引领他去设想无法重构的事物和过程——它们既不曾存在（事物），也无法存留（过程）。费舍尔·冯·埃尔拉赫（Fischer von Erlach）在《历史建筑纲要》（*Entwurf einer Historischen Architekur*）（1721）中解释道：我们"身处的历史想象并非仅仅依赖记叙下的知识，因为眼睛本身就能根据方案得出结论"。[16]但皮拉内西在此信仰之上增添了意大利古文物学者的研究之道。

而不论学者多么博学，这种想象却常常看似发明之举。黎戈里奥生前身后遭到的抵触即由此而生。他被尊为学者，又被讽为伪造者。皮拉内西也多遭此非议。但是这些非议针对的重构概念颇有时代"特色"。据19世纪考古学家考证，过去，既不存在于"外面"（out there），也不存在于这里所说的"地下"（under there），它只等着被发掘。前现代古文物学者早已理解了这则真理，而直到很久以后，它才被"后现代"援引。塞利亚克及其追随者所谓的"唤醒亡者"，并非清扫其周边的杂物，而是希望通过训练，让我们能更好地认识那些确实存在于四周的碎片。现代考古学的实质，恰恰是这种能力：根据数列石材想象拔地而起的建筑，根据散乱的工具想象其用途，根据断裂的骨头想象我们祖先的生老病死。如果没有将信息整合为活生生的事物的想象力，依赖再多高科技工具都于事无补。

所以，与其着眼于皮拉内西的想象力发挥作用的实例——不论是《监狱》那样的幻象，还是诸如《古阿皮亚大道》（*Via Appia Antica*）和《竞技场》（*Arena*）等作为《罗马古迹》卷二、卷三卷首插图的画作，更有考古学根据的例子——我宁愿转向皮拉内西以想象力为工具来塑造的具象重构的例子。

皮拉内西在《致罗马古文物学子的开场演说》（Preface to Students of Roman Antiquities）的开头指出，"对罗马古代辉煌遗迹进行简单的外在观察"为那些关注建筑中高品位问题的人提供了足够的素材，但他打算做的是另外一些事：不仅观察外观形状，"还观察平面和室内，用剖面和轮廓区分建筑的各部分，我躬耕数载，以最精确的观察、发掘和研究来完成这些论文，它们展示出建筑的材料甚至其构造方式，以及过去从未尝试过的东西"。[17]

皮拉内西打算如何通过"躬耕数载、以最精确的观察""调查事物的生命"[18]？也许其学术研究已经达到某种水平，能够完全将碎片转化为可理解的整体。不论皮拉内西切掉山丘的一侧，还是剥落建筑的表皮，他都不断地以精神之眼打量一切。这部分归因于考古学——来自他在发掘中获得的知识，如皮拉内西在《罗马古迹》卷三图 Ⅶ（图2）对罗马古道的解剖（即上文的阿皮亚大道）。但多数时候，比如在对亚历山大·塞维鲁（Alexander Severus）之墓（卷二，图 XXXII）（图3）的描绘中，他的横截面是根据现实推测而来的。与凯吕斯伯爵所著《埃及、伊特鲁里亚、希腊、罗马及高卢古物集》（*Recueil d'antiquités égyptiennes,étrusques,grecques,romaines,et gauloises*）（七卷本，1752—1767）中的某些考古插图相比，皮拉内西的历史图景在整体上显得更为丰富。

尽管如此，皮拉内西运用想象以完全发挥其博学的做法，也许在《罗马古迹》卷三结尾的两页插图中最为明显。这两页插图对阿皮亚大道上切契利亚·梅特拉之墓的处理脱离了对墓葬本身的描绘，其目的一开始就是去分析它如何建成。图 LIII

15　参见苏珊·M. 迪克森（Susan M. Dixon），《18世纪中期意大利的图像和历史知识：皮拉内西考古作品的一重文化语境》（*The Image and Historical Knowledge in MidEighteenth-Century Italy:A Cultural Context for Piranesi's Archaeological Publications*）（博士论文，康奈尔大学，1991）。

16　引自巴勃罗·施耐德（Pablo Schneider）《古罗马战神广场及其古代重构》（*Il Campo Marzio dell' Antica Roma und seine Antikenrekonstruktion*），参见安内利·吕特根（Annelie Lütgens）《乔瓦尼·巴蒂斯塔·皮拉内西：场所和空间绘画》（*Giovanni Battista Piranesi:Bilder von Orten und Räumen*），汉堡：汉堡艺术馆，1994，第30—31页。

17　皮拉内西，《罗马古迹》，罗马，1756，第Ⅰ页。

18　威廉·华兹华斯（William Wordsworth），《丁登寺杂咏》（*Lines Composed a Few Miles Above Tintern Abbey*），49行。

13　参见安娜·洛·比安科(Anna Lo Bianco)编《皮拉内西和文化考古：背景与文脉》(*Piranese la cultura antiquaria: gli antecedenti e il contesto*),(Roma: Multigrafica Editrice, 1985)；诺伯特·沃尔夫(Norbert Wolf),《乔瓦尼·巴蒂斯塔·皮拉内西的罗马马戏团：地标竞技场》(*Giovanni Battista Piranesi Der Römische Circus: Die Arena als Weltsymbol*)[法兰克福：费舍尔出版社(Fischer Taschenbuch Verlag), 1977]; 洛拉·康托尔-卡卓夫斯基(Lola Kantor-Kazovsky),《罗马建筑的诠释者皮拉内西及其知识世界的起源》(*Piranesi as Interpreter of Roman Architecture and the Origins of His Intellectual World*), 佛罗伦萨：Leo S.Olschki出版社, 2006。

14　奥古斯塔·蒙费里尼(Augusta Monfereini),《"罗马古迹"：聚焦皮拉内西的考古视野》(*Le'Antichità Romane, 'fulcro della Vision Archeologica del Piranesi*), 参见拉法埃·拉雷希(Raffaella Resch)等编《皮拉内西、罗马古迹、罗马景观》(*Piranesi. Antichità Romane. Vedute di Roma*), 米兰：加布里埃莱·马佐塔出版社(Edizioni Gabriele Mazzotta), 2000, 第19–20页。

(图2)

阿皮亚大道风景,《罗马古迹》卷三, 图 Ⅶ, 1756—1757年, 灰白直纹纸蚀刻画

(图3)

亚历山大·塞维鲁之墓剖面,《罗马古迹》卷一, 图XXXⅡ, 1756—1757年, 灰白直纹纸蚀刻画

首先对罗马建造工具的操作加以考察, 图 LIV 接着展示工具本身。令人惊异的是, 这两例均无皮拉内西可以借鉴的证据——他在两幅蚀刻画的图注中悉数承认。[19]

皮拉内西介绍图 LIII(图4)时解释道："每日参拜罗马的古代纪念物、检视一切细微之处, 我从这些巨石中辨别出它们建造、开方口和刻意挖空时所用的工具。"他解释说, 这些洞必定用于嵌入起重工具, 也即维特鲁威描述的 forfice 或 ulivella。石材侧面的其他孔洞尚"鲜为人知, 连我也无法辨别它们是否纯属今人开凿"。

皮拉内西在图注中继续着他的讲述："在切契利亚·梅特拉之墓的废墟中称作公牛头的地方, 我偶然看见一些巨型石灰石的碎块, 我在其中发现了——自从来到罗马以来——久久不能理解的东西。"皮拉内西接着描述这些石块, 以及它们的形状和凿痕, 并设想它们在纪念物中可能的位置。

这将带他进入核心问题：罗马工具的用途。工具本无生命, 但皮拉内西的图注使其活了过来：

> 截面 *[O]* 上可以看到石孔的形状、深度, 以及抓升钩 *[P]* 嵌入其中的方式；结成环的绳索 *[R]* 环绕石榫 *[I]* 并从抓升钩下穿过后自相缠绕 *[S]*, 将石块榫头一端的重量导入滑轮 *[T]* 吊钩, 从而得以平衡石块 *[Q]*, 进而将石块放入预定的位置。[20]

皮拉内西以此为背景描绘了用到的工具, 包括在切契利亚·梅特拉之墓等圆形结构中起吊石材的巨型起重机。皮拉内西对蚀刻画展示的过程进行详尽注释后总结道："古人为了建造符合其伟大理念的结构并使之永存, 首先学会了如何举起同样巨大的石块, 却常常任其不经加工、修饰。"但是, 任何描述都无法掩盖这一事实：皮拉内西无缘目睹罗马人用他们的工具建造房屋。于是, 皮拉内西在这幅蚀刻画中通过想象工具可能的使用方式重构了一种施工过程。皮拉内西在随后一页插图中设想了工具本身的样子。

他在图 LIV(图5)的图注中指出, 一般认为由伯鲁乃列斯基"发现"且仍在使用的 ulivella 就是维特鲁威所谓的 forfice 或 tanaglia。伯鲁乃列斯基的工具十分有用, 维特鲁威的工具"则全然不同, 甚或更易致用"。皮拉内西"仅仅"根据维特鲁威记述的细节以及对石材孔洞的观察评论道："此处我想就维特鲁威所谓的 tanaglie 勾勒出一些想法"(delineare una qualche Idea)。接着, 他描述了想象中维特鲁威式工具的形状和原理, 这些工具——尤其在规模上——是伯鲁乃列斯基工具的升级加强版。伯鲁乃列斯基怎样突发奇想地做出同样的设计——是偶然遇到了罗马实例, 还是因为罗马工具仍被工匠沿用, 抑或因为建造实践仍完好保留了足够的罗马旧法, 以供伯鲁乃列斯基及其同仁想象可能符合需求的那种工具——亦是皮拉内西悬而未决的问题。皮拉内西只是把伯鲁乃列斯基的工具置于想象中的罗马工具的一侧, 使之相形见绌。他含蓄地告诉我们, 相比之下, 现代工具实为侏儒(lilliputian)。

在之后的考古学著作中, 皮拉内西常常(如迪克森所述)在正文前用更为详尽的表格目录代替图注。但在这个问题上, 即便我们去掉文字叙述, 还是能偶尔一窥皮拉内西意识到的图景, 看到想象力和重构的补充作用。《朱利亚大道的城堡废墟》(*Rovine del Castello del'Acqua Giulia*)(1762)中的两页插图说明了水闸和水管的内部工作原理, 它们将水流导引到城堡的深处。其中图 XV、注释 VII 展示了各种"频繁出土、在罗马其他地下区域也曾出土"的水闸和板材(图6)。而提起图 XIV——主要表现水利系统内部——中描绘的一些材料时, 皮拉内西则指出, "覆面的石材纯属想象"(sono una pura immaginazione), 水闸"仅为推测"(una mera supposizione)(图7)。

19　皮拉内西的文字向来为绘画淹没, 甚至在认为其文字至关重要的今天, 图注依然遭到剔除和忽略。

20　路易斯·莱斯(Louise Rice)令我的译文免于艰涩, 特申谢忱。

(图4)

大块石灰岩和大理石起重方法,《罗马古迹》卷二, 图 LIII, 1756—1757年, 灰白直纹纸蚀刻画

(图5)

上一页插图已经展示了使用方法,《罗马古迹》卷二, 图 LIV, 1756—1757年, 灰白直纹纸蚀刻画

(图6)

朱利亚大道城堡的水利系统（纵剖面、平面和管道系统大样），《朱利亚大道的城堡废墟》图 XV，1761年，灰白直纹纸蚀刻画

对某些极其精细的罗马遗存——不管是建造工具还是水利器械——进行描述激发了皮拉内西对想象力的赤裸裸的依赖，这是巧合吗？皮拉内西似乎表明，没有想象，这些重构的实例就根本不存在。不过，皮拉内西并非想着制造奇幻，而是诚心帮助我们理解罗马世界的真实生活——这也是所有古文物学家的共同目标。

03

即便皮拉内西和前辈古文物学家一样都以重构为目的，他运用想象的意愿和能力也需另当别论。我们也许应该将皮拉内西与某位“惯犯”（温克尔曼）和某些“嫌犯”[爱德华·吉本（Edward Gibbon）与让-雅克·巴泰勒米（Jean-Jacques Barthélémy）]放在一起来看，以对此形成更好的理解。

他们首先共享了对古代的深深敬意，且都与过去有着充满激情的联系，然后，他们能够以叙事形式传达那种敬意和激情，从而赢得非学术读者的注意——事实上，那很像是为非学术读者“度身定制”。“激情”和“叙事”几乎是定义温克尔曼的标签；而且莫米利亚诺（Momigliano）认为，吉本在史学界的地位得益于他能将对古文物学术的热爱融入迷人的哲学故事之中。就此而言，皮拉内西是他们的同道。实际上，洛拉·康托尔-卡卓夫斯基已指出，能够以简单易懂的叙事体裁展现古文物学术成果是他的一项突出特征。她认为皮拉内西能有效地将意大利古文物学的视觉文化转化为某种“画作”。他在古代遗构间绘制的那些探访者激动得手舞足蹈，就好像他们真的身临其境一样。[21]的确，如同吉本一样，皮拉内西的成就不啻于将共时性的古文物研究转化为历时性的存在，转化为一段故事。比如，对那些工具的描绘就在图注中表现为一段叙事。

21 参见洛拉·康托尔-卡卓夫斯基，《罗马建筑的诠释者皮拉内西及其知识世界的起源》（*Piranesi as Interpreter of Roman Architecture and the Origins of His Intellectual World*），第85–88页。

(图7)

朱利亚大道城堡的水利系统（水闸大样），《朱利亚大道的城堡废墟》图 XVI，1761年，灰白直纹纸蚀刻画

但到目前为止，最为有趣的得益者当属让-雅克·巴泰勒米神父（1716—1795）。这位来自普罗旺斯的古文物学者自1753年起开始掌管古币陈列馆（Cabinet des Medailles），在古钱学和肖像学领域著作等身。但他最著名的作品是小说《阿纳卡西斯少年历险记》（*Voyage of the Young Anacharsis*）（1788），这段虚构故事讲述了年轻的西赛亚王子（Scythian prince）于公元前4世纪游历雅典的经历，而其情节纯粹是驾驭着古文物学问的缤纷花车，直接将过去唤醒并献给少年与老妇读者群。在哲学家成功地免疫于博学之乐的社会中，巴泰勒米确实有意让他的作品追随多变的品味。巴泰勒米认为，只有转变为纯文学的铭文才能存留至未来。福楼拜在其小说中写到，年轻的查尔斯·包法利（Charles Bovary）在鲁昂（Rouen）寄宿学校将《阿纳卡西斯少年历险记》作为睡前读物，以此为例向我们说明这本书有多么成功。[22]在其问世后的将近一个世纪内，这本书都是古文物入门读本，直至19、20世纪之交最终被那些能将爱好者（业余者）变成专家的德语《手册》（*Handbucher*）所超越。

但长远来看，巴泰勒米代表了以下认知：在“现代”世界（或曰“商业社会”）中，只有超越狭隘学术界的知识才堪称重要。随着读写能力普及所有社会阶层、跨越性别鸿沟，较为博学的读者的重要性骤减。马克·菲利普斯（Mark Phillips）曾言之凿凿地讨论过在18世纪晚期的英格兰知识界中，对这一系列社会趋势的回应如何体现在传记、历史小说等野史体裁的发展中。[23]类似地，心怀历史者如巴泰勒米、皮拉内西等，必须适应或服从沉默的大众。争取新市场和新读者的关键正是想象。

22 参见艾琳·阿洪（Irène Aghion），《18世纪法国古文物收集，路易十六和让-雅克·巴泰勒米》（*Collecting Antiquities in Eighteenth-Century France. Louis XV and Jean-Jacques Barthélémy*），《收藏史学报》（*Journal of the History of Collection*）2002年第14第196页。

23 参见马克·菲利普斯（Mark Phillips），《社会和情感：不列颠历史写作流派1740—1820》（*Society and Sentiment: Genres of Historical Writing in Britain, 1740—1820*），普林斯顿：普林斯顿大学出版社，2000。

对那些寻求真理的人来说，想象也许是一种太过怪异、极不靠谱的工具（对文献学者的内心来说，它充其量就是某种黑暗真理、罪恶的快感），却反映了与历史亲密接触时不可避免的基本事实：这是一种理性结合感性的关系。罗马坎波尼亚（Roman Campagna）的画家和诗人深谙此道。

尼采也是如此。他曾在1871年的古文物学者学术讲座中谈起他们对重构的“渴望”（sehnsucht）。然而这种与历史的感性关系在德国历史这一崭新世界中没有一席之地——也许他的瑞士同行、朋友雅各布·布克哈特是个特例：由于对图像、轶事和档案的青睐，他本身遭到众多德语学者的排斥。

当下学术生活中尤为惊人者，乃是古文物学者和专家交换身份的方式。古文物学者曾因其学究气十足的狭隘学术——尼采所谓的“故纸堆”（quisquilia）——受到指责。专家反而通过叙述复兴了政治、民族和宗教的宏大传奇。读过《纽约时报》（*The New York Times*）等出版物上的学术著作书评的人都会发现，讽刺它们的枯燥、狭隘、迂腐就是现成的标签。今天的“学者”继承了“古文物学者”的衣钵。

然而，任何人都没有注意到，重构过去的热望与此同时也得以存继。重构的需求（又回到尼采的“渴望”）与时俱进，寻得其他出路。19、20世纪的文学和艺术将前现代古文物研究项目发扬光大。W. G 圣塞巴德（W. G. Sebald）所著《农神之翼》（*Rings of Saturn*）和《奥斯特利茨》（*Austerlitz*）的读者，以及出身于瓦尔堡学院（Warburg Institute）与考陶尔学院（Courtauld Institute）的学者们，已经接触到了现代古文物学。

博学与想象的紧密结合，标志着皮拉内西内在的现代性。通过他，“感觉”在有着自我意识的研究者的手中成为利器。传统古物学的目标在于重构过去，但要靠好奇心推动；商业社会在某种程度上会削弱好奇心的价值——它毕竟没有明显的商业价值——却提升了想象的价值。如若大多数人顺着通向过去“真正的样子”之路走下去，激情就会伴随想象而生。

阅读废墟：罗伯特·亚当与皮拉内西在罗马（A. A. 泰特）（王晨丽 译）Reading the Ruins: Robert Adam and Piranesi in Rome（A. A. Tait）

1755年，罗伯特·亚当在罗马经人引见结识了皮拉内西。随后的一年里，两人的关系发展得非常亲密，亚当也因此成为皮拉内西的主顾之一。皮拉内西在《罗马古迹》（1756）第二卷中对亚当偏爱有加的题献词更加巩固了两人的友谊。这一亲密关系一直持续到1757年春天亚当离开罗马。这样一段邂逅令亚当在智识上受益匪浅，除此之外，对于两人关系更为实在的记录，可见诸皮拉内西书房中的蚀刻版画集，以及他的一幅粉笔墨水随想作品，如今这幅作品为索恩博物馆（Soane Museum）收藏。[01]通过对一小组绘画作品的分析，我们可以更加清楚地认识这对师生之间的联系，这组绘画分别来自两处私人收藏：布莱尔亚当（Blairadam House）和佩尼库克府邸（Penicuik House）。它们共同展示了亚当和皮拉内西作为地形艺术家的工作状态，同时，也很悲哀地暴露了亚当的缺陷。

亚当一些绘画作品的主题后来出现在了皮拉内西的作品卷集中。亚当早在1757年便离开了罗马，皮拉内西的作品此时尚未出版。所以，有关亚当借鉴了皮拉内西的作品，或者说其作品是在皮拉内西作品出版之后才作的提法都是不实的。正如我们接下来将要看到的，这两人的艺术视角非常不同，根本不可能出现抄袭的情况。大约在1756年，亚当描绘了蒂沃利瀑布，尽管该作品在地形上与皮拉内西关于蒂沃利瀑布的画作（发表于《罗马风光》）非常相似，但两者在情绪和比例上是迥然相异的（图1a、b）。[02]同样的情形也出现在两人的其他作品里：大约同年，亚当分别从不同角度描绘了岗道尔夫堡一条水渠前的塔楼（图2a、b）；[03]1764年，一幅针对同一对象的作品作为插图7收录在了皮拉内西的《阿尔巴诺湖水渠的描绘与设计》（*Descrizione e Disegno dell'Emissario del Lago Albana*）一书中（图3a）。亚当进一步描绘水渠与地道交汇处的一幅作品也与皮拉内西《阿尔巴诺湖水渠的描绘与设计》中的插图5出现了类似的对应关系。亚当曾经就处女水道桥（Acqua Vergine）遗迹画过两幅素描，皮拉内西将这两幅素描制成了版画，收入他1762年出版的《古罗马战神广场》，于是，两位地形艺术家之间的上述视觉联系得到了进一步强化。[04]值得注意的是，皮拉内西将这部作品题献给了罗伯特·亚当本人。

可以说，两位对古迹感兴趣且同时生活在罗马的建筑师有可能选择相似的绘画主题，出现这一情形合情合理。任何一项共同的选择都不过是表明两人有着同样的品味。但是，亚当和皮拉内西的绘画主题并不是那些传统的对象，比如罗马斗兽场、万神庙或者安托尼努斯和法乌斯提娜神庙，当然上述主题他们也会涉及，但是，两人较多选择的是那些更具特

01　关于亚当和皮拉内西的关系，详见：Damie Stillman," Robert Adam and Piranesi," in *Essays in the History of Architecture Presented to Rudolf Wittkower*,D. Fraser, H. Hibbard, M. J. Lewine (eds.), 1967, London: Phaidon, pp. 197–206；更多一般性论述参见：John Fleming, *Robert Adamand His Circle* (1962); J. Wilton- Ely, The Mind and Art of G.B. Piranesi (1978); Jonathon Scott, *Piranesi* (1975), pp. 165–168.

02　亚当关于蒂沃利瀑布的作品现为布莱尔亚当收藏，编号288；皮拉内西同主题作品收录于《罗马风光》（两卷本，罗马，1765），未编号，海恩德（Arthur Mayger Hind）认为《罗马风光》出版时间应为1769年。

03　这两幅作品分别由布莱尔亚当（编号172）和佩尼库克管理处（编号187）收藏。

04　亚当有关处女水道桥遗迹的两幅钢笔画由佩尼库克管理处收藏，参见John Fleming," An Italian sketch book by Robert Adam, Clérisseau and Others," in *Connoisseur* (1960), pp. 190-192. 在弗莱明（John Fleming）列出的清单中，一幅作者不详、编号为77的作品，描绘了处女水道桥的远景。如今，这段水道桥已被新的建筑覆盖，但是在纳萨雷诺学院（Collegio del Nazareno）的地下室还能看到部分残骸。

（图1a）

蒂沃利瀑布，罗伯特·亚当（藏于布莱尔亚当）

（图1b）

蒂沃利瀑布，《罗马风光》，皮拉内西

质的对象。[05]这些素描表明了这两人之间的一种合作关系。并且，在这一合作关系中，可能是皮拉内西，而非亚当，起着引路的作用。两人都曾经画过阿尔巴诺湖地区的古迹，这一对象选择就非常令人惊讶，做出如此选择，肯定不是因为它们对地形学者有限的吸引力，其背后应有更为深层的原因。这些古迹有着重要的智识影响力，与皮拉内西执拗的观念直接相关：在他看来，早期的罗马共和国就有着精深的文化。[06]

虽然亚当和皮拉内西在用相似的眼光打量着同样的对象，他们的处理方式却迥然不同。皮拉内西在其作品中已经做好了准备，为了实现某一特殊目的，可以无所顾忌地调整绘图比例，亚当却对这一策略避之不及。还没有证据证实，亚当会为了创作出一幅更具戏剧效果或是更有皮拉内西风格的作品而对其素描进行再加工。他似乎对自己现场的作品很满意。矛盾之处就在于，人们可能会好奇，为什么亚当要追随皮拉内西选择这些独特的景致，却又无法领悟皮拉内西这样选择的内在原因。

在皮拉内西看来，古罗马这些显而易见的古迹是陷阱，它们欺骗了观者。它们展示了一种文明，但这种文明乍一看又过于简单和表面化。对于皮拉内西来说，罗马古迹是一条途径，可以用来探究一个无比伟大、辉煌和复杂的问题。他的作品就是实现这一目的的一种手段。这正是皮拉内西在《罗马建筑的壮美》中所要传达的一部分信息，该书也揭示了众多罗马民用建筑的实用性（如果不是"功利性"的话）。[07]虽然人们已经了解了君士坦丁凯旋门和罗马斗兽场的建造原因与用途，但还未普遍了解战神广场的建筑及其过度建造（overbuilt）的原因，对于阿尔巴诺湖的水利系统和处女水道桥工程的认识也是寥寥。在18世纪50年代，亚当并不欣赏这类考古学研究，至于他能否领会，也非常令人怀疑。

长期以来，人们一直对一种说法存在争议，即当罗伯特·亚

05　皮拉内西关于这些景致的作品收录于他的《罗马风光》系列，亚当的相关作品主要收藏于佩尼库克管理处，参见 Fleming, *Connoisseur*, pp. 192-193.

06　相关讨论可参见Wilton-Ely, op. cit., pp. 57-59; Joseph Rykwert, *The First Moderns*, Cambridge: The MIT Press, 1980, pp. 369-390; Karl Lehmann, "Piranesi as Interpreter of Roman Architecture," in *Piranesi*, Northampton, MA: Smith College Museum of Art, 1961, pp. 88–98.

07　Rykwert, op. cit., pp. 370, 387-388, 390.

当1754年离开家乡前往意大利时，他还是一位年轻、目光局限的建筑师，试图找寻一种建筑的意象，以及可以实现这一景象的风格，而1759年他回到伦敦时，已经收获了二者。支持这一说法的证据大都基于他在罗马期间的绘画作品，较少依据他在意大利的信件。虽然对于信件可能有很多种解读方式，但作为证据，亚当遗存的绘画作品却传达了相反的信息。这些作品所展示的能力与想象力是那种最为循规蹈矩的类型，缺乏洞见与才华，无法让观者联想到他在1760—1792年去世前的建筑作品中所展现出的创造力水平。它们证实了亚当在信中流露出的“不确定”与“能力不足”的感受，就创新能力而言，他既比不上当时的罗马前辈，也不能与对手威廉·钱伯斯爵士相匹敌。[08]这或许也是在向我们暗示，亚当的罗马素描中极度缺乏，而好友皮拉内西的作品中又如此明显的那种对戏剧效果的追求，十年后才为亚当所掌握，具体表现在他18世纪70年代被冠之以“惟妙惟肖”的作品上。

亚当有关岗道尔夫堡和阿尔巴诺湖的绘画作品将他在悟性上的明显匮乏展露无遗。[09]他曾经画过两幅塔楼的钢笔素描，该塔楼位于水渠与地道的交界处，这一水系以湖水为源头，流向耶稣会士花园的下游(图2)。这两幅素描的其中一幅收藏于佩尼库克管理处的“亚当卷”，另一幅由布莱尔亚当收藏；很明显，两幅作品为同一时间完成，分属两家收藏则纯属偶然。[10]它们从两个略微不同的角度对塔楼进行了展示，但都与皮拉内西在《阿尔巴诺湖水渠的描绘与设计》中的插图(图3a)所选择的视角不同。皮拉内西为何会选择如此特别的视角？这一问题值得玩味。

在皮拉内西《阿尔巴诺湖水渠的描绘与设计》一书的插图7中，作为说明图例的一部分，前景中写有“A”“E”“F”三个字母。A与F表示水渠是人们浣洗的地方，E则表示水是经由

(图2a)

岗道尔夫堡耶稣会士花园的塔楼，罗伯特·亚当(藏于布莱尔亚当)

(图2b)

岗道尔夫堡耶稣会士花园的塔楼，罗伯特·亚当(佩尼库克管理处收藏)

管道从一处流向别处的。通过这种方式，皮拉内西将眼前简单并且相当原始的系统与地下精密、复杂的水利工程进行了对比，从而证实了古时的标准，也强调了它们的衰落。这样一种探索与批评在亚当的两幅作品中是看不到的。另外，对“说教”的热衷也在画面的前景部分得到了充分体现，而在亚当的作品中，前景毫无作为。在他作品的背景部分，类似的空洞也非常明显，再次显示出与皮拉内西的差异。亚当在背景中描绘了一派平淡的风景，皮拉内西则为我们呈现了一条小路

08 关于这一点，可参见Fleming, *Robert Adam and His Circle*, pp. 229, 312–313。这也许是亚当惧怕威廉·钱伯斯爵士的部分原因，他在罗马期间的书信反映出了这一恐惧。在1755年3月的信里，他自认不如钱伯斯；4月的信中，他将钱伯斯视为“致命的绊脚石”(p. 160)；7月，亚当希望自己“能够比钱伯斯强无数倍”(p. 169)；1756年3月，当听到“钱伯斯没在做什么丰功伟业”时，亚当非常高兴；6月，亚当希望能够击碎“钱伯斯狂妄的自尊”(p.205)；但是，亚当对于钱伯斯的畏惧一直持续到了他回到伦敦之后，参见pp. 249–250。更多信息可见John Harris, *Sir William Chambers* (1972), p.23.

09 1756年10月，亚当在阿尔巴诺游历，参见Fleming, op. cit., p.219。关于皮拉内西对这一地下水渠的着述，参见Scott, op. cit., pp.169–171。皮拉内西有关同一景致作品的创作日期可查阅其《阿尔巴诺与岗道尔夫堡的古迹》(*Antichità d'Albano e di Castel Gandolfo 1764*)，参见Hans Volkmann, *Piranesi: Architekt und Graphiker*, Berlin, 1965, pp. 63–65。《阿尔巴诺湖水渠的描绘与设计》的相关卷本于1762/1764年出版，参见Volkmann, pp. 59–62。

10 很明显，在1833年亚当的画作卖给约翰·索恩爵士(Sir John Soane)之前，所有作品都是一起的，参见A.A. Tait, "The Sale of Robert Adam's Drawings," *Burlington Magazine*, 1978, 120 (904): 449, 451–454。

(图3a)

岗道尔夫堡耶稣会士花园，《阿尔巴诺湖水渠的描绘与设计》，皮拉内西

(图3b)

地道入口，《阿尔巴诺湖水渠的描绘与设计》，皮拉内西

和一片别致的农舍，一直延伸向远方。这些乡间小屋所采用的比例更加凸显了塔楼的高大、稳固与持久。

或许，我们更能直接明显感受到的是，唯有皮拉内西的作品里才有的生动性和比例的戏剧性。总的来说，通过对人物的使用，皮拉内西建立起了自己的视觉衡量方法，该方法在他的作品中贯彻始终，无论是草图还是打磨好的成稿。亚当后来也开始使用这一技巧，人物在小路上前行或是穿过桥梁成为了他惟妙惟肖的画作中常见的图样。亚当有关塔楼的两幅作品中，只有布莱尔亚当收藏的那幅(图2a)有些生活色彩——图中描绘了一头驮着水桶的骡子，与皮拉内西作品中令人不安的地痞和洗衣妇相比，这一角色对整个画面几乎没有冲击性影响。因此，亚当在罗马期间(1755—1757)接触到了两种对素描功能的不同理解：他的法国素描界同行，如克莱里索、拉勒曼德(Lallemand)等人，尽管时尚前卫，坚持的却是传统的地形观点；皮拉内西则将建筑绘画视为一种手段，通过它可以实现一定的道德目的。亚当，或者就此而言也包括克莱里索、拉勒曼德，他们在作品中所采用的人物都是传统的背景人物。[11]这些人物或者在市镇背景中充满生机、忙忙碌碌，或者在乡村风景中慵懒而富有乡野特色，缺乏皮拉内西笔下人物的那种不和谐与揶揄的气质，皮拉内西的人物非但没有延续画家的舒缓情绪，反而干扰和破坏了它。在阿尔巴诺湖水渠入口的画面中(图3b)，皮拉内西创作了一组奇怪的人物，同图中颇为显眼的那位戴着帽子拿着手杖、令人尊敬的考古学家形成了强烈对比。画面右侧，一个人倒在那里，昏昏欲睡，另一个人在生火，还有一个人在对着厚重的高墙比比划划；画面左侧，一个男人手朝向上方，指着一个瞪大眼睛的年轻人。如此的人物处理是皮拉内西有意而为，并且取得了强烈的效果，没有一个人物是在营造满足或忧郁的氛围，而这类氛围却是传统的全景画家们所刻意追求的。

11 关于克莱里索在罗马经历的论述，参见Thomas McCormick, "Piranesi and Clérisseau's Vision of Classical Antiquity," in *Piranesi etles Français: Academie de France e Rome Ⅱ*, Georges Brunel (ed.), Rome, 1978, pp. 303–312. 有关拉勒曼德的论述，参见Olivier Michel, "Recherches sur Jean-Baptiste Lallemand a Rome," ibid., pp. 327-344. 关于皮拉内西和他的儿子弗朗切斯科人物画特点的论述，参见Adriano Cavicchi, Silla Zamboni, "Due 'Taccuini' inediti di Piranesi," in *Piranesi tra Veneziae l'Europa: Civita Venezianna Saggi 29*, Alessandro Bettagno (ed.), Florence: Leo S. Olschki, 1983, pp.212–216.

在进一步描绘阿尔巴诺湖的作品中(图3c)，亚当在艺术上的拘谨与皮拉内西的自负之间的反差同样明显，或者说，可能更加强烈。《阿尔巴诺湖水渠的描绘与设计》的插图5呈现的是水渠洞穴的工艺（artificio dello Speco dell' Emissario）。皮拉内西再次对他的构图进行了编排，将水闸与水渠直接呈现在了观者眼前。在画面的两侧，皮拉内西设置了人物，他们在构图中由近到远，渐次变小，以凸显这一早期罗马工程壮举的宏伟规模。两幅类似的画作描绘了皮拉内西作品左侧的风景(图4a、b)，分别由布莱尔亚当和佩尼库克收藏。[12]佩尼库克的版本出自亚当之手，布莱尔亚当的收藏则很可能是克莱里索或者艾伦 · 拉姆齐的作品，且前者的可能性较大。这两幅作品都是对主题进行直接的地形描绘，没有人物，都大胆地发掘了右侧分枝交错的大树，布莱尔亚当的版本更胜一筹。但是，这两位艺术家又都没有突破其地形视角的局限。皮拉内西插图的主要关注点在于，通过对拱门和侧墙砖石结构的夸张处理，展现罗马实用性建筑的恢弘与里程碑意义。这一眼界并不是亚当和他的同行所具备的，他们只是在用画笔记录眼前之所见。

（图3c）

水渠洞穴的工艺（artificio dello Speco dell' Emissario），皮拉内西，《阿尔巴诺湖水渠的描绘与设计》

（图4a）

岗道尔夫堡地道入口，作者据推断为 C. L. 克莱里索（布莱尔亚当收藏）

（图4b）

岗道尔夫堡地道入口，罗伯特 · 亚当（佩尼库克管理处收藏）

12　亚当该作品由佩尼库克管理处收藏，编号154；被认为是克莱里索作品的那幅由布莱尔亚当收藏，编号164。在这两幅作品中，布莱尔亚当的收藏更接近皮拉内西的思路。

到目前为止，如果说皮拉内西是地形绘画的领路人，那么克莱里索就被降到了第二位，而这可能有失公允。因为，虽然克莱里索在罗马的作品选景都很普通，就像他经由福罗关（Passo di Furlo）到法诺（Fano）的旅行一样，但是，他说服了亚当1756年去索拉（Sora）旅行，这一举动意义非常。在18世纪（甚至20世纪），无论对于旅行者还是考古学家来说，索拉、里利岛（Isola di Liri）、阿奎诺（Aquino），可能也包括阿尔佩诺（Arpino），都不是那么地令人向往。事实上，亚当以这些地区的古迹为对象，在某种程度上拼命创作出的画作真切地表明，他和克莱里索都要依靠皮拉内西来为这些普通的对象注入生命。亚当在阿奎诺的素描尤其印证了这一点，因为这个托马斯 · 阿奎那生活过的罗马古城四处散布的古迹，亚当和克莱里索都为之着迷，就在这一年（1756）的早些时候，拉姆齐也是对之欲罢不能。[13]亚当在圆形剧场遗址的作品展示了当时拉丁大道（Via Latina）上毗邻的剧院和教堂，该作品丝毫不具备对于过往的深刻见解，明显无法激起人们对那段历史精神的共鸣(图5)。从各个角度来看，亚当的素描充其量只是表现了景观公园里的一些园林建筑。亚当关于索拉和里利湖水上风光的作品表明，他显然没能接受对于古迹的解释性视角，相应地，这些作品也就显得空洞乏味。与克莱里索有关索拉和阿奎诺地区教堂相当专业的带有强烈个人风格的作品相比，其缺陷更加明显。[14]

考虑到亚当之前的绘画经验，他在这一领域的迟钝甚至倒退也就不难理解了。在离开英格兰去往罗马之前，亚当的画风重实用性，偏保守。其中任何的非传统因素可能都源自与桑德比（Paul Sandby）交往的影响，以及他对建筑场景的绘画表达。但是，虽然桑德比开阔了亚当的眼界，让他能够捕捉到景观与建筑融合的如画意境，却没能教会他描绘孤立的建筑时，应如何同样感受其美的本质。在这样的早期实践中，亚当学会了将建筑放在景观背景中，并取得了不同程度的成功，正如布莱尔亚当收藏的他在18世纪50年代早期的素描表明的那样。[15]如何学会恰当地描绘建筑物，学会采用一种看似随意的方式，但又在表象之后赋予其意义与情绪，这是亚当在罗马努力的方向，就像之前钱伯斯所做的那样。可以理解，在苏格兰时，这一目标对亚当来说遥不可及，但在罗马的大部分时光里却久未实现，难免让人有些遗憾。

（图5）

阿奎诺的历史古迹，罗伯特 · 亚当（佩尼库克管理处收藏）

13　苏格兰国家美术馆（National Gallery of Scotland）收藏的拉姆齐素描本中有两幅相关作品，编号D.4878。其中第26页的素描描绘的是阿奎诺圣玛利亚自由教堂旁一个几被湮没的拱门，第34页是对该主题的另一幅素描。拉姆齐1756年5月注解道："蒙特 · 卡西诺（M.Cassino）以北几英里处圣玛利亚自由教堂遗址附近水坝上的拱门，上有雕刻饰带、柱上楣构、铭文等古典建筑元素。"有关这些遗迹的论述，参见 Eliseo Grossi, *Aquinium*, Rome, 1907。

14　由佩尼库克管理处收藏，编号156、159。阿奎诺的圣玛利亚自由教堂和索拉大教堂在19世纪和20世纪都经历了改建，特别是索拉大教堂，1917年地震改建后与克莱里索的素描差别很大。关于19世纪索拉的历史，参见 E. M. Beranger, *La Cinta Muraria di Sora*, Sora, 1981。

15　关于亚当早期的作品，参见 A. A. Tait, *Catalogue: Robert Adam at Home*, 1978, pp.17, 20, 以及 Fleming, op. cit., pp. 90–92。

皮拉内西的“会说话的废墟”（约翰·品托）（杨碧琼 译）Piranesi's “Speaking Ruins“（John Pinto）

皮拉内西呼唤“会说话的废墟”，这一点值得更仔细地探究。

> 这些会说话的废墟使我的灵魂中充满了画面，这是那些精确的绘图，哪怕是我常置眼前的帕拉第奥的不朽画作，永远也无法成功传达的。[01]

这句话揭示了皮拉内西与古代建筑遗迹之间关系的几个关键方面。若说这些破败的古典遗迹在向谁诉说，皮拉内西无论如何也不是第一人，但他对废墟的情感力量的强调却意义重大。同样重要的是，皮拉内西也强调，废墟在激发他的想象力方面发挥了根本性、创造性的作用。卡尔·莱曼（Karl Lehmann）在1961年发表了一篇颇为精辟的文章《罗马建筑的阐释者皮拉内西》（Piranesi as Interpreter of Roman Architecture），其中探讨了“皮拉内西的震撼画作与真实罗马建筑之间的关系”。这个议题此后被一再提起，较有代表性的研究者包括威廉·L. 麦克唐纳（William L. MacDonald）、约翰·威尔顿-伊利（John Wilton-Ely）和洛拉·康托尔-卡卓夫斯基（Lola Kantor-Kazovsky）。[02]下文将着重讨论皮拉内西对待古代及古物的创造性维度，特别是他对罗马建筑的回应方式。

（图1）

尼禄墓，《罗马古迹》，皮拉内西，1756年

01　原文："Mi hanno riempiuto lo spirito queste parlanti ruine, che di simli non arrivai a potermene mai formare sopra i disegni, benché accuratissimi,che di queste stesse ha fatto l' immortale Palladio,e che io pur sempre mi teneva innanzi agli occhi." 完整文本和英译见：Dorathea Nyberg (ed.), *Giovanni Battista Piranesi Drawings and Etchings*, New York: 1972, pp. 115-118.

02　参见：Lola Kantor-Kazovsky, *Piranesi as Interpreter of Roman Architecture and the Origins of His Intellectual World*, Florence: L. S. Olschki, 2006 ; Karl Lehmann, "Piranesi as Interpreter of Roman Architecture," in *Piranesi*, Northampton, MA: Smith College Museum of Art, 1961; William L. MacDonald, Piranesi's Carceri: Sources of Invention, Northampton, MA: Smith College Museum of Art, 1979; John Wilton-Ely, The Mind and Art of Giovanni Battista Piranesi, pp. 45-64.

皮拉内西对罗马建筑的回应

关于皮拉内西对尺度的操控，相关著述已有很多。这种操控对皮拉内西所塑造的古代建筑景象的贡献，可能要超过他的艺术中任何其他方面。歌德最初体验罗马就是通过版画，且很可能就是通过皮拉内西的作品，这不可避免地影响了他对真实古迹的体验。[03]他对尺度有敏锐的察觉，曾这样描述罗马竞技场：“它如此之巨，让人脑中无法保留其形象；印象中总比实际卑微，以至于每每亲见，总惊叹于其宏大。”[04]其他实地到访者发现皮拉内西对尺度的处理很具误导性。[05]典型的例子可见于威廉·福布斯（William Forbes）1792年的一篇旅行日志。福布斯当时正沿卡西亚大道（Via Cassia）进入罗马城，途经尼禄墓。在叙述了把它认定为尼禄陵墓的普遍认知之后，福布斯写道：“皮拉内西画过此墓，但依他的画来看，我们会认为它比实际要高得多。”[06]福布斯所指的是《罗马古迹》第三卷中的一幅画，在这幅画里，皮拉内西主要通过在石棺底部艰难攀爬的拙朴的小牧羊人的形象，来传达整体的丰碑印象（图1）。这些牧羊人的大小看起来不及铭文两侧的狄俄斯库里兄弟雕像，但实际上，狄俄斯库里兄弟雕像的高度还不到牧羊人的一半。

从两幅表现万神庙的景观图中，我们能看出皮拉内西对尺度的操控，无论是在单个作品还是在群组版画之间，都显得游刃有余（图2、图3）。在描绘罗通达广场（Piazza della Rotonda）时，皮拉内西把方尖碑置于高于一切的重要位置，使其看起来高耸于包括万神庙在内的周围所有建筑物之上，而实际上，方尖碑（包括碑尖装饰在内）的高度甚至不及万神庙的柱廊。在另一幅景观图里，他把万神庙孤立起来，以此强调其主导地位，让它赫然力压两侧隐约可见的简陋房屋。仿佛万神

（图2）

罗通达广场景观图，《罗马风光》，皮拉内西

（图3）

阿格里帕万神庙景观（即今天的圣母与诸殉道者教堂），皮拉内西，1761年

03　Goethe, *Italian Journey*, 1786—1788, p.129.

04　同上，pp.137-138.

05　比如John Flaxman 和 William Beckford；参见 Tarnya Cooper, "Forgetting Rome and the Voice of Piranesi's 'Speaking Ruins'," in *The Art of Forgetting*, Susanne Küchler, Adrian Forty (eds.), Oxford: Berg, 1999, p.113.

06　W. Forbes, Journal, National Library of Scotland, Ms.1540, p.345; 1792年11月24日引用。感谢艾莉森·雅林顿（Alison Yarrington）提供参考资料。

庙把周围所有空间都吸纳到自己丰满的圆形空间中，并将现代城市的卑微结构拉向自身的波纹状外表，通过距离的拉近使之消解。这似乎还不够，皮拉内西又在穹顶外部绘制了几个微小的人物形象，仿佛是为了让人回忆起阿米亚努斯·马塞利努斯（Ammianus Marcellinus）对万神庙的界定——“像一个圆形的城市区域”，这个比喻在实际向穹顶攀登的过程中被进一步强化了。[07]（图4）

（图4）

万神庙，穹顶外表面，罗马（人物形象同样出现在彩色印版部分）

正如安德鲁·罗宾逊（Andrew Robison）所观察到的，皮拉内西对尺度的操控不仅是幻觉（illusionistically）上的、画面构图上的，也是具体的，体现在他使用的铜版砂纸的尺寸方面。[08]皮拉内西的景观图在尺寸上要比文艺复兴时期的前辈们——如杜佩拉克（Dupérac）——的版画大得多。随着时间的推移，皮拉内西也尝试了从对开板到延伸的水平构图等越来越大、越来越复杂的形式，比如哈德良离宫的平面图和《富奇诺湖地形图》（*Dimostrazioni dell'Emissario del Lago Fucino*）。这些将在下一章中讨论。

皮拉内西对非正统视点的利用与他对尺度的把握密切相关，这两点在《罗马古迹》里一幅描绘哈德良陵墓底座的画作中都表现得很明显（图5）。事实上，这幅画中的视点不仅非正统，而且是不可能的；因为在皮拉内西绘制之时，还没有进行过如此深度的挖掘，被皮拉内西用一道斜光投射出浮雕阴影

（图5）

哈德良陵墓底座，《罗马古迹》，皮拉内西，1756年

07 Ammianus Marcellinus, xvi, 10, 13.

08 A. Robison, "The Marriage of Venice and Rome." 2004年4月24日在布朗大学的讲座。

的桩结构和粗糙的扶壁完全是凭空猜测。[09]但就我们的讨论目的而言，最重要的是，皮拉内西选择用低视点的方式来放大结构的外观尺寸。威廉·麦克唐纳把这种效果生动地比作仿佛是从划艇上仰视远洋巨轮的船头。[10]

皮拉内西也多次采用抬高的视点，比如在《罗马风光》中的提图斯浴场一画里，其目的是将相对孤立的片段组合成具有建筑意义的构图作品（图6）。当然，这种空中视角的运用在文艺复兴时期就已有了，但与早期的鸟瞰图相比，皮拉内西在一定程度上又有突破：他选择了一个抬高的视角，同时加上成角透视的两点视角和对构图框架的精妙运用，就使观者更加意识到废墟是一个在建筑上统一且完全融合的整体。

皮拉内西对罗马建筑所用的材料非常关注，这一点并不稀奇，但其重要性并未因此减损半分，值得我们再次提出。他的这种密切关注最明显地表现在分析性版画里，比如《罗马古迹》里一幅奥古斯都陵墓的剖面（图7）：在剖面下方、好像钉在墙上一样的，是陵墓网状石工的细节，左侧是对单体凝灰岩块的明显透视短缩特写。当然，皮拉内西对罗马建筑材料特性的敏感，既有艺术创作上的目的，也有教导目的。在《罗马风光》的多幅图景里，纸面上罗马砌体中纹理丰富的片段呼之欲出，例如那幅描绘了蒂沃利附近被称为“托塞神庙”（Tempio della Tosse）的景观画（图8）。画面右下方精确地绘制了交替出现的凝灰岩层与砖层（即砖石筑墙砌法，opus listatum），清晰地展示出随附图说中特别说明的建筑材料。

与皮拉内西对罗马建筑材料成分的关注平行展开且相辅相成的，是他对其结构维度的兴趣，包括古人所采用的工程和建造技术。毫无疑问，早期在威尼斯潟湖观察防波堤和其他水利工程建设的经验——也许是他在陪同叔叔马特奥·卢切西（Matteo Lucchesi）的过程中获得的，因为后者曾在水域

（图6）

提图斯浴场景观画，皮拉内西，1775年

（图7）

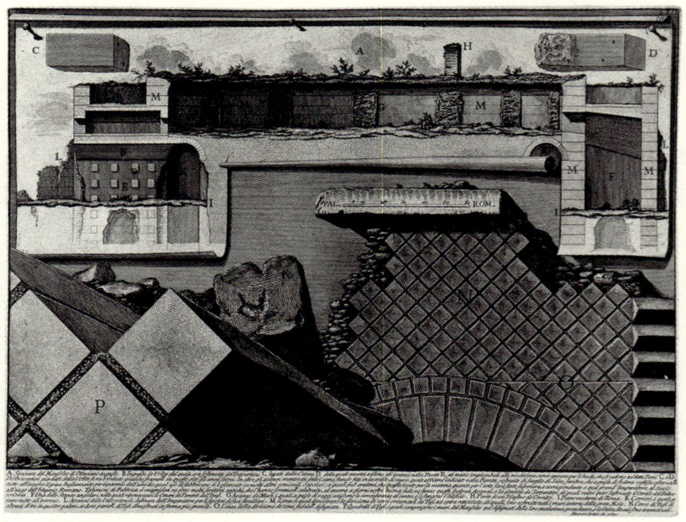

奥古斯都陵墓的剖面图，《罗马古迹》，皮拉内西，1756年

09 对这幅画的不同解读可见：Lola Kantor-Kazovsky, *Piranesi as Interpreter of Roman Architecture and the Origins of His Intellectual World*, p. 116.

10 MacDonald, *Piranesi's Carceri: Sources of Invention*, 15.

管理部门担任水利工程师——帮助他形成了这一兴趣。[11]渐渐地，皮拉内西开始把罗马工程等同于建筑上的“宏伟”，他1761年出版的《罗马建筑的壮美》中的那幅《马克西姆下水道》(图9)便是典型范例。还有一些画作凭着猜测，再现了建造罗马建筑时所用的技术和机械，比如《切契利亚·梅特拉的坟墓》(图10)。画面中对机械设备及其与过程和最终产品的关系的重视，让人不由联想到描绘狄德罗《百科全书》中前工业操作流程的当代版画。

11　一些早期文献中谈及皮拉内西的生平以及他和卢切西的关系，对这些文献的批判性评价可参见：Mario Bevilacqua, "The Young Piranesi: The Itineraries of His Formation," in *The Serpent and the Stylus: Essays on G. B. Piranesi*, Mario Bevilacqua, Heather Hyde Minor, and Fabio Barry (eds.), Ann Arbor: University of Michigan Press, 2006: 16; Wilton-Ely, *The Mind and Art of Giouanni Battita Piranesi, 2.*

(图8)

托塞神庙(私人收藏)，皮拉内西

(图9)

马克西姆下水道，《罗马建筑的壮美》，皮拉内西，1761年

(图10)

切契利亚·梅特拉陵墓建造分析图，《罗马古迹》，皮拉内西，1756年

皮拉内西作为罗马建筑诠释者的另一个贡献是认可并颂扬其空间维度。在皮拉内西之前，罗马建筑的大多数表现方式都是使观者保持在一定距离开外，从外向内看。自然也有例外，比如拉斐尔的那幅让人叹为观止的万神庙内景图就不符合这条规则。[12] 但就大多数作品而言，它们都忽略了罗马帝国建筑的空间造型质量，而更注重将内部空间简化为扁平投影或断面的构图，好像有一张透明的玻璃片将观看者与被仔细剖析的宏伟建筑隔离开了。相比之下，皮拉内西对实际进入罗马建筑空间，尤其是那些由集中式平面所产生的空间的强大围裹力量非常敏感。一方面，他有剧院设计方面的早期经验；另一方面，他对建筑幻想抱有持久的兴趣。这两点从《建筑及其透视第一部分》和《监狱》两组系列版画中都能明显看出，也自然会驱使他去回应罗马建筑内部丰富的空间复杂性。

皮拉内西后期的景观画中，有两幅表现了哈德良离宫里的拱顶空间，从中我们可以看出，皮拉内西鼓励观者从内部直接观察罗马建筑，增强了观看体验的即时性(图11、图12)。在那幅描绘大浴场主要大厅的画作中，画面构图由一个阴暗的筒形拱顶框定，拱顶的前景延伸部分似乎将观者完全笼罩，与此同时，正交线的使用又将其吸引到空间之中。在主要大厅内，空间主要由断裂的十字拱顶以及精致的葡萄藤巧妙地界定，这些葡萄藤自然悬垂着，正好填补了砌体间的空隙。在另外那幅描绘塞拉匹斯神殿（Serapaeum）或称坎诺普斯区域的餐厅（Scenic Triclinium）的轴向延伸图里，半圆形的曲线将构图固定在右侧，有效地包裹了观看者，并将其置于半遮盖的拱顶下。皮拉内西对渐渐消隐的走廊采用了明显的透视短缩处理，再加上戏剧性的明暗对比效果，将观看者的视线从似乎身在其中的空间中引开，转回到最末端凹处的壁龛上。最近，伦道夫·兰根巴赫（Randolph Langenbach）借助数字技术，有效地揭示出皮

（图11）

哈德良离宫大浴场图景，皮拉内西，1770年

（图12）

哈德良离宫坎诺普斯区域餐厅的轴向延伸，《罗马风光》，皮拉内西，1776年

12 John Shearman, "Raphael,Rome, and the Codex Escurialensis," *Master Drawings* 15 (1977).

拉内西如何通过创造性地运用多个视点，在版画上完整捕捉到此类内部空间的三维复杂性。[13]

有机腐朽过程以及现代建筑对古建筑材料的吞食式的循环利用，不可避免地会暴露出罗马建筑中潜在的结构特征，使这些纪念性建筑中原本不打算示人的某些方面变得可见。安德烈亚斯·维萨留斯（Andreas Vesalius）在1543年完成的解剖学专著《人体构造》（*De human corporis fabrica*）——这个书名可谓名副其实——中有一幅木刻版画，清晰地表现出破败的建筑与剥落的人体之间的相似性[14](图13)。

（图13）

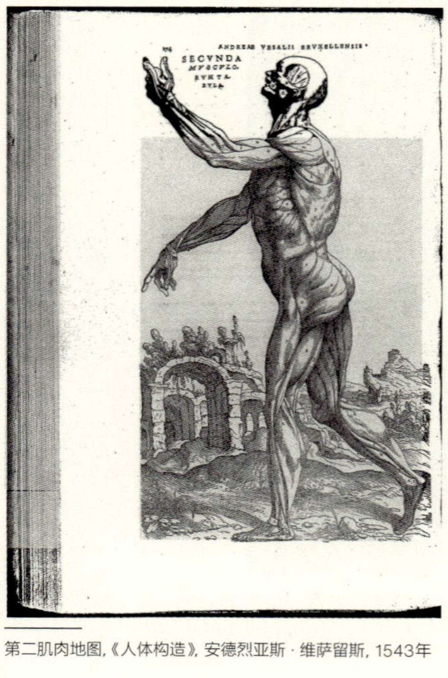

第二肌肉地图，《人体构造》，安德烈亚斯·维萨留斯，1543年

作为罗马建筑诠释者的皮拉内西，有独一无二的资格可以去充分发掘文脉视角和分析视角之间的张力，文脉视角将废墟镶嵌在现存城市肌理中，分析视角则将废墟从它身后长达数个世纪的意义不明的堆积中解脱出来。二者的张力在两幅画作的对比中最为明显：一幅是皮拉内西在《罗马风光》中所作的屋大维宫景观图，另一幅是他在《古罗马战神广场》系列中对同一座建筑的表现(图14、图15)。在景观图里，古老的柱廊被描绘成建筑上多层累积的结果，处处可见后世的增补痕迹，包括用拱门代替了两根缺失的柱子以及毗邻的鱼贩守护者圣安德鲁小教堂（Oratory of St. Andrew of the Fishmongers）。而在《古罗马战神广场》系列里，我们会看到柱廊摆脱了这些后世增加的累赘，它孑然独立，但仍保持着废墟外观。这种表现方式将古老的墙体裸露在外，以外科手术般的手法剖析它们——但它与修复是完全不同的。作为对比，我们可以在《罗马古迹》系列里描绘此建筑的画面中看到，柱廊同样未受后世加建结构的干扰，但原本缺失的部分却用一种不同粗细的线条补上了(图16)。

皮拉内西对罗马的分层地形和丰富文脉有极高的敏感度，这一点在他对屋大维宫的多版绘制中显而易见。这种敏感又与他的历史想象力相交叉，使他对时间和空间双轴始终保持着警觉。这种态度在《古罗马战神广场》系列里表现得最为突出，它透过一系列建筑透镜观察到过去的景象，然后将这些景象精妙绝伦地结合在一起。在一张描绘战神广场全景的折页版画里，所有后古典主义建筑都被移除了(图17)。画面中所示的纪念碑都以废墟状态呈现，茕茕孑立在一片贫瘠的景观中。这个系列里的其他版画描绘了战神广场在几个关键历史时刻的面貌，但它们都是重构作品(图18、图19)，如同整个叙事的高潮——令人眼花缭乱的《战神广场平面图》一样(图20)。

皮拉内西所采用的几种创作模式中，每一种都涉及大量的、

13 R. Langenbach, *The Piranesi Project, A Stratigraphy of Views of Rome [slide-video]*, 2003.

14 关于皮拉内西可能受维萨留斯影响的分析，参见：Barbara Maria Stafford, *Body Criticism: Imaging the Unseen in Enlightenment Art and Medicine* (Cambridge: MIT Press, 1991), 58-70.

(图14)

屋大维宫,《古罗马战神广场》, 皮拉内西, 1762年

(图16)

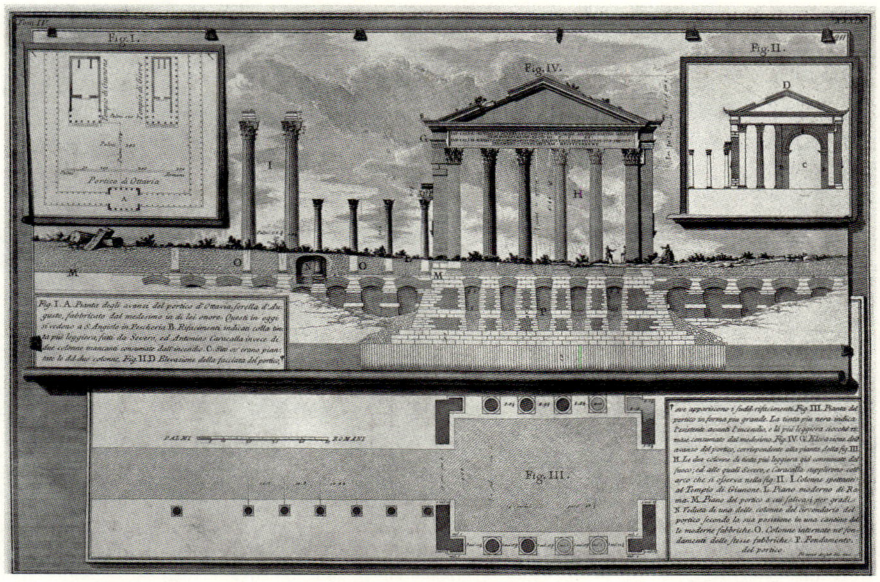

屋大维宫,《罗马古迹》, 皮拉内西, 1756年

(图15)

屋大维宫景观, 皮拉内西

(图17)

战神广场鸟瞰图,《古罗马战神广场》, 皮拉内西, 1762年

(图18)

古代城市和战神广场废墟地图,《古罗马战神广场》, 皮拉内西, 1762年

(图19)

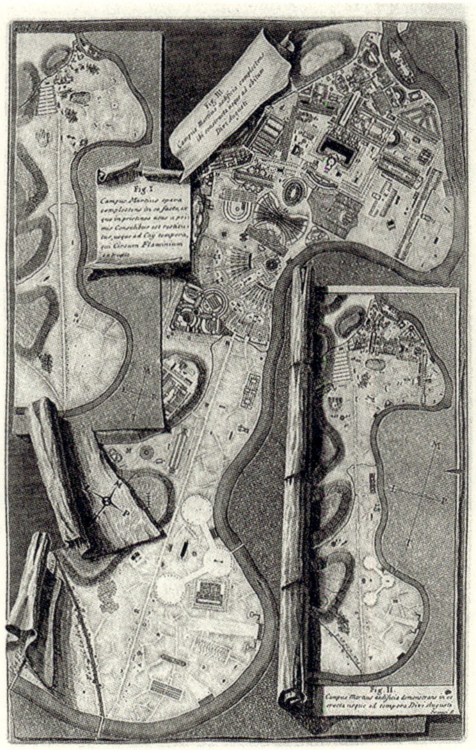

三张战神广场历史演变地图,《古罗马战神广场》, 皮拉内西, 1762年

程度不同的猜测，正如它们可以说是在不同程度上借鉴了文字和实物证据一样。它们每一种都有能力以各种方式打动观看者。我们来观察两幅描绘哈德良桥（Pons Aelius，图21）和哈德良陵墓的画作（图22）。在前一幅里，我们看到两个建筑物都被剥去了所有后哈德良时代的增补堆积，呈现出诡异的脱离历史之感，将我们从自己的时代带入一个阴间世界，在那里现代性不复存在，但古代性亦未恢复。另一幅则是大胆的推测性重构，多层的陵墓像勃鲁盖尔想象中的通天塔一样高耸着，将我们带回到古代，但却是通过一个扭曲的、想象的镜头，既关联着过去，又关联着未来。

皮拉内西那幅描绘哈德良离宫小浴场八边形大厅的景观图堪称建筑渲染的登峰造极之作，同时也是一个代表性范例，揭示出他眼中的废墟在与自然力量进行史诗般的无休止的抗争（图23）。皮拉内西花了几十年的时间观察罗马建筑，并将其精华提取在蚀刻板上。凭借着对构图、光线和阴影运用技巧的炉火纯青，他出色地渲染出塑造这一集中式空间的起伏变化的砌体外壳。设置在右侧凸壁上的那些三维拱门中，明显的透视短缩尤其引人注目。皮拉内西的阐释才能特别适合该结构的有机特性，画中的墙体似乎会应势而动，拱顶向上拱起，仿佛一棵参天大树的枝干向上汇聚形成通透的树冠层。

在18世纪中叶，最早的人造废墟开始出现，这并非偶然。它们通常作为花园里的装饰物，由此在花园里栩栩如生地再现生长、腐烂的有机过程以及生命的有限。也有新建筑物却呈现出向自然状态回退的例子，比如特莱维喷泉（Fontana di Trevi）坍塌的角柱。1760年，休伯特·罗伯特（Hubert Robert）描绘了特莱维喷泉即将完工时的图景，但在画面前景中，他却赫然画了一只爬虫，这符合他对伟大建筑纪念碑的有机生长和衰败，以及创造它们的文明兴衰的持久兴趣，这一主题在他的许多绘画作品中均有体现。[15]

（图20）

《战神广场平面图》，收录于《古罗马战神广场》，皮拉内西，1762年（私人收藏）

15 John A. Pinto, *The Trevi Fountain*, New Heaven: Yale University Press, 1986, p.187；罗伯特有多幅画作，将卢浮宫大画廊置于废墟中加以表现，对此的分析可参见 André Corboz, *Peinture militante et architecture révolutionnaire: à propos du theme du tunnel chez Hubert Robert*, Basel: Birkhäuser, 1978.

（图21）

剥离了所有“后古代”增建结构的哈德良桥，《古罗马战神广场》，皮拉内西，1762年

（图22）

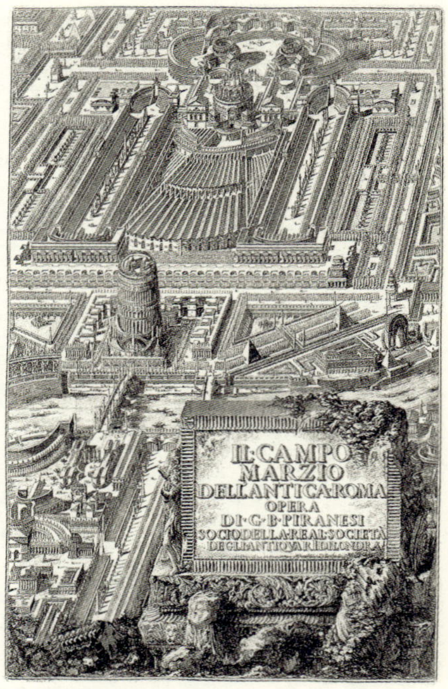

以哈德良陵墓为中心构图的第二幅卷首画，《古罗马战神广场》，皮拉内西，1762年

(图23)

哈德良离宫小浴场,《罗马风光》,皮拉内西,1777年

碎片与幻想

在艺术家皮拉内西的整个绘画生涯中,他以碎片为主题,演奏出各种艺术变奏曲。[16]《古罗马战神广场》系列中有一幅画,描绘的是在奎里纳尔岛上的奥勒良太阳神庙(Aurelian's Temple of the Sun),其中可见一些矮小的人正吃力地在一块崩塌的巨大檐壁上攀爬(图24)。画面中没有任何要重建碎片或者要将其整合至原整体结构中的意图;这些意图被皮拉内西放在紧随其后的分析性插图中进行讨论。[17]与此同时,我们也可以在他的众多画作中发现,碎片是他关注的焦点,甚至会瞬间成为全新艺术创作的生成力量和存在理由。

让·格朗让(Jean Grandjean)在1780年创作了一幅迷人的画作,其很好地体现了指导18世纪古物修复工作的流行品味(图25)。[18]画中,荷兰学者安德烈亚斯·克里斯蒂安·赫维德(Andreas Christian Hviid)正在鉴赏卡皮托利尼博物馆里一尊著名的安提诺乌斯雕像。此雕像于1730年在哈德良离宫被发现,左臂和左小腿残缺,后来由雕塑家皮埃特罗·伯拉奇(Pietro Bracci)进行了修复。[19]在格朗让的画里,他的这位同胞正指着古老大理石雕像与伯拉奇后期修复的连接处,这显示出赫维德作为鉴赏家颇有造诣。[20]画作的构图还捕捉到了雕像所在的环境,反映出对古代艺术研究和展示的新态度,这些态度也与这座现代性博物馆的诞生起源有关。[21]在这方面,砖印记的展示(沿画面左侧边缘可见)值得注意。1733年,克雷芒十二世在其统治期间对卡皮托利尼博物馆进行了一次重新布局组织,随后着手出版一本插图目录,首卷在八年后面世。[22]这是第一本附带所有雕像复制

(图24)

奎里纳尔岛奥勒良太阳神庙的碎片,《古罗马战神广场》,皮拉内西,1762年

16 Francesco Leoni (ed.), *Giovanni Battista Piranesi. Morfologia e sintassi del fragment*, Santarcangelo di Romagna: Maggioli, 2008.

17 参见皮拉内西《古罗马战神广场》图册的图版46、图版47。

18 Francis Haskell, Nicholas Penny, *Taste and the Antique: The Lure of Classical Sculpture, 1500–1900*, New Haven and London: Yale University Press, 1981, pp. 143–144.

19 皮埃特罗·伯拉奇在日记里记录了1734年对这尊雕像的修复工作,参见 Elizabeth Kieven, John A. Pinto, *Pietro Bracci and Eighteenth-Century Rome: Drawings for Architecture and Sculpture in the Canadian Centre for Architecture and Other Collections*, University Park: Penn State University Press, 2001, pp. 15, 273。

20 格朗让是荷兰人,1781年卒于罗马,葬在罗马新教徒墓园。

21 Michele Franceschini, "La nascita del Museo Capitolino nel diario di Alessandro Gregorio Capponi," *Roma moderna e contemporanea* I (1993); Elisabeth Kieven, ""Trattandosi il-lustrar la patria:' Neri Corsini, il ' Museo Fiorentino' e la fondazione dei Musei Capitolini," *Rivista storica del Lazio* 6 (1998); Valerio Vernesi, "Alessandro Gregorio Capponi, 'statue di Campidoglio:' idea e forma del Museo Capitolino," *Bollettino dei musei comunali di Roma 15* (2001).

22 Giovanni Gaetano Bottari, *Del Museo Capitolino* (4 vols.), Rome, 1741–1782.

(图25)

卡皮托利尼博物馆里的安提诺乌斯雕像,让·格朗让,1780年

图的、编排严谨的古物藏品目录,藏品评语由皮拉内西的赞助人乔瓦尼·加埃塔诺·博塔里(Giovanni Gaetano Bottari)撰写。[23]

皮拉内西在才识、艺术和商业方面的进取精神,都是建立在碎片之上的,这包括建筑碎片、雕塑碎片以及图形碎片。最明显的佐证莫过于他在托马蒂宫(Palazzo Tomati)的住所兼博物馆里展出的那些精美物品,其中有许多都被他绘制收录在1778年出版的《花瓶、烛台、碑石、石棺、三足鼎、灯及古代装饰品》(*Vasi, candelabri, cippi, sarcophagi, tripodi, lucerne, ed ornamenti antichi*)里,也是他广而告之的一种手段。[24]作为古董商,皮拉内西专攻这类装饰物,从而避免了人物雕塑收藏市场的各种竞争和麻烦。当时的流行品味不喜破碎物,因此对皮拉内西、汉密尔顿、詹金斯和其他古董商来说,修复待沽作品的残缺部分是标准操作。罗马因此出现了许多专门的修复人员,皮拉内西雇请的都是其中的佼佼者,包括洛伦佐·卡德利(Lorenzo Cardelli)和弗朗切斯科·安东尼奥·弗朗佐尼(Francesco Antonio Franzoni)。[25]据皮拉内西的传记作者罗格朗的说法,皮拉内西会为这些修复工提供他自己制作的模型,对他们进行培训。[26]文森佐·布伦纳(Vincenzo Brenna)在1770年写给查尔斯·汤利(Charles Townley)的信中说,皮拉内西"收集了大批大理石,不仅塞满了他自己的房子,连那条街(费利切街)上他买下的多家铺面也都满了……他雇了30个人来处理这些大理石;他几乎不再做版画蚀刻,一心投入古代大理石的流转交易"。[27]

无论是18世纪收藏家的心理期望,还是迎合他们品味的古董商的专断处理方式,都远远超出了我们今天普遍认同的适当的修复范围。他们追求的是全无裂痕、表面完好无损的物

23 博塔里编辑了前三卷,第四卷由 N.M.Foggini 编辑,出版于1782年。参见 Heather Hyde Minor,*The Culture of Architecture in Enlightenment Rome*, University Park: Pennsylvania State University Press, 2010, pp. 190–215.

24 有关皮拉内西的住所兼博物馆,参见 Carlo Gasparri, "La Galleria Piranesi da Giovan Battista a Francesco," *Xenia* 3 (1982).

25 关于弗朗佐尼,参见 Alvar González-Palacios, "Per Francesco Antonio Franzoni,intagliatore di Pio Ⅵ," *Antologia di belle arti*, 1994, pp. 48-51;关于卡德利,参见 William Rieder, "Piranesi at Gorhambury," *Burlington Magazine*, 1975, p.97.

26 Jacques Guillaume Legrand, *Notice historique sur la vie et les ouvrages de J. B. Piranesi architecte, peintre et graveur*, in Georges Brunel (ed.), *Piranèse et les Français: Colloque tenu à la Villa Médicis*, Rome: Edizioni dell'Elefante, 1978, p. 241.

27 原文为 "Nuove di Roma sono, che Piranesi, hà fatto una raccolta cosi grande di Marmi, che oltre avere riempito tutta la sua Casa hà preso moltissime Botteghe nella sua Strada che sono anche piene, e per tutto si lavora e tiene da trenta persone il giorno, a lavorare li suoi Marmi, hà quasi lasciato di incidere,e si è buttato a traficare di marmi antichi." 抄录自 Letizia Tedeschi, "Il mio singular piacere' in 18 missive di Vincenzo Brenna a Charles Townley e a Stanislaw K.Potocki," in Piervaleriano Angelini, Nicola Navone, and Letizia Tedeschi (eds.), *La cultura architettonica italiana in Russia da Caterina Ⅱ a Alessandro Ⅰ*, Mendrisio: Mendrisio Academy Press, 2008, p. 465.

体，为此他们随时准备去补齐缺失的部分，并且会让补齐部分的表面及光泽与原始碎片几乎难分彼此。这就可能涉及大量天马行空的创造性幻想，而且事实也确实如此，尤其是就那些受皮拉内西的权威和创造性天才指点的修复工而言。

《花瓶、烛台、碑石、石棺、三足鼎、灯及古代装饰品》（下文简称《花瓶、烛台、碑石》）所绘物品中，至少有12件与皮拉内西参与的一次挖掘中发现的碎片有关。[28] 1769年，苏格兰画家兼古董商加文·汉密尔顿（Gavin Hamilton）[29]将哈德良离宫的低洼区域，也就是“沼泽区”（Pantanello）排干，由此发现了他后来描述的：

> 数量庞大的白色大理石材料，足以建造一座雄伟的宫殿，许多雪花石膏柱严重断裂，一如那些金麻大理石和其他珍贵的大理石，或许还应加上破损的花瓶、浅浮雕、各类装饰品，概言之，是哈德良离宫中多数最精美物品的交杂混合。[30]

汉密尔顿接着写道，挖掘出来的“大量花瓶碎片、不同种类的兽形以及一些精美的装饰品”传到了皮拉内西的手里。这些物品中有几件揭示出皮拉内西对修复的态度以及碎片与幻想之间的动态变化关系。

在利用从沼泽区挖掘出的碎片修复而成的物品中，最引人注目的是藏在阿什莫林博物馆（Ashmolean Museum）的两支烛台和在格拉斯哥伯勒尔收藏馆（Burrell Collection）展出的“沃里克花瓶”。[31]其中，两支牛津大烛台是鉴赏家罗杰·纽迪格特爵士（Sir Rodger Newdigate）于1775年从皮拉内西手里购得的（图26、图27）。两年后，纽迪格特将它们捐赠给了拉德克里夫图书馆（Radcliffe Camera），之后不久，两支烛台就被赞誉“本身即构成了一个完美的雕塑与建筑学派”。[32]烛台的平面呈三角形，高度近两米。它们极其繁复，且装饰华丽。其中一支的主要雕塑构件是三只象首，它们构成了上方锥形砌块的底座，砌块表面雕刻着密涅瓦、赫拉克勒斯和席尔瓦努斯；另一支的三个角上则分别立着一只鹤。仔细观察两支烛台的表面就会发现，它们是由上百个碎片、以高超的技巧聚合而成的。同样明显的一点事实是，就迄今为止的研究结果而言，这些碎片绝大部分都不是古代的，而是18世纪的作品。[33]

沃里克花瓶的名字源自沃里克伯爵乔治·格雷维尔（图28）。格雷维尔从英国驻那不勒斯使节威廉·汉密尔顿爵士处购得这件精美绝伦的艺术品，后者则是从皮拉内西那里买来，对其进行修复之后，于1774年带到了英国。[34]这只花瓶的比例惊人：高近两米，直径逾两米。因其刻着萨提尔面具、酒神杖、豹皮、藤蔓等与酒神相关的浮雕装饰，皮拉内西推测，它最初可能立在哈德良离宫某座献给酒神巴克斯的神庙里。

这只花瓶是一件绝妙的模仿之作，从这点来说，其状况与两支牛津大烛台非常类似。它的许多碎片都可追溯到18世纪，且质量上乘。[35]有一段对皮拉内西修复方法的描述，重点讲到了新片段与原始碎片的结合：“初现时俱为碎片，一位罗马艺术家以黏土塑成其形及尺度，将碎片粘于黏土之上使成一体，再统一打磨其形，并补其缺。”[36]

皮拉内西在《花瓶、烛台、碑石》中对许多待沽物品的描述，似乎是有意地将其错误呈现为大体完好的古代艺术品。例如，在一幅沃里克花瓶图下方的说明里，花瓶被描述为“哈德良时代完美艺术”的典范。[37]同一幅图版中还包含一处细节，描绘的是花瓶底座上的莨苕叶形装饰，选择它显然是为了展示这件古物上雕刻的精美——但事实上，沃里克花瓶的底座部分根本没有任何古代碎片幸存。牛津大烛台和沃里克花瓶既是哈德良时代的映照，也表达出皮拉内西对于古物的超凡幻想。

28 Henri Focillon, *Giovanni-Battista Piranesi*, Paris: Laurens, 1918, pp. 602–604, 614–615, 623–624, 629, 704–705, 708–709.

29 David Irwin, "Gavin Hamilton, Archaeologist, Painter, and Dealer," *The Art Bulletin*, 1962, 44 (2): 87–102.

30 A. H. Smith, "Gavin Hamilton's Letters to Charles Townley," *Journal of Hellenic Studies*, 1901, 21: 306–321.

31 Nicholas Penny, *Piranesi*, London: Oresko Books, 1978, pp. 92–93.

32 参见乔治·霍恩（George Horne）在1777年致纽迪格特的信，引自 Michael McCarthy, "Sir Roger Newdigate and Piranesi," *Burlington Magazine*, 94, (1972): 469.

33 Nicholas Penny, *Catalogue of European Sculpture in the Ashmolean Museum* (3 vols), Oxford: Clarendon Press, 1992, pp. 108–116; Jonathan Scott, "Some Sculpture from Hadrian's Villa, in Tivoli," in Anna Lo Bianco (ed.), *Piranesi e la cultura antiquaria*, Rome: Multigrafica, 1983.

34 Richard Marks, Brian J. R. Blench, *The Warwick Vase*, Glasgow: Burrell Collection, 1979; N.M.Penzer, "The Warwick Vase," *Apollo* 62 (1955): 183-88; 63 (1956): 118-22; Bent Sørensen, "Piranesi, Grandjacquet, and the Warwick Vase," *Burlington Magazine*, 145 (2003).

35 Sørensen, "Piranesi, Grandjacquet, and the Warwick Vase."

36 参见*Gentleman's Magazine 2* (December 1800): 1144.

37 原文为 "le sue ben 'intese Sculture dimostrano

（图28）

沃里克花瓶，《花瓶、烛台、碑石、石棺、三足鼎、灯及古代装饰品》，皮拉内西，1778年

多亏了皮拉内西出色的即兴创作，这些物品对于书写艺术史具有重要意义。

皮拉内西的考古学出版物，从《罗马古迹》到《花瓶、烛台、碑石》再到他身后出版的哈德良离宫平面图和《富奇诺湖地形图》，记录了他在古建筑和装饰方面的丰富经验。这些修复和重构作品体现了皮拉内西对罗马建筑与设计精神的升华。有些人会不加批判地接受皮拉内西描绘的古代景象，误认为那些景象是客观的、无个人立场的阐释，此法不可取；同样地，我们也不该把他描绘的景象视为误导或对现代考古学方法的无知，并因此一概摒弃。对于皮拉内西，我们必须批判性地评价，应抱着将考古事实与虚构幻想区分开的态度；对于他的先驱性实践，我们应尊重对待，因为它们既向我们讲述了古代，其讲述的方式又精彩绝伦。

皮拉内西与《古罗马城图志》

古罗马城大理石平面图《古罗马城图志》（*Forma Urbis Romae*）与皮拉内西的整个职业生涯密切关联，也构成了他无论考古学还是辩论性出版物中的一个重要主题。[38]《古罗马城图志》堪称人类历史上最无与伦比的城市表现图之一。它诞生于公元205—208年塞普蒂米乌斯·塞维鲁（Septimius Severus）皇帝统治期间，以1∶240的比例，在大理石板上雕刻记录下了整个古罗马城。石板最初被镶嵌在和平神庙附属空间的一面墙上。[39]

大理石地图的遗留残片清楚地表明，每一条街道、每一个广场、每一座建筑物都被勾勒出轮廓，构成一幅地面平面图（图29）。古罗马城的所有地形元素都被刻画出来，好像反射

38 品托曾对此有详细分析，见：John Pinto, " Forma Urbis Romae: Fragment and Fantasy," in C.L. Striker, ed., *Architectural Studies in Honor of Richard Krautheimer*, Mainz, 1996, pp. 143-147.

39 Gianflippo Carettoni, Antonio Colini, Lucos Cozza, and Guglielmo Gatti, *La pianta marmoreal di Roma antica* (2 vols), Rome: Comune di Roma, 1981; Emilio Rodriguez-Almeida, *Forma urbis marmorea: Aggiornamento generale 1980* (2 vols)., Rome: Quasar,1981.

la perfezione dele Arti del secolo di Adriano." 参见 Focillon,Giovanni Battista Piranesi, p.602.

（图26）

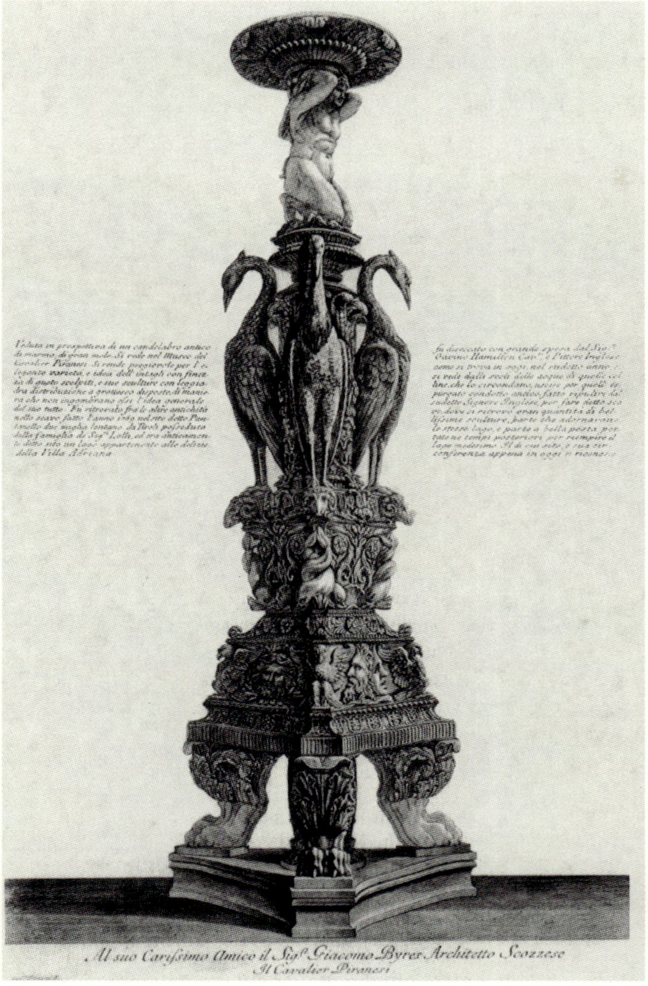

鹤烛台，《花瓶、烛台、碑石、石棺、三足鼎、灯及古代装饰品》，皮拉内西，1778年

（图27）

象首烛台，《花瓶、烛台、碑石、石棺、三足鼎、灯及古代装饰品》，皮拉内西，1778年

在一个水平面上一样。复杂精细的绘图方法提供了更多信息，例如，设置在大竞技场（Circus Maximus）东侧曲线中心的大门有四个支柱，连接各支柱的分段弧表示拱门；设置在大竞技场次结构中的 V 形符号表示楼梯。普通的建筑，如图29中可见的三个中庭房屋，也和大竞技场这样的纪念性建筑一样，透露出对细节的极大关注。《古罗马城图志》提供了一个连贯的框架，能在不损害城市整体画面形象的前提下插入更多细节，显示出罗马城市测绘师的高超技艺。

在1562年第一组残片被发现之前，大理石地图的碎片就一直散落在原本所在的那面墙的墙脚，长达数个世纪。它们的再现点燃了文艺复兴时期的古物学家、地形学家和测绘师的想象力，其中包括乔瓦尼·安东尼奥·多西奥（Giovanni Antonio Dosio）和埃蒂安·杜贝拉克（Etienne Dupérac），以及亚历山德罗·法尔内塞枢机主教的图书管理员富尔维奥·欧斯尼（Fulvio Orsini）——残片在发现后不久就被移到了主教的宫殿里。杜贝拉克在1574年出版了具有里程碑意义的古罗马城市重构版画，其中特别提到了他对《古罗马城图志》残片的借鉴应用。

在接下来的一个半世纪里，《古罗马城图志》的珍贵残片继续被研究参阅，在1673年还由乔万·彼得罗·贝洛里（Giovan Pietro Bellori）进行了出版。[40]时至18世纪，事情有了新的进展，使得人们对大理石地图的兴趣被再次点燃。1741年，对古物兴趣浓厚的教皇本笃十四世要求法尔内塞的后人将他们持有的大理石地图残片移交给罗马市政府，以便在重新改造后的卡皮托利尼博物馆展出。博物馆馆长顾问迪戈·德·雷维拉斯神父（Padre Diego De Revillas）把在博物馆大楼梯上布置地图残片的任务委派给了诺利（Giambattista Nolli）。[41]诺利是来自科莫的建筑师和测绘师，他从1736年起就在筹备一份极其详细准确的罗马平面图。他的这幅详尽地图称为《罗马大地图》，于1748年绘制完成。[42]

诺利将大部分破碎的残片拼合起来，又根据贝洛里的残片版画，重刻了新的片段来填补部分缺失的碎片。残存碎片仅占大理石地图原始幅面的一小部分，因此，诺利并没有试图将这些残片重新整合在一个大平面里。相反，它们被随意布置在一组共20个独立地嵌在博物馆大楼梯侧边墙里的矩形板块里。虽然这种展陈方式是不连贯的，但这些古老残片的公开展示，依然对随后几十年间的重要城市制图范例产生了深远影响。

诺利自己的《罗马大地图》显示出高度的精确性和丰富的细节，在某些方面从未被超越。[43]1748年，诺利同时出版了《罗马大地图》的一个简化版本，这是他与皮拉内西合作的。[44]皮拉内西发挥他的惊人狂想，描绘了在本笃十四世教皇任期内完成

（图29）

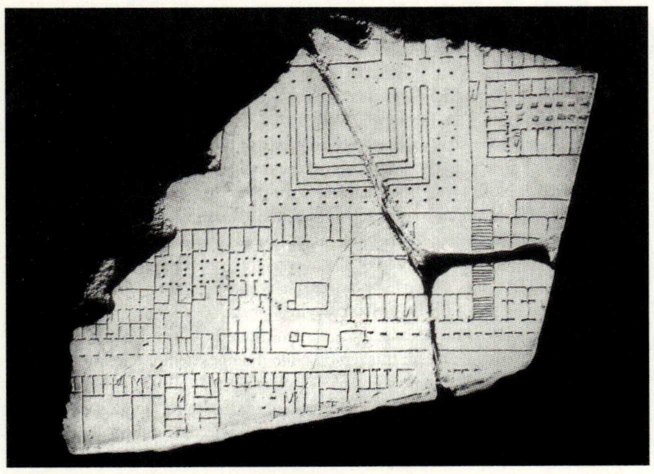

古罗马城大理石地图残片

40 Giovanni Pietro Bellori, *Fragmenta vestige Romae ex lapidibus Farnesianis nunc primum in lucem edita com notis*, Rome, 1673.

41 Pedley, "The Manuscript Papers of Diego De Revillas in the Archives of the British School in Rome."

42 Mario Bevilacqua, *Roma nel secolo dei lumi: architettura, erudizione, scienza nella pianta di G. B. Nolli'celebre geometra*, Naples: Electa Napoli, 1998; Allan Ceen, *The Grande Pianta di Roma of Giambattista Nolli in facsimile*, Highmount, NY: J. H. Aronson, 1984; Franz Ehrle, *Roma al tempo di Benedetto* XⅣ. *La pianta di Roma di Giambattista Nolli del 1748*, Vatican: Biblioteca Apostolica Vaticana, 1932.

43 爱德华·吉本（Edward Gibbon）提出诺利地图可以作为古罗马综合性考古地图的基础。直到19世纪末，鲁道夫·兰齐亚尼（Rodolfo Lanciani）才绘制出这样一份考古地图，并恰如其分地命名为《罗马地图》。参见 Edward Gibbon, *The History of the Decline and Fall of the Roman Empire*, 3 vols. (New York: Heritage Press, 1946), 3: 2441, fn. 30; Rodolfo Lanciani, *Forma urbis Romae* (Milan, 1893–1901).

44 Amato Pietro Frutaz, *Le piante di Roma* 3 vols. (Rome: Stabilimento Arti Grafiche Luigi Salomone, 1962), 1: 236; 3: tav. 419.

的三座纪念建筑：耶路撒冷圣十字圣殿和圣母玛利亚大教堂的外立面，以及出现在地图右下角的特莱维喷泉。皮拉内西可能还与诺利商讨过在卡皮托利尼博物馆重新布置《古罗马城图志》残片的展陈方式。不管这一点是否属实，毋庸置疑的是，皮拉内西对大理石残片非常熟悉，我们从他18世纪50年代开始出版的一系列版画中就能看出。

1756年出版的《罗马古迹》预示了一种在皮拉内西日后的古物研究中越发明显的，更加系统、更加考古式的方法。在第一卷的卷首画里，一块大理石地图残片倚靠在献给查理蒙特勋爵（Lord Charlemont）的铭文上，强调了幸存残片的用途。此系列中有三幅图展示了大理石地图的残片，其构成方式类似于卡比托利欧广场上的新装置，另有两幅附图，上面印有残片索引。[45]《罗马古迹》中有一张平面图，在边缘处记录了古罗马主要的纪念性建筑，其中出现了一些来自《古罗马城图志》的残片（图30）。仔细观察会发现，这幅皮拉内西自己的平面图是以一种会让人产生错觉的方式描绘出来的，它仿佛是刻在一大块石板上。这块虚幻的石板沿着城墙线投射在贾尼科洛山上的阴影就是幻象的信号。皮拉内西这么做的含义非常明确：他的新平面图是从旧平面中产生的，他认为旧平面图是一份记录着古城地形的重要的考古学文献。

《罗马古迹》里另有三幅插图，是罗马古城内纪念性建筑群的重建平面图，分别是古罗马广场（Forum Romanum）、卡比托利欧山（the Capitoline）和克劳迪斯神庙（Temple of the Divine Claudius），此神庙被皮拉内西确定是尼禄的水神庙（图31~图33）。[46]它们看上去像是刻在《古罗马城图志》的残片上一般。《罗马古迹》里的另外一张平面图描绘了古代高架渠穿过城市的路线（图34）。在这张图里，整个平面都仿佛是被刻在一块石板上，石板的不规则边缘显示出明显可见的破损痕迹。在某些位置，石板甚至超出了画面的常规边界，从而增强了平面图是刻在大理石上而不是印在纸上的错觉。为了进一步强化这种错觉效果，皮拉内西又将其他大理石残片叠加在石板上，如画面左上方破碎的图幅标题和右上方刻有罗经点的柱鼓和底座。此外，他还充分利用所选择的版画媒介的材料，将标注着说明性图例和示意的纸卷轴巧妙地展开，叠放在平面图顶部。

皮拉内西借用大理石地图的方法还不止于此。《古罗马战神广场》系列中有一幅插图，其中可见一组与庞培剧场有关的《古罗马城图志》残片（图35）。在画面左上角，皮拉内西插入了诺利1748年的罗马平面图中的一个细节，以此显示出剧场遗迹在现代城市中的位置，但他同时添加了一些内容和注释，旨在修正诺利在绘制剧场时犯的错误。[47]皮拉内西通过将现代平面图与古代残片并置，强调出诺利对城市形式的图形表现做法是源自大理石地图技法传统的，但同时也暗示了诺利应该给予那些残片更多关注。

《罗马古迹》里有一幅图，画的是圣科斯坦萨教堂（原为康斯坦丁娜陵墓）和它所属墓葬建筑群的平面（图36）。集中式平面的教堂被安排在画面的顶部，下方是与它成直角的椭圆形的露天墓地。在墓地另一侧是一个非常醒目的圆形台阶，它与教堂形成平衡关系，相比于已知的古代台阶，它倒更容易让人联想到巴洛克风格的舞台设计。所有这些结构都好似被刻在一块大理石板上，石板上有一条呈对角的断裂线，有效地将教堂和墓地一端与另一端和台阶隔开。这条断裂线乍看起来似乎是随机形成的，但实际上，它不着痕迹地将可考证的遗迹部分与臆测的部分（尤其是台阶）区隔开了。不同的线宽进一步强调了这幅重建平面图本质上是猜测而来的，这在随附图说里亦有说明。[48]

45 Wilton-Ely, *Giovanni Battista Piranesi: The Complete Etchings*, volume Ⅰ, San Francisco: Alan Wofsy Fine Arts, 1994: 337–341.

46 同上, volume Ⅰ: 405, 407–408.

47 Allan Ceen, *The Pianta Grande di Roma of Giambattista Nolli in Facsimile*, Ⅳ.

48 图说相关内容如下："L. Gran fabbrica sepolcrale aggiunta al Mausoleo ne' tempi posteriori. Quella parte della quale ancor sussistono gli avanzi è segnata dalla tinta più scura: l'altra parte indicate dalla tinta più leggera è rovinata dal tutto."

（图30）

嵌入了《古罗马城图志》残片的古罗马平面图，《罗马古迹》，皮拉内西，1756年

(图31)

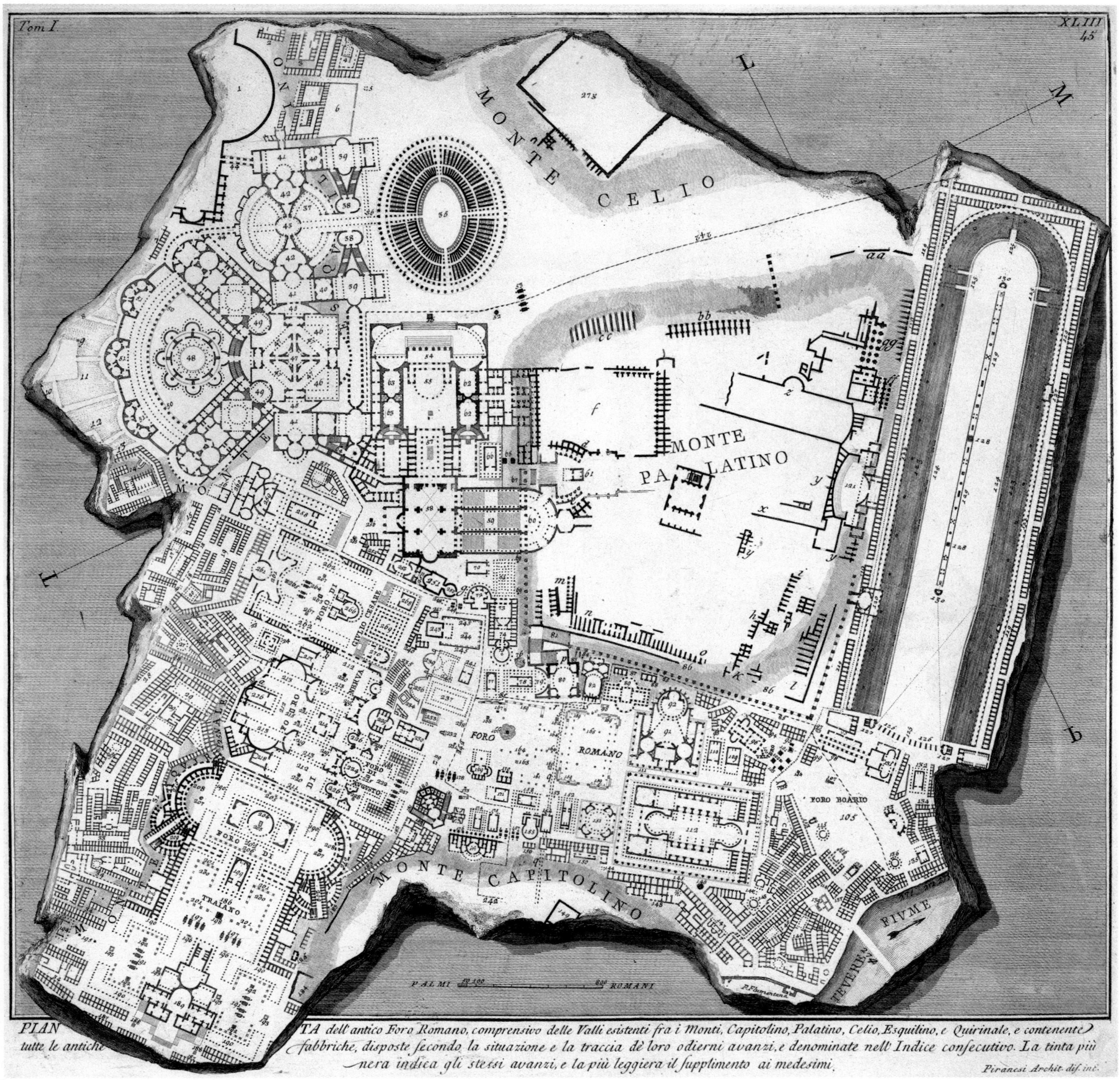

古罗马广场平面图,《罗马古迹》, 皮拉内西, 1756年

(图32)

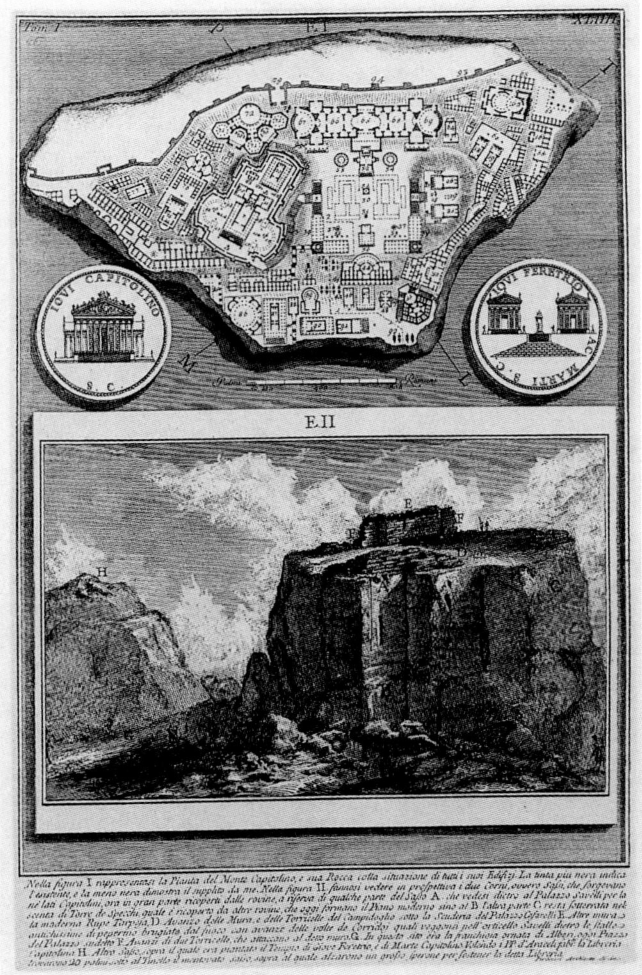

卡皮托利尼山平面图,《罗马古迹》, 皮拉内西, 1756年

(图33)

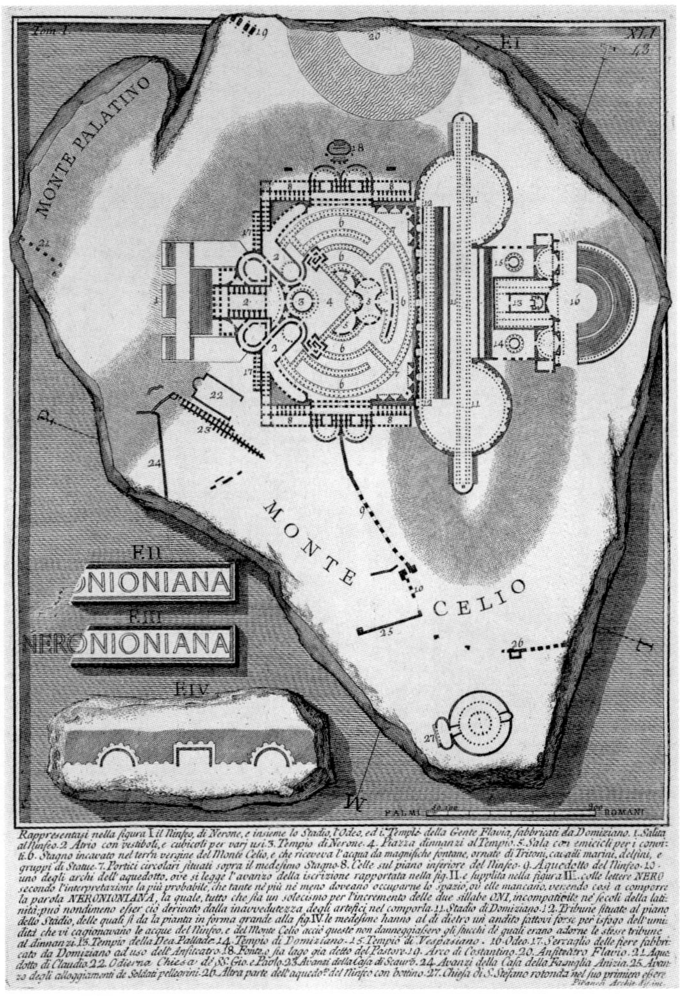

克劳迪斯神庙,《罗马古迹》, 皮拉内西, 1756年

（图34）

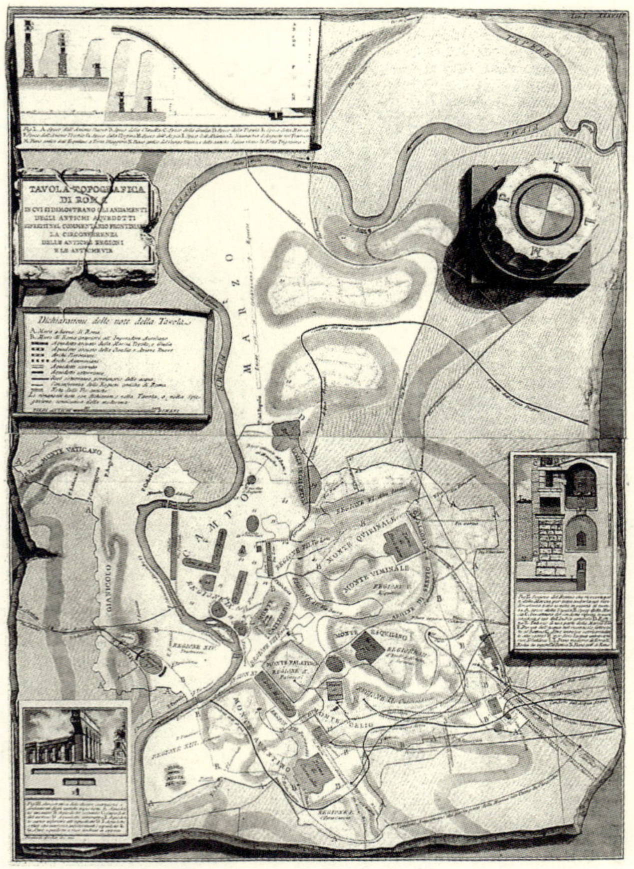

城市高架渠平面图，《罗马古迹》，皮拉内西，1756年

（图35）

庞培剧场平面图及其他大理石地图残片，《古罗马战神广场》，皮拉内西，1762年

皮拉内西对古代大理石地图残片的运用，不仅是为了将考古事实与虚构想象区分开，也是为了显示他作为古物收藏家和设计师的双重身份。[49]圆形台阶设计的灵感可以追溯到真正的大理石地图上的一个特征元素，皮拉内西确认其为"自由中庭"。[50]包含这个元素的残片，就藏在《罗马古迹》里皮拉内西所绘罗马地图周围巧妙安排的那些碎片里(图30)。[51]通过在圣科斯坦萨教堂建筑群中增添元素，皮拉内西为原本没有对称和平衡的地方创造了对称和平衡，从而强调表达了18世纪的设计原则和期望。[52]沃纳·奥克斯林（Werner Oechslin）在讨论这幅画时，曾将皮拉内西对古物"观念"的

49 我对这幅画的分析受惠于约翰娜·海因里希斯（Johanna Heinrichs）2008年的研讨会论文《皮拉内西与碎片》(*Piranesi and the Fragment*)。

50 Luisa Musso, "Mausoleo di Costanza," in *Piranesi nei luoghi di Piranesi*. Rome: Multigrafica, 1979, p. 93.

（图37）

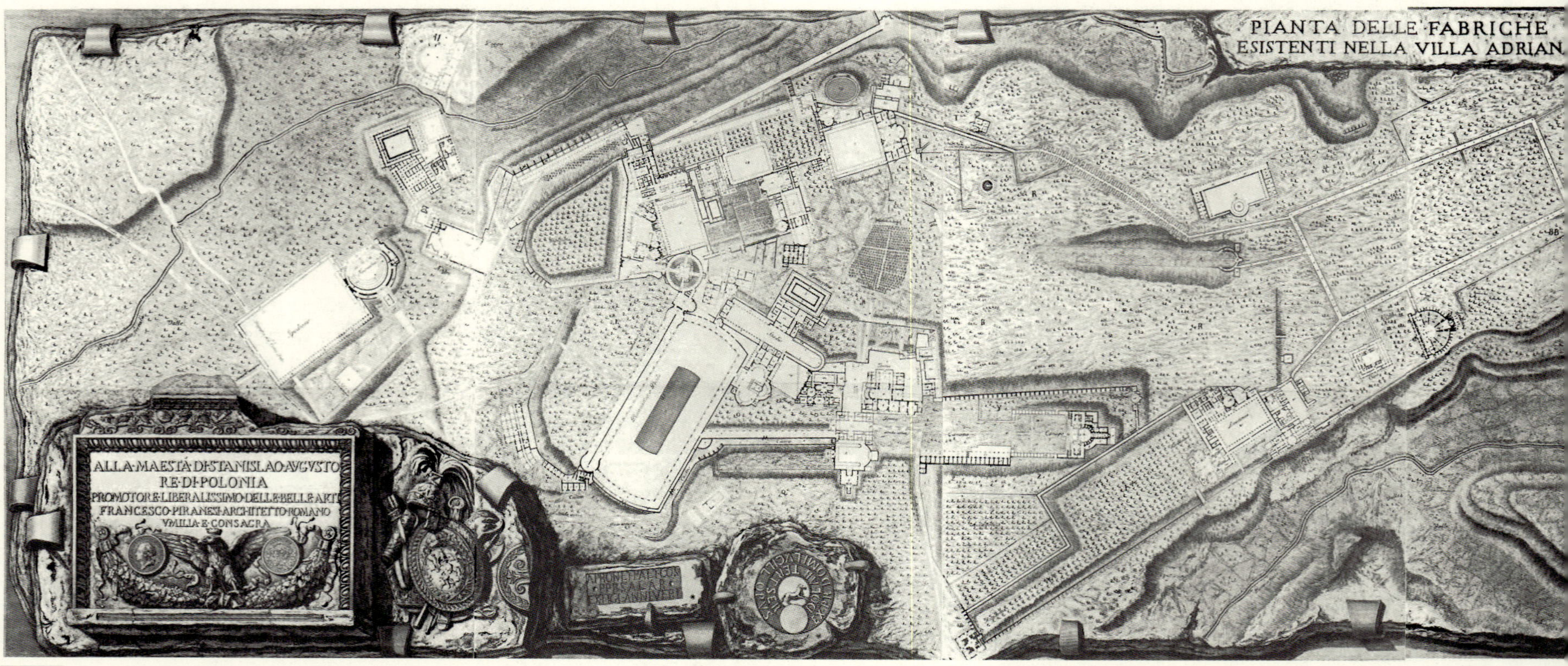

哈德良离宫平面图细节，皮拉内西，1781年

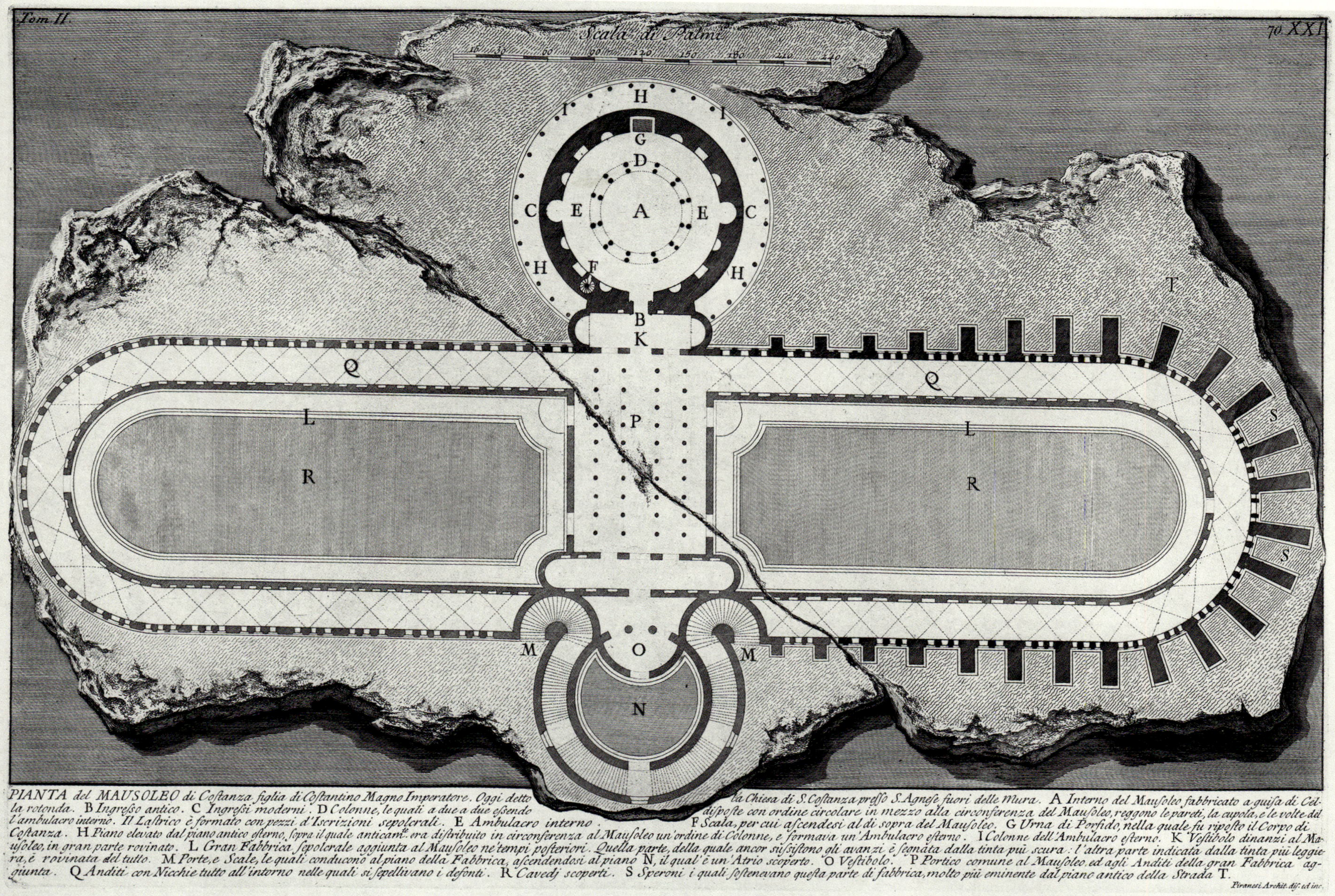

（图36）

圣科斯坦萨教堂平面图,《罗马古迹》, 皮拉内西, 1756年

再现和"考古学上的真相"作了区分。[53]

在圣科斯坦萨教堂的重构图中，我们能看到一种预期中的且被压缩了的逻辑，这一逻辑在皮拉内西构想的《战神广场平面图》中得到爆炸性的呈现：画面中充满了大理石地图传统所暗示的无数结构(图20)。[54]在这张由六幅画面组成的非凡图像中，皮拉内西更进一步地追求平面图仿若雕刻在大理石上的错觉。边缘处金属夹的存在，暗示皮拉内西的平面图和《古罗马城图志》一样是固定在墙上的。右上角显然曾经断裂，后来被重新黏合到石板上。在《战神广场平面图》中，皮拉内西将古代残片重新整合进一个想象中的整体。在皮拉内

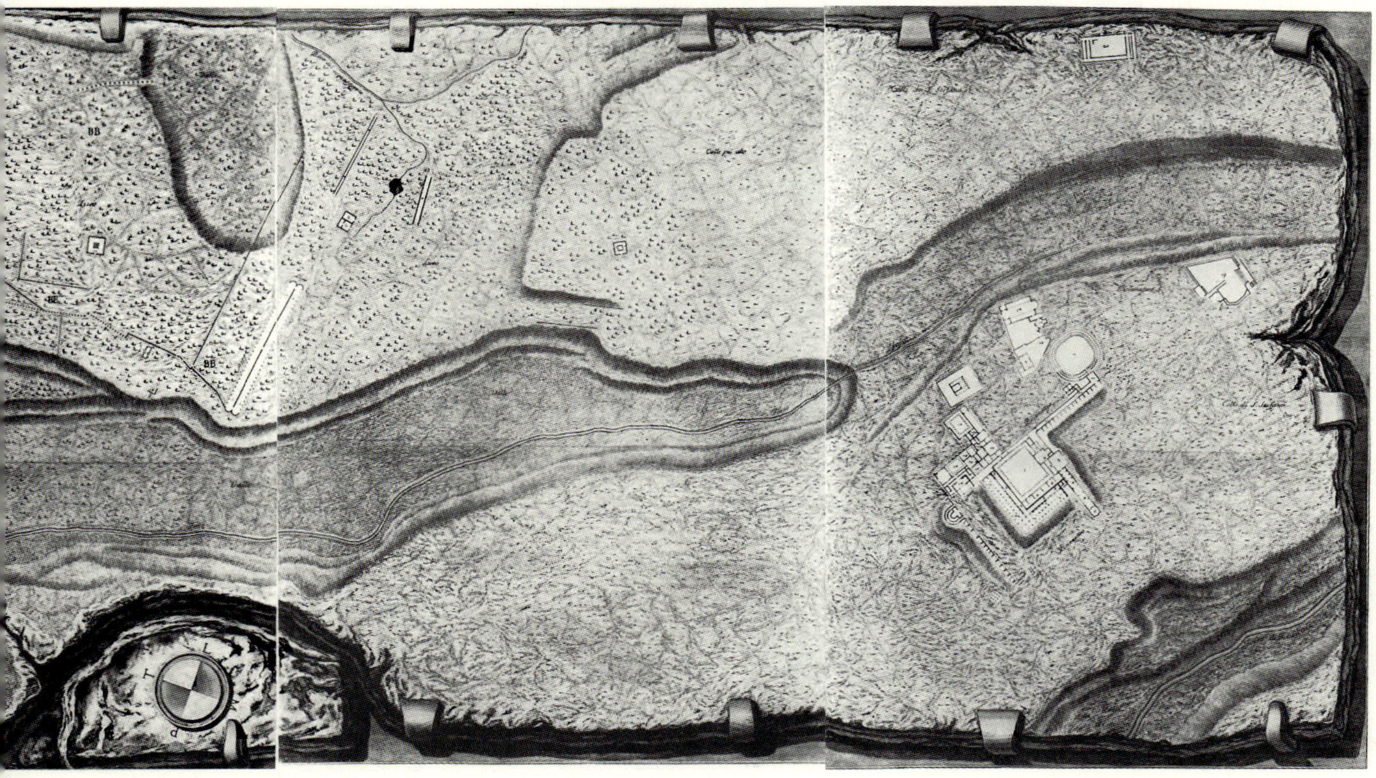

51 Piranesi, *Le antichità romane*, I, plate Ⅱ, no. 50.

52 关于这方面，值得注意的是，台阶的直径与圆形教堂的直径相等。

53 Werner Oechslin, "L'intérêt archéologique et l'expérience architecturale avant et après Piranèse," in *Piranèse et les Français: Colloque tenu à la Villa Médicis*, Georges Brunel (ed.), Rome: Edizioni dell'Elefante, 1978, p. 406.

54 Joseph Connors, "Piranesi's Campo Marzio," in *Avery's Choice: Five Centuries of Great Architectural Books, One Hundred Years of an Architectural Library, 1890—1990*, Adolf K. Placzek(ed.), NewYork, NY: G. K. Hall, 1997; John Wilton-Ely, "Utopia or Megalopolis? The 'Ichnographia' of Piranesi's 'Campus Martius' Reconsidered," in *Piranesitra Venezia e l'Europa*, Alessandro Bettagno (ed.), Florence: L. S. Olschki, 1983.

西的考古学模式中，那些残片被用作文献；但在他的幻想模式中，它们起着隐喻的作用。右上角的平面图虚构碎片与紧邻铭牌右侧的《古罗马城图志》真实残片之间，并无明显差异。所以说，皮拉内西对宏伟罗马的想象是从《古罗马城图志》的抽象几何传统中汲取灵感的。真实大理石地图的残碎状态，既让他精准绘制的奇妙图景得以合理化，同时又刺激他构想出如此的图景。

诺利和皮拉内西的创作都受到材料和技术的限制，这导致他们绘制的地图本身就是由碎片构成的。大理石地图残片的不规则轮廓是剧烈破碎导致的随机结果，而诺利和皮拉内西画面中的碎裂，尽管同样是随机生成的，却更加规则，这是由他们使用的印版尺寸和纸料所致。许多18世纪的地图都以活页或捆绑成册的形式面世，这常常导致很难把它们整合成一个连贯的、同样范围的空间统一体。[55]

皮拉内西的考古式制图中有两幅晚期的作品——《富奇诺湖地形图》和哈德良离宫平面图——借用了《古罗马城图志》的主题和传统。这两幅图是在他身后，分别于1779年和1781年由他的儿子弗朗切斯科出版的。下一章会对这两幅图进行更细致的探究，在此我们仅强调一下1781年的平面图与《古罗马城图志》的关系。构成哈德良离宫平面图的六张大图幅，其中一张上有一处与众不同的细节，它表明，和《战神广场平面图》一样，这幅平面图的呈现方式也像是被刻在一块大理石铭牌上一般（图37）。在书写详尽的图例说明和加盖在虚构大理石表面的砖印记上方，是位于离宫中心的主要建筑群和亭阁结构。

将墙垣废墟转译成考古平面图的工作，在18世纪时通常由艺术家和建筑师来完成，这促使了一种新的图形抽象产生。[56] 这个转译过程，在特别是像皮拉内西这样水准的图形艺术家手中，会产生一种模糊考古事实与创造性幻想之间界限的效果。对比皮拉内西的哈德良离宫平面图和《战神广场平面图》，我们可以发现形式上的相似关系，尽管一幅基本上是真实的，另一幅则大体是虚构的。皮拉内西本人在谈及战神广场图册时说：“倘若有人指责我造假，我认为指责者应该先审视一下这座城市古老的（大理石）地图……审视一下蒂沃利的哈德良（离宫）。”皮拉内西对虚构大理石板和抽象表现手法的结合使用，将哈德良离宫平面图与罗马城市平面图联系在了一起，它们均为组合图像这一事实也同样起到了联系作用。借由对《古罗马城图志》这一不朽先驱的回望，皮拉内西完美地在这些平面图中融入了考古学的精确与创造性幻想。

“好古寻旧”：遗址现场的直接体验

和文艺复兴时期一样，在18世纪，废墟继续充当着古代与现代、建筑师与建筑师之间的交流场所。显著代表莫过于哈德良离宫，它的多处拱顶和墙壁上都留有艺术家和建筑师的签名。[57]整个18世纪里，这座离宫就像是一块磁石，持续吸引众多艺术家、建筑师和古董爱好者前来。

在18世纪50年代中期，查尔斯 - 路易斯 · 克莱里索和罗伯特 · 亚当曾一起在哈德良离宫画画。亚当对当时在遗迹现场作画有生动的描述，我们可以从中窥见，在废墟当中建筑师之间是如何交流的：1756年4月，亚当到蒂沃利“去探访哈德良离宫，作画，并检查我在那里的一些工人的工作，因为我正在制作一份精准的离宫平面图”[58]，亚当记载道，一个名叫赫维的朋友坚持要与两位艺术家一同前往：

> 他坚称绝不会打扰到我们，我作画时他会坐在旁边阅读。他确实也是这么做的，读的是《汤姆 · 琼斯》，他认

55 这些18世纪平面图的残缺性，在我们这个时代体现得最显著的也许是1978年名为“断裂之罗马”（Roma Interrotta）的展览，12位当代建筑师每人分到一块诺利地图，要以此为出发点来做自己的设计。参展人之一利昂 · 克里尔（Leon Krier）甚至把诺利地图进一步分解成类似于《罗马地图》的碎片，在其中一块碎片上，他提议在纳沃纳广场北端建立一个新的社会中心。参见 *Architectural Design*, 1979, 49: 3–4.

56 Oechslin, "L'intérêt archéologique et l'expérience architecturale avant et après Piranèse."

57 Nicole Dacos, 'Visitatori di Villa Adriana, "*Palatino* 9 (1965); MacDonald and Pinto, *Hadrian's Villa and Its Legacy*.

58 Fleming, *Robert Adam and His Circle in Edinburgh and Rome*, 204.

> 为此书最适合此情此景。我们在这片古迹废墟中拥抱了可爱的索菲娅。天气宜人，工作也很愉悦，以至于我们最后在那里待了六天，两倍于预期时间。[59]

亚当和克莱里索各有一幅描绘离宫大浴场圆形大厅的画作，它们在画面构图上有相似之处，这强烈表明它们实际上是由亚当完成的，是他的这位法国绘画大师指派给他的建筑渲染练习（图38、图39）。将它们与皮拉内西对同一结构的娴熟处理相比，可以看出皮拉内西更注重精确度和细节，包括拱顶区域和左侧壁龛里的抹灰装饰痕迹（图40）。他的笔触大胆，对阴影的运用极为巧妙，因此有效地定义出由凹形砌体形成的空间，同时捕捉到了建筑物的基本结构和如画的外观。亚当在另一幅画里描绘了小浴场的八角形大厅（图41）。为了传达出内部凹凸交替的墙体结构，他采用了扭曲手法：通过扩大视角，部分地压平了起伏的墙体。

59 John Fleming, "An Italian Sketchbook by Robert Adam, Clérisseau, and Others," *Connoisseur*, 1960, 46:189.

（图39）

哈德良离宫大浴场，查尔斯 - 路易斯 · 克莱里索，约1756年

（图38）

哈德良离宫大浴场，罗伯特 · 亚当，1756年

（图40）

哈德良离宫大浴场，皮拉内西，约1775年

（图41）

哈德良离宫小浴场，罗伯特·亚当，1756年

亚当的哈德良离宫绘画展现出一种契合年轻建筑师身份的自由度和创造力，他在努力积累形式类型，以便日后自己做设计时作为参考。出于这个原因，他的草图在绘制过程中是相对概括的，把握住了体块与空间、光与影的基本关系，但避开了画面形式要求和精准实测细节。亚当的动机显然是建筑学上的而不是古物研究上的。

20年后，又有一批建筑师受哈德良离宫吸引而来。威尔士画家托马斯·琼斯（Thomas Jones）在回忆录中描述了他在1777年秋，与威廉·钱伯斯爵士的学生托马斯·哈德威克（Thomas Hardwick）以及一位"贾科莫先生"同游别墅的情景。[60]他写道："天色很晚之时，同为建筑师的哈德威克和贾科莫先生才从罗马抵达（蒂沃利的）这栋房子。我们共进了晚餐，度过了一个愉快的夜晚。"次日，琼斯记录他"与哈德威克和贾科莫一起去了离宫，随行的还有一名导游，带着一篮子食物。我们在那里测量了其中一些构筑物的尺寸，画了各类草图，然后用餐"。在艺术家和建筑师留在哈德良离宫的众多签名涂鸦里，有一个正出自这位神秘的贾科莫先生：贾科莫·夸伦吉（Giacomo Quarenghi）（图42）。这是一位来自贝加莫的建筑师，后来在沙皇俄国有大量实践项目。[61]将哈德威克的一幅画作与夸伦吉的一幅草图进行比较，其结果很有启发性（图43、图44）。哈德威克画面构图的中心元素是坎诺普斯区域餐厅的实测平面图；在附属的次要部分，右侧是同一结构的正立面图。这幅画里对立面的精确渲染与夸伦吉在现场绘制的自然素描惊人地相似，这说明哈德威克很可能是照着后者复制的。

哈德威克可能觉得自己有权将夸伦吉的坎诺普斯区域餐厅图景融入他自己更加形式化的绘图中，毕竟两位建筑师是一起在哈德良离宫里写生的。在哈德威克画作之后两年出现的由约翰·索恩爵士创作的另一组画作，则揭示了这些绘画在当时是如何流传的。索恩和哈德威克二人1778年在罗马

（图42）

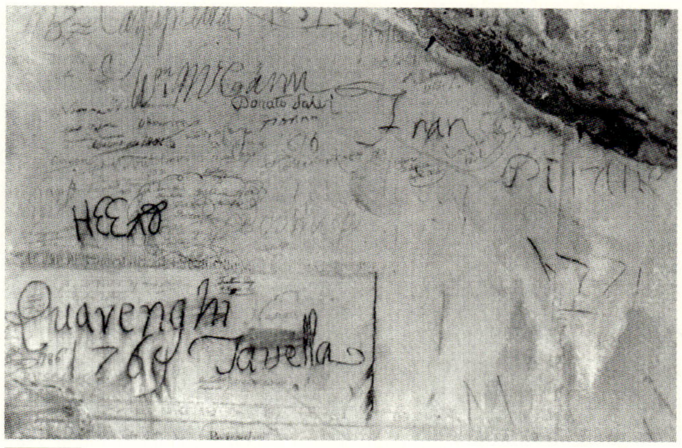

贾科莫·夸伦吉和弗朗切斯科·皮拉内西留在蒂沃利哈德良离宫柱廊水池建筑隐柱廊地道里的签名

60 A. P. Oppé (ed.), "Memoirs of Thomas Jones: Penkerrig Radnorshire 1803," in *Walpole Society*, vol. 32, 1946—1948.

61 Sandro Angelini, Vladimir Ivanoich Pjavski, and Vanni Zanella, *Giacomo Quarenghi*, Milan: Silvana, 1984.

（图43）

哈德良离宫坎诺普斯区域餐厅图景，贾科莫·夸伦吉

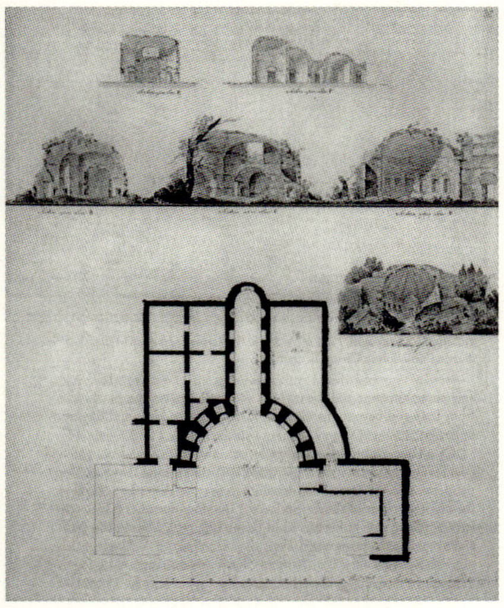

（图44）

哈德良离宫坎诺普斯区域餐厅平面及正立面图，托马斯·哈德威克，1777年

曾合作过一段时间，在此期间，索恩可能看到过哈德威克关于哈德良离宫的画作。[62]后来二人失和，哈德威克于1779年5月返回了英格兰。索恩的作品中有一幅哈德良离宫大、小浴场的平面图，日期署为1780年。这个时间表明，这幅画以及索恩绘制的离宫结构的其他实测图，可能是模仿夸伦吉所持有的画作绘制的。[63]这些画页有力地展示了绘画在传播古建筑知识方面所起的重要作用，以及古建筑遗址是如何通过吸引来自意大利及其他国家的建筑师，来促进设计思想和理论的交流。

在18世纪所有研究哈德良离宫的艺术家、古董商和建筑师中，皮拉内西对这处遗址用心之深切无人可比。柱廊水池建筑的隐柱廊地道里留有一处1741年的涂鸦，它可以证明，皮拉内西抵达罗马后不到一年就造访过哈德良离宫（图45）。在18世纪40和50年代，他多次去蒂沃利进行写生探险，而且经常是和克莱里索、亚当这样的外国艺术家一同前往。[64]皮拉内西的

（图45）

皮拉内西和贝内代托·莫里（Benedetto Mori）在柱廊水池建筑的隐柱廊地道中留下的涂鸦痕迹，哈德良离宫，蒂沃利

62 Pierre de la Ruffinière Du Prey, "Soane and Hardwick in Rome: A Neo-Classical Partnership," *Architectural History*, 1972, 15:51–67, 107–114.

63 Pierre del a Ruffinière Du Prey, *John Soane: The Making of an Architect*, Chicago: University of Chicago Press, 1982, p.155; William L. MacDonald and John A. Pinto, *Hadrian's Villa and Its Legacy*, p.244, fig. 313.

64 A. A. Tait, "Reading the Ruins: Robert Adam and Piranesi in Rome," *Architectural History*, 1984, 27: 524–533.

传记作者罗格朗生动地描述了一次这样的离宫之行，时间是在1743年至1753年间，当时陪同皮拉内西的有克莱里索和风景画家克劳德－约瑟夫·韦尔内（Claude-Joseph Vernet）。[65]罗格朗写到，在对离宫进行描画和测量时，他们：

> 不得不用斧子在灌木丛中劈开一条道路，火烧他们清理出的区域，以退蛇蝎。这些为了能安心作画而实施的必要预防措施，对当地乡民而言，价值不啻于巫术；因为在乡民见惯不怪之前，若说无人危及这些艺术家，那是因为无人胆敢靠近。[66]

在传记的结尾，罗格朗描述了皮拉内西生命最后几年的生活，他写道，在哈德良离宫里画画时，皮拉内西和助手们"总是日出即起，一顿简餐、一张铺在遗迹废墟里的草席就足矣"。[67]简朴的饭食似乎远不足以让这些人应对他们要面临的体力挑战和艰苦工作。在离宫一条半掩埋的走廊里，有1765年留下的一块残缺不全的涂鸦，上面写着："G. B. 皮拉内西重新研究这些废墟，以求弄清并绘制平面图……这是一项几乎不可能完成的任务，因为它要求付出极大的努力和痛苦。"[68]在生命的最后阶段，皮拉内西似乎还在遗址里长时间驻扎过，把他确定是离宫纪念性入口的一座坟墓改成了居住区。[69]

1769年，皮拉内西的在场对于加文·汉密尔顿在沼泽区的挖掘工作取得成功起了至关重要的作用。也正是此次挖掘中出土的一些碎片，后来被用在了牛津大烛台和沃里克花瓶里。挖掘工作起初非常顺利，但很快就到了挖不出任何成果的状况，1724年弗朗切斯科·安东尼奥·洛利（Francesco Antonio Lolli）曾在这一带挖掘过。对于接下来如何进行，挖掘工人毫无头绪。在1779年的一封信中，汉密尔顿描述了随后的事态发展：

> 在此间歇期间，一个周日的上午，我接待了来访的皮拉内西骑士。上帝派他到费德伯爵的一个小教堂去听弥撒，但牧师尚未准备妥当。为了打发时间，皮拉内西就和一位名叫森托鲁比（Centorubie）的老人聊了起来。结果发现，此人是唯一在世的曾见证过洛利挖掘的人，而且他本人就曾是一名挖掘工。[70]

汉密尔顿接着描述，多亏了皮拉内西的及时介入和森托鲁比出色的记忆力，挖掘工人得以确认沼泽区里尚未被挖掘过的地块，最终确保了此次挖掘成果斐然。

遗迹现场的其他涂鸦痕迹则见证了皮拉内西诸位助手的活动。在离宫居住区隐柱廊地道东侧有一处痕迹，是建筑师贝内代托·莫里（Benedetto Mori）留下的纪念，他在皮拉内西生命最后12年里，包括在下一章将讨论的造访帕埃斯图姆期间，一直担当他的助手（图45）。[71]弗朗切斯科·皮拉内西的名字，后面跟着日期1771年，说明了时年13岁的艺术家之子也在场（图42右上角）。[72]这些涂鸦证明，从1765年至1774年，皮拉内西及助手在现场进行了大量工作，也支持了罗格朗的论断，即在皮拉内西身后、由弗朗切斯科于1781年出版的哈德良离宫的总平面图，是十年努力的成果。[73]

废墟确实在向皮拉内西诉说，但我们也必须承认，这种关系是相互的：皮拉内西成功地为废墟赋予了它们独特的声音，这声音具有前所未有的音域和音色，既能瞬间爆发精准的快速断音，又能驾驭极具表现力的花腔唱段，值得尊重与赞赏。借助皮拉内西的绘画作品，废墟扮演起一种新的表达角色，成为一种"会说话的建筑"。这在皮拉内西后期的考古式出版物中达到顶峰，也是下一章要讨论的主题。

65 Jean-François Méjanès, "Charles Louis Clérisseau," in *Piranèse et les Français* 1740-1790, Georges Brunel and André Chastel (eds.), Rome: Edizioni dell' Elefante, 1976, p.93.

66 Legrand, *Notice historique sur la vie et les ouvrages de J. B. Piranesi architecte, peintre et graveur*, p.235.

67 Gilbert Erouart and Monique Mosser, "A propos de la 'Notice historique sur la vie et les ouvrages de J. B. Piranesi': Origine et fortune d'une biographie," in *Piranèse et les Français: Colloque tenu à la Vila Médicis*, Georges Brunel (ed.), Rome: Edizioni dell' Elefante, 1978, p.248.

68 Henri Lavagne, "Piranèse archéologue à la Villa d'Hadrien," in *Piranesi e la cultura antiquaria, gli antecedent e il contest*, Anna Lo Bianco (ed.), Rome: Multigrafica, 1983; Filippo Alessan dro Sebastiani, *Viaggio a Tivoli, anticissima città latino-sabina, fatto nel 1825*, Foligno, 1828; 涂鸦位于离宫西北角的一条拱形走廊内，靠近岛中别墅（Island Enclosure）；见MacDonald and Pinto, *Hadrian's Villa and Its Legacy*, p.245, fig.314.

69 Michael McCarthy, "Sir Roger Newdigate: Some Piranesian Drawings," *Burlington Magazine*, 1978, 110: 672; Anatole de Montaiglon and Jules Guiffrey (eds.), *Correspondance des Directeurs de L'Académie de France à Rome* (18 vols). (Paris: Charavay, 1887–1912), 13(1904): 387.

70 A. H. Smith, "Gavin Hamilton's Letters to Charles Townley," *The Journal of Hellenic Studies*, 1901, 21: 306–321.

71 Mario Lizzani, "Due dei tre Piranesi," *Capitolium*, 1952, 27: 265–271; Roberto Pane, *Paestum nelle acqueforti di Piranesi* (Milan: Edizioni di Comunità, 1980).

72 涂鸦位于柱廊水池建筑隐柱廊地道西侧中部的拱顶上（The graffito is located on the vault midway along the western arm of the Peristyle Pool cryptoporticο）。

73 参见 Legrand, *Notice historique sur la vie et les ouvrages de J. B. Piranesi architecte, peintre et graveur*, p.251. 这一观察被记录在罗格朗传记的补充说明中，可能是由恩尼奥·基里诺·维斯康蒂（Ennio Quirino Visconti）撰写的。

对话 Dialogues

PIRANESI
VENETI ARCHITECTUS
F. Polanzani faciebat 1750 Super. permissu.

建筑观：一场对话（皮拉内西）（曹梦原 编译）Opinions on Architecture: A Dialogue (Giovanni Battista Piranesi)

波特皮罗（Protopiro，以下简称波）那么，迪达斯卡洛（Didascalo），你在建筑上经验丰富，你也很会明辨优劣，你不好好人尽其才，难道想被当做那种眼高手低的人？
迪达斯卡洛（以下简称迪）此话怎讲，波特皮罗？

波 此话怎讲？看看你卖力辩护的那些绘画吧。你让我想起了孟德斯鸠（Montesquieu）的公理："雕梁画栋令人目盲，如辞藻晦涩令人迷惘"（A building laden with ornament is an enigma to the eyes, as a confused poem is an enigma to the mind）。当皮拉内西把他的画作为不得了的杰作秀给我看时，我也这么对他本人说过。
迪 天哪，你真是毫不讳言。

波 哦，我爱真理。
迪 我也是，因我比你更了解真理，故我比你更爱真理。我会说孟德斯鸠对诗歌比对建筑了解得更多。他知道一个诗人除了忽悠读者外还有很多别的招可以出名，但他不知道，如果建筑不允许搞搞装饰这些身外之物，那么建筑师就一无所用了。此外，辞藻晦涩的诗不过带来精神上的迷惑，但装饰繁复的建筑却流行了好几个世纪，以后甚至会变本加厉。相信我，建筑是被造来娱乐大众而不是让评论家评头论足的。孟德斯鸠怎么能把一个众矢之的的晦涩作品与多年来给大家带来愉悦的装饰丰富的作品相提并论呢？亲爱的朋友，对那些新箴言要更为慎重地选取，小心地权衡，你将会发现它们徒有其表。老话说得好："以用为法"（Use makes law）。

波 以用为法，但不可以滥用。告诉我，哪个正直的建筑师或建筑学爱好者没有谴责过这些可说与建筑学本身完全无关的属性？
迪 我本来不想这么说，你非让我说出来。你都不知道你在说什么，而我来告诉你为什么。告诉我，你用"滥用"这个词形容当下的建筑学实践的理由是什么？

波 问你的朋友皮拉内西，他才是这些谩骂的作者，你可以在他那本《罗马建筑的壮美》中读到，他反对违背真理，即违背建筑天性来搞建造或装饰建筑的热潮。
迪 回答我的问题，你就会看到皮拉内西不像你说的那么前后矛盾。我重复一遍，你用"滥用"这个词形容当下的建筑学实践的理由是什么？

波 证明那些当下的实践一点也不从属于建筑学，且造成了滥用，这需要我们讨论建筑的自然属性，这（个讨论）将没完没了。皮拉内西在他的书中不是已经充分地告诉我们这些了么？但是，你不想说我也得说，我将以皮拉内西自己在对建筑起源的长期审视中得到的结论来答复他。
迪 请继续。

波 我可能记不全了，但应不至于跑题太远。首先，当墙竖立起来时，不为别的，是为了给予四周围护并支撑屋顶，我想要知道，为什么它们带有这么多装饰——门楣（tympana）、毛石砌（rustication）（如他人所称）、檐托（modillion）、飞檐（cornice）以及所有其他附加物？那些垂花饰（festoon）、嵌带（fillet）、遮罩（mask）、圆盘饰（patera）、牡鹿和公牛的头颅及其他出现在门、窗、拱及墙上其他开口附近的杂乱事物的意义是什么？那些花型、迷宫般的回纹（fret）、阿拉伯藤蔓（arabesque）、鹰头马身有翼兽（hippogriff）、人面狮身兽（sphinx）什么的——为什么不把它们送回到诗歌的国度？为什么不把海豚送回大海，把狮子和其他野兽送回利比亚？那些椭圆、三角形和八边形的柱子——为什么不使它们重新变为圆形？为什么不把那些绕的、折的、弯的都理成直线？那些奇怪的柱子失去了与那些堪称起源的圆树干的关系，而那些曲线暴露了建筑物结构的弱点。让三槽板（triglyph）展示它们起源于结构牢固的横梁（beam），檐托则来自建筑物屋顶上整齐排列的檩条（joist）。把齿状装饰（dentil）放到它应当的位置上……
迪 所以，这些都应该从建筑的山花（pediment）上移除，它们在那里与檩条和椽子（rafter）极不相称。在立面上，它们没有一个与山花下的檐口有关系，应该把它们省略。

波 是的，先生。让这些被打断的山花愈合，让我们不要假装一个屋顶可以横向撕裂……
迪 好像雨水会落到室内一样。

波 拆下那剧场第二层的立面（episkenia）……
迪 这样它们就不会破坏那屋顶，就没有人会说一个房子能建在另一个上面。涡螺（volute）和叶片（foliage）必须有规律地待在它们本应待的柱头上。

波 正是。建筑师应摆脱对这些和其他奢华的迷恋，这样万物才能如常运行。
迪 你还有什么其他要说的？

波 我还能说上个一百年呢。但只有我提过的这些事情已经完成，建筑复兴才真正开始。
迪 你的意思是？

波 回归到建筑的光辉岁月。
迪 你就是想说希腊人已达到了完美——我没说错吧？以及不按你所说去做的人都是无知？还有皮拉内西，他可没有照你说的做，他，在他的设计中随心所欲、自由发挥……

波 不讲武德。
迪 是，不讲武德，就像大部分现在的建筑师那样——无知者无畏？

波 当然。
迪 以这种说法，亲爱的波特皮罗，你是让我们为牛做马么？

波 我不懂你的意思。
迪 你让我们住在棚屋里，就像有些人说的，棚屋才是希腊建筑装饰[01]之源。

波 迪达斯卡洛，我们不要堕落为诡辩。
迪 你才是诡辩家。如果我向你证明，那些朴素、理性以及对棚屋的模仿与建筑水火不容，你会说什么？换言之，如果建筑不追求从建造和结构出发的装饰，其所包含的装饰不就是无所不包么？

波 这难于登天吧！
迪 但是，在讨论我的证明之前，告诉我，你期望在哪里可以找到朴素、理性和（对棚屋的）模仿？我想象它会在维特鲁威流传下来的风格里，在帕拉第奥和其他最初复兴它们的建筑师手上实现，或者可能在最近从希腊传来的风格里，并表现得比它们最初的样子更加夸张。

01 参见勒罗伊《希腊最美的纪念物遗迹》，巴黎，1758，esp.1:ix –xiv.

波 这些源头都有可能，但是不包括那些复兴的建筑师顺手加点东西的随性和错误。

迪 随你怎么说。你界限越多，我就越能给出一个确凿的证明；如果你界限越少，对不理睬这些规矩的建筑师就越宽容。

波 我已给过你我的理由。

迪 希腊人和维特鲁威？很好。那告诉我，柱子表现的是什么？维特鲁威说是棚屋的叉柱；其他人则将其描述成支撑屋顶的树干。还有那圆柱上的凹槽，它们意味着什么？维特鲁威认为那是女主人长袍上的褶皱。那么圆柱既不代表叉柱也不代表树干，而是代表支撑屋顶的女人。现在你怎么看待那些凹槽？似乎圆柱就应该是光滑的。因此，记下：光滑的圆柱。叉柱和树干需根植在土壤里，保持它们稳固且直立。这就是多利安人（Dorian）思考他们的圆柱的方式。因此，它们不应有柱础。记下：不存在柱础。那些树干，如果用于支撑屋顶，应该顶部光滑平整；分叉的支柱可以像任何你喜欢的事物，而柱头除外。如果这还不够明确，记得柱头必须表现坚实的物体，不是男人、少女或女人的头，也不是周围满是树叶的篮子，也不是带上女人假发的筐子。所以记下来：不存在柱头。不要害怕，这是其他严格主义者（rigorist）也需要的光滑的柱子，没有柱础也没有柱头。

至于楣梁（architrave），你认为它们看似叉柱上水平搁置的树干或像横跨树干的横杆。那么饰带或表面凸起的条纹的意义是什么？留住积水以加快腐蚀？记下：没有饰带和条纹的过梁。

那么三槽板代表什么？维特鲁威说它们再现了天花或拱腹下的椽子。但是，当它们被放置在建筑的角部时，它们不仅与此描述不合，更不可能以规则的间距放置，因为它们不得不居中置于柱头之上。如果它们从角部移开，只有当建筑的开间压缩或变宽以适应三槽板时才可能对称放置。疯子才会任由这些石板上的细小切口和凹臼来支配整个建筑的比例，或者为了这些而牺牲建筑全部或者部分正常需求。因此，那些被维特鲁威引用[02]的古代建筑师认为神庙不应该用多立克式建造，以及罗马人使用多立克样式时不应该乱做添加。所以请记下：没有三槽板的腰线。现在轮到你说了，波特皮罗先生，把建筑里你刚才贬低的其他一切装饰清理出去。

波 什么？你说完了？

迪 说完？我还没开始说呢。让我们走进一座神庙或一座宫殿，随你选择。在周围的墙上我们能看到楣梁、腰线和檐口线脚，它们装饰着被你描述为代表屋顶的要素——三槽板、檐托和齿形装饰。当这些要素都不具备时，腰线和飞檐就是光滑的，尽管那样楣梁和腰线看起来像支撑着屋顶，而没有装饰的檐口看起来只剩下屋顶的出挑。这些出挑看起来会让雨落入神庙、宫殿和巴西利卡中。所以神庙、宫殿、巴西利卡就变成了室外，在内部的室外，难道不是吗？为了修正这种异常、这种对于建筑的歪曲，请记下来：没有楣梁、腰线和檐口线脚的内部墙体。

然后，在代表着屋檐的檐口线脚上建起了拱顶。这比我们刚才讨论到的维特鲁威谴责的屋顶上的第二层立面更加不合适。

因此，记下：没有拱顶的建筑。

让我们由外而内地观察建筑的墙体。这些墙止于过梁；在过梁下，我们总能找到圆柱与壁柱。我问你，什么支撑了建筑的屋顶？如果是墙，那么就不需要过梁；如果是圆柱或壁柱，那这里的墙是干啥的？选择吧，波特皮罗先生，你将破坏哪一个？是墙还是壁柱？不回答？那我就全部毁掉。记着：没有墙、没有圆柱、没有壁柱、没有腰线、没有飞檐、没有拱顶、没有屋顶的建筑。一扫而空！

你会说我以自己的品味想象建筑。那就以你的品味想象一个。给我看看任何一个严格主义者的设计、一个其自认为构思精妙的设计；我认为这样的设计者会比那些把设计玩得尽兴的人看起来更蠢，对，更愚蠢，因为他对建筑的想象无一例外都是四根杆子撑住屋顶——那个建筑真正的起源——在保持完整和统一的前提下进行恰当分割、变化并且无休止排列的结果；简而言之，就是简变繁、一而多。

现在回到我之前说的，你们建造建筑所依据的法则是从来没有真实存在过的，不是吗？我没告诉过你，如果你把空想作为建造的依据——即使万物与理性和真理一致——我们就得全住回到棚屋里去了么？斯基泰人（Scythian）、哥特人（Goth）以及其他的野蛮人群，都住在你所谓的理性建筑中，他们对那些住在设计得更加自由的——如你所言，更加任性妄为的——建筑中的人们发动战争，占据他们的房子。毫无疑问没有国家会为了占领“理性”的建筑而发动战争。

现在来回答你刚才对皮拉内西的异议，在他那本《罗马建筑的壮美》中，他谴责了那些被贴上“任性”标签的作品。一个严格主义者批评了腐化希腊建筑的罗马人；而皮拉内西则不得不向他表明：正好相反，罗马人承袭了这种建筑学，但它的内核已经无可救药地被污染了，他们只能尝试代替性地缓和病情。现在，比较这本书的精神与我刚才告诉你的话，就能判断皮拉内西是否改变了他的观点。但即使改变又如何呢？波特皮罗先生，你没话说了么？

波 我在让你说。

迪 我能感到我的批评对你来说过于尖锐了。尽管我可能用火与剑毁掉那严格主义者的建筑，但我这么做与他们毁掉这个美好的城市与世界的逻辑一致。

波 你说完了？我可以说话么？

迪 请便。

波 贺拉斯（Horace）说，万物皆有度 [Est modus in rebus (there is moderation in all things)]；一切过度都危险，如俗话所说。如果你在争辩中能记住这点，那我们还可以继续讨论一会儿。如果不行，那就拜拜吧。

迪 你想要我同意你说的由维特鲁威制定建筑样式是理性的？他们在效法真理？

波 理性——高度理性——与当下建造中普遍的毫无节制相比。

迪 啊哈！与当下实践相比的理性？那么，如果我们先不谈当下的实践，你的理性瞬间就消失了。批评家们都是语不惊人死不休的；当下的实践给他们的愤怒提供丰富的来源，离开了这些他们就会转而批判你们那点儿东西。一会儿说过度是危险的，一会儿说过于严格才是真正的滥用。同样，你们所设定的样式也会被人指指点点，就如它最初产生时那般。你说我过分严格，是因我把你从那没人愿意住的棚屋拉回来时的态度让你受不了；但是人们就是憎恶一成不变的房子，你自己也是靶子。

波 一成不变？

迪 是的，一成不变，在建筑上一直都是一个样子。作为建筑师，你认为你自己非常特别，但你将很快变得十分普通。在你发明了简单的建筑样式之后，为什么那些受益的成功人士很快开始找不同的方法装饰他们的建筑？是希望能与前辈比肩吗？肯定不是，前辈和后辈所受的训练没什么不同，他们环顾左右，会发现建筑过于简单，非常易于再造。

波 我没有说除了追随这些建筑早期的样式外什么也不能做。我并不责备想要创新的那批成功的建筑师。但我要批评他们创新的质量，我要批评这些建筑师越来越多地在搞竞争式设计。

02 参见《建筑十书》(*De architectura*)第四书，第三章。译者注：本书英语译名 *On architecture*，是罗马建筑师维特鲁威的建筑论文，中文以《建筑十书》出版。

迪 我以为你是说贝尔尼尼(Gian Lorenzo Bernini)和波洛米尼(Francesco Borromini)那类人呢，还有那些不明白装饰必须由建筑构件来驱动的建筑师。但是，在批评他们时，你以为你在批评谁呢？你批评的是当下或未来最伟大的建筑师。你批评所有的从业者的经验，从建筑被发明之日到埋葬于废墟之下，从建筑被复兴以来，他们一直以这种方法工作。你批评的是你赞扬的那种建筑的背后精神：不断探索永不满足的精神，以你所批判的方法不断寻找多样性。如果在这几个世纪里，在这无数的从业者中，建筑学全部的经验不能产生你心目中的建筑，那我只能说：如果将你不喜欢的一切都从建筑学中剥离开，不就只剩那种难以忍受的单调建筑了么？除了愚蠢，还有什么词更适合那些自诩命定要在艺术中发现潜藏了几个世纪的根本之物的人呢？更愚蠢的是，他们就算找到了想要的东西也无法挽回自尊。

波 向我证明他们是有意识地出发寻找(这种建筑)。

迪 你自己去寻找吧。不知道教什么就试图教诲别人是愚蠢的。你说你想看到的东西从没被孜孜以求；然而实验和竞争一直在继续，一度还为此设立了皇家的大奖[03]。但是这样一个奖项有啥成果？事业荒废了，奖品也无人问津，因为这是不可能的任务。那些不信命的，近来出发去涤荡亚洲、埃及和希腊的人们又实现什么？能向大众展示什么？是他们一直在寻找的东西吗？他们招呼那些走近想看看的人，但是当那些人真的看见了以后呢？他们找补道，不要因为是门外汉看不懂而失望泄气。有些人考察了些古迹，并带回了与司空见惯的柱子、横饰线和飞檐不同的尺寸和比例，希望以此丰富建筑学，希望这会带来快乐。但无论是作为这种工作里的新手或老手，他们都不能理解、也不想去理解的是，不仅没有一个古代建筑与其他的建筑有精确的相同比例，而且没有一个单独的柱、柱间、拱或其他什么有着与另一个拱、柱间或柱子在同一结构中相同的尺寸。他们拒绝看到一个柱式——无论是托斯卡纳、多立克、爱奥尼、科林斯还是混合式——由于尺寸和装饰的多样性，在外表上与其他柱式看着差不多。他拒绝看到我们培养的仅是一个柱式或一个建筑样式。说到这个，我不得不笑《欧洲文艺公报》(*Gazette Litteraire de L'Europe*)近来与伦敦的亚当先生(Signor James Adam)的一个有关设计的荒谬争论。你知道的，亚当先生是我们这个时代最贤明的建筑师之一。等下，我口袋里有文艺公报。听听这个："亚当先生因其思想的伟大及其实践方式而出众。不久之前，这位艺术家展示了一件赢得鉴赏家广泛称誉的设计。该设计为一栋宏伟的建筑，不仅适合伦敦参议院会议，也适合科学与文学协会。如果实施，这项庞大的事业将匹配一个伟大国家的气质；它因其每一部分中饱含的尊严与庄重而与众不同。这是对古埃及人、希腊人和拉丁人最精美样式的模仿。亚当先生撷取英格兰历史上的著名事件制成浅浮雕，置于建筑的不同部位，其间展现的才智与条理令人赞叹不已。"

波 那么，你说这些的意思是？

迪 没什么意思。就是在这些建筑师被夸赞之后，得听听批评家是怎么告诫大众的。报纸接着说："但是，不应想象这个设计表现了一种新的建筑柱式，如某些将其称为'不列颠柱式'的人所虚言。仅仅在柱头上和建筑其他部分放置新的装饰不能创造一种新的柱式。若以科林斯柱式为例，会发现装饰细部的不同样式如此之多，基本上有多少纪念物就能区分多少种柱式；但如果审视其主要比例，会发现它们都是一致的。"现在，你从这里看到了什么？批评家对亚当先生不吝赞美之词，但同时希望我们理解，真正出色的建筑师必须提出一种新的柱式。

波 不，原谅我，但你指责批评家其实也犯了与他责备别人同样的错误。

迪 我有在指责批评家吗？我确实在指责他，如你所说，除非他赞成并相信这种创造新柱式并带来无尽的柱式系列的可能性。他不是说"如果审视那些所谓'大不列颠'柱式，就会发现它们都是一致的吗？"这不就是说，一个新的柱式需要与其他所有柱式——多立克、爱奥尼、科林斯——有着不同的比例么？当然存在设计出这种比例的可能性，这样一个新的柱式就可能被发明出来。这是批评家的说法。你同意么？他说"仅仅在柱头上和建筑其他部分放置新的装饰并不能创造一种新的柱式"，以及"若以科林斯柱式为例，会发现装饰细部的不同样式如此之多，基本上有多少纪念物就能区分多少种柱式"。我对这位批评家的疑问是，他是否相信多立克式、爱奥尼式以及科林斯式都是柱式？他是否认为这是三种不同的建筑样式？他会说，是的。现在我将想象我处在多立克式初现的时代，然后是爱奥尼式，然后科林斯式被发明出来；用批评家的话说，我对那些创造它们的人说"仅仅在柱头上或建筑其他地方放些新的装饰，先生们，是不能创造新的柱式的"。我亲爱的先生，这里我们还有圆柱、楣梁、腰线和飞檐，就像它们在多立克式上一样：如果审视所有神庙里的多立克柱式，会发现装饰细部的不同样式如此之多，基本上有多少纪念物就能区分多少种柱式。爱奥尼式和科林斯式的发明者怎么回答？他们也会借用批评家的话说：如果细究我们的柱式的主要比例，会发现它们与多立克式全然相异。他们相信这样说就会使我沉默。但我会再一次借用批评家的话，以反驳那两位和批评家：如果考察在希腊、亚洲、意大利等地的多立克式，将发现它们的比例也存在如此丰富的多样性，简直可以定义和神庙数量一样多的柱式。在勒罗伊和斯图尔特先生出版的调查中有很多这方面的例子。所以，回到我刚刚说的，我亲爱的波特皮罗，我们只实践一种建筑样式，尽管我们不愿接受装饰的多样性无法构成柱式的多样性这件事。更准确地说，在建筑学中，我们培养了三种样式——或用你更喜欢的词，秩序：一种由柱子组成，一种由壁柱组成，一种由连续的墙体组成。臆想不同的比例会产生新一种建筑，我再说一次，是绝对的疯狂：新的比例对于整体效果无足轻重，无论是古代还是现代的建筑物构件尺寸变更，都很难察觉。既然如此，为什么要寻找不同的比例呢？腰线承受着檐口的重量，楣梁承受着檐口和腰线的重量，柱子又承受着檐口、腰线和楣梁的重量，它们都没有崩塌，这就足够了，这是我们已经发现的建筑学的比例。这些比例间的变化，些微偏大或偏小，就建筑稳固性的要求来说都是无关痛痒的。它们始终由支撑建筑的需要产生，但不能带来视觉上的差异。我亲爱的波特皮罗，既然没有创造新柱式的可能方法，比例的变化在视觉上又不能给建筑带来什么差异，我们如何能否定现代的建筑实践而又避免单调呢？让我想象一下不可能的事情：这世界优雅地接受了你的单调，尽管所有事物日复一日没有变化相当恶心；建筑将会变得如何？它会变成低级的工作，除了重复之外无事可做，如某位先生曾经说的那样。所以你和你的同僚会变成极度平庸之辈，如我之前所说，甚至会变得不如泥瓦匠。通过不断的重复，他们学会了死记硬背式地工作，他们还有你比不上的技巧。你最后不会再做建筑师，因为客户除非是傻子才会雇建筑师做更便宜的泥瓦匠就能干的活儿。

波 是的，如果建筑学只讲究美观和庄严的话。

迪 不要和我东扯西拉。你和我一样了解泥瓦匠在设计基础、材料，墙体的缩减以及拱的弹性——简而言之，在设计建筑的稳固性时和建筑师一样优秀，而且我们会认为这样的作品更为简单并更好地继承了传统。

03 参见勒罗伊，《希腊最美的纪念物遗迹》，esp. 1:ix –xiv，2:18.

波 大工匠（master builder）会有选址和搭建上的知识吗？他们会知道建筑的经济效应和使用吗？

迪 至于这点，看看建筑师们现在都做了什么，以及一直都在做什么。为了建造好看的东西才需要建筑师，这可说是现今建筑的定义。但是在不需要考虑美观的地方，客户都会自己充当建筑师，他们所要的不过就是有人把墙给他们竖起来。建筑学中除了装饰的其他一切，都很少受到认可，也几乎无法为建筑师带来什么名誉，而很少有人相信这点。

波 但你把这些人叫做建筑师？你支持以这种方式建造的客户？

迪 至于这个，我只能告诉你，人们在无数的房子中都处措得宜，这些房子在甲方、泥瓦匠和那种建筑师的监督下建造，任何人看见在这些房子中居住的人，都不会同情他们住得脏乱差，而会想要责备他们住得太过奢侈放纵。但是回到我们的主题，如果剥夺每个人选择装饰的自由，你很快会看到建筑的圣殿对所有闲杂人等开放。当每个人都知道如何进行建筑实践时，它就不值钱了。随着时间流逝，建筑会变得更糟，这些先生们理性考虑的建筑样式恰恰会被保护它的行为所摧毁。你们会失去与其他建筑师竞争并脱颖而出的可能，因为将不再有建筑师。这对于你才是最大的不幸。因此，迷途知返吧，我只要求：务必珍视你宣告的合理性，同时尊重建筑创造的自由并使之持续。

请不要认为我在暗示，捍卫这种自由时，对于所有的建筑物，无论如何装饰和规划，都会被当作美与善。这就是我对装饰的观点。那些我们在精神上描绘得很美好、建起来却不能使我们愉悦的建筑，为什么时有出现？诗人用更加不理性和怪异的装饰去丰富他们想象中的建筑，为什么没人会为此责备他们？孟德斯鸠谴责一个建筑满是装饰，但他没说一首描绘这样的建筑的诗是令人迷惑的。让我们找出其中的原因。这或许是因为想象不如眼睛向我们揭示得更多。我这么想：诗人引领我们流连各种装饰，不需要使它们可知可证。比如在诗人的作品中，这样那样的装饰令我们愉悦——就像在出色的雕刻家的众多雕刻中，我们赞扬丘比特的脚丫、阿多尼斯的腿、维纳斯的脸庞、阿波罗的臂膀、赫拉克勒斯的胸膛、巨人的鼻梁等等。但是从所有不同尺寸的雕塑上收集这些局部，组合到一起，会得到什么？——一个荒谬的雕像，一个恶心的畸物。这就是我谴责的。各自极好的部分组合起来也会令人无法忍受；整体的效果被局部破坏，严肃的效果被琐碎感破坏，宏伟的效果则被平庸和猥琐之气破坏。现在，让我们为琐碎重新赋予庄重与威严，使单独看起来极好的部分放在一起或可令人赞叹，使互不相容的局部不会毁掉我们的欣赏乐趣。还是以我们刚刚讨论过的雕塑为例：在神庙中，当（雕塑）被制作成各种各样的造型时，它们各自为政，以不得体的动作玷污了神庙的神圣；但是当它们的姿态受到约束、站姿优美时，它们就是神庙最好的装饰。“不可能的，”我听见你说，“神庙中的壁龛在没有雕塑时看起来更好。”但是当壁龛并不以表现自身美丽而以盛放雕塑的理念来设计时，我们如何欣赏一个没有雕塑的壁龛？我听见你回答“眼睛不能同时欣赏多个事物，当没有他物可看时它欣赏壁龛，而除雕像外别无他物时它欣赏雕像。”孟德斯鸠评论，满溢装饰的建筑对眼睛来说是个谜团，就像一首迷离斑驳的诗之于心灵。”

严格主义者的观点与孟德斯鸠类似。然而为什么有些观点看似更加盛行，置于天平上称量时，却并没更加有分量？换一种思路来看：严格主义者坚称，神庙中的壁龛里面没有雕塑时看起来更好，因为眼睛不能同时欣赏超过一种事物。但我会问，如果雕塑是为壁龛量身打造，为什么有了壁龛雕塑就会逊色？房子里为普通人的尺寸设计的门窗不能适应巨人的尺度。所以与建筑相冲突的不是雕塑本身，而是大尺度的雕塑或小尺度的壁龛；神庙没有得到赞扬的原因不是雕塑拖了后腿，而是雕塑的尺寸及其与壁龛、基座等之间的比例不够适宜。告诉我，这两种论证哪个更有分量？我的，还是那些严格主义者的？你会说都是对的，我同意；但是否存在一种使之协调的方法，训练眼睛可以看着满是装饰的建筑却并不觉得迷乱？在罗马，有两根带有叙事雕刻的柱子，都以同样的方式设计：图拉真（Trajan）柱和马可·奥勒留（Marcus Aurelius）柱。如果你只看到马可·奥勒留柱，毫无疑问你会把它当作孟德斯鸠公理的证据提出，因为纪念柱从底到顶被疹子似的浅浮雕拖累着。你可能会告诉我，这种作品与其说是装饰了柱子还不如说是毁了它。但我想知道，再看那个肆无忌惮的、从底到顶及整个基座布满了浅浮雕的图拉真柱，你依然会这么说吗？这些雕刻冒犯了你的眼睛吗？这些浅浮雕平息了你我的争执。纪念柱的主体与其外表皮的属性相一致，不会因具有装饰而唐突、变质。如果有人打算以大量浮雕来装饰建筑又会如何？他应该挑选对象，做到主次分明；不应将大量各自为政的东西一锅端地呈现给观众。装饰应根据其对象的特点繁简有别，有些比其他更加突出和尊显。这样一来，自然地，眼睛就看不见混乱，只能看见美丽和令人愉悦的事物的组合了。事实上，如果建筑的装饰本身即很美丽，建筑也会很美。我们已看到使两者协调的方法，那么，为什么明明看到富于装饰的建筑能使眼睛得到加倍的愉悦，我们还要选择只看一座简单的建筑？

有如此多能让部分与整体协调的方法，我相信，一定能够实现建筑与遍布其上的装饰的和谐统一并将其传承下去。对于激起我们讨论的那幅画，皮拉内西正是认识到通过文字表述比较困难，才想着通过一件艺术作品向我们传达信息。这是因为，如果建筑师在创作作品时有一双自由之手，那么讨论他们的约束、自由和不自由也是永无止境的。现在，无论皮拉内西自己的作品是否证明了他自己和我的这些思考，公众自有明断。再见，我亲爱的波特皮罗。坚持你自己的意见——承认被我这样一个对手击败很奇怪吧。

乔瓦尼·巴蒂斯塔·皮拉内西关于马里埃特先生致《欧洲文艺公报》编者信的评论[01]（皮拉内西）（王晨丽 译）Observations by Giovanni Battista Piranesi on the Letter of Monsieur Mariette to the Authors of *Gazette Litteraire de L'Europe* (Giovanni Battista Piranesi)

A

在马里埃特先生眼里，这部书（《罗马建筑的壮美》）是确实不为人知晓，不是"可能"不为人知晓。

B

在我看来，"就建筑领域而言，罗马人和希腊人没什么干系"，这一表述与皮拉内西在这部已出版的著作序言中的说法是有区别的："在建筑领域，罗马人几乎没有受到希腊人的影响。"意大利人都知道，使用poco o nulla（几乎没有）这一表述，是为了淡化罗马人所受影响的性质，而不是否认存在任何这样的影响；所有读过皮拉内西这部书的人都知道这一点是否属实。在第93页，他指出，于公于私，希腊建筑都没有赋予罗马建筑任何优势，而后者自伊特鲁里亚时期起就领先于世界；如果伊特鲁里亚人垂青希腊建筑，也只会是因为任性，而不是基于其优点。这就是希腊建筑对于罗马建筑而言的"几乎没有"的影响。

C

在皮拉内西的著作里，他没有将这些古罗马建筑与"严格意义上的希腊建筑进行比较（其中一些希腊建筑遗迹至今仍可在雅典或希腊的其他地区看到）"。他实际上是对那些遗迹进行了比较，而不是它们曾经所构成的"建筑"，因为遗迹是他亲眼所见的。

D

并且，在对希腊和罗马的建筑遗迹进行对比时，对于雅典"罗马共和国初期"的建筑和之后的建筑，皮拉内西并未总结二者之间的任何区别。

E

皮拉内西的著作中，哪些插图"收集了大量的柱头、柱础、柱身、柱上楣构等部件，这些各式各样的部件造型不同，布满各种装饰"？我想，是插图6到插图20。那么，关于这些插图，他说了些什么呢？"这些部件由希腊人传播到拉丁姆（Latium），它们似乎体现了托斯卡纳人（Tuscans）的建筑方法（第129页），这些方法后来为罗马人沿用，而在当时，他们还并不了解希腊人。"那么，"这些各式各样的造型、装饰多有不同的部件"又是怎么被皮拉内西断定为"罗马人天资卓越的有力证据"的？让我们来看一下他在这部书中的其他地方是怎么谈论这些建筑部件的："这些部件中有很多在罗马也可以看到，究其原因，要么是从希腊运输而来，要么就是出自希腊建筑师的手笔。其中一些我在插图6、7、8、9、10等中有所收集。"所以，皮拉内西在此承认了希腊人的影响之后，又将这一点作为了"罗马人天资卓越"的有力证据？但是，他是在哪一页、哪一行说的呢？请马里埃特先生原谅我这样说，在关于皮拉内西著作的这篇评论里，您侮辱了大众的智商，并且这一侮辱远远超出了对作者本身的冒犯。

皮拉内西是如何描述由伊特鲁里亚人传递给罗马人的建筑工艺的呢？他提到，伊特鲁里亚人很智慧，在建筑中较少使用装饰。他又是如何评价希腊人的呢？在该书第101页，他指出，希腊人通过雕刻将建筑搞得非常细碎，由此，无用的美感有余，庄重感欠缺。并且在同一页，他认为，希腊建筑的装饰是极端荒谬的，与真理背道而驰。所有这些都让我们得出一个结论：这位评论者（马里埃特）根本没有读过皮拉内西这部书。且容我继续分析。

F

简直是强词夺理！在皮拉内西的这部书里，他究竟在哪里说过"越是晚近的罗马建筑，装饰物越多，奇形怪状的建筑部件成为其显著特征，这些部件与希腊人创造的那些没有丝毫相同之处"？皮拉内西认为，这些"奇形怪状的建筑部件"是拜希腊人所赐，而非罗马人自己的品味，并且正如我在前面提到的，他指出，这些建筑部件"在罗马可以看到，究其原因，要么是从希腊运输而来，要么就是出自希腊建筑师的手笔"，在得出这些见解之后，他又怎么可能提出上面那样的结论？确实，皮拉内西对古希腊和古罗马的建筑遗迹进行了比较（包括最晚近的古罗马建筑），包括"一些过度装饰的建筑，大量的柱头、柱础、柱身、柱上楣构……这些各式各样的部件造型、装饰多有不同"，他这样做的目的是什么？答案就在这里：他在该书第195页写道："如果有人专程来到希腊学习建筑，这个国家能够教给他什么？肯定不会是柱头设计，因为，除了伊瑞克提翁神庙，其他都不能同罗马的柱头设计相媲美；也肯定不是高柱，在罗马有更多各式各样的高柱；也不会是雕像或浅浮雕——就此而言，罗马在数量和典雅程度上已经达到极致，更胜希腊一筹；最后，也不会是其他任何工艺，意大利应有尽有，可以这么说，想学习希腊工艺，我们都不需要离开意大利。现在，先不要反驳说这些遗迹中有很多源自希腊，或是由罗马人参照希腊人的方式来建造的，我们要做的不是讨论谁是建造者——是希腊人还是罗马人，而是要判断哪里最适合学习这些建筑工艺，罗马还是希腊？我们已经见证了罗马能够为来访者提供的资源，如果刚才列举的事物或是古代、现代的希腊建筑都不能让来访者学有所得，那么，希腊能够向这些远渡重洋、长途跋涉、饱受建筑运动困扰来到这里的人传授些什么呢？"如此看来，既然这些是皮拉内西的逻辑前提，他又怎么会断言"罗马人没有从希腊人那里借鉴或是习得过什么"呢？当然，他说过也证明过，罗马人"在建筑科学和好的建筑实践上并非得益于希腊"，但是他并未说"罗马人没有借鉴过希腊的装饰艺术"，很明显，他们借鉴了，正如那些"奇形怪状的建筑"的特征所展示的一样。

01 发表于该报1764年11月4日周日增刊。

G

确实，“罗马人第一次想要建造高大的建筑时”，“向邻居伊特鲁里亚建筑师寻求了帮助”，“这证明罗马人的建筑工艺不是自学而来的”。但是，皮拉内西什么时候承诺过要证明罗马人的建筑技艺是“自学的”？在这部书中，皮拉内西将晚期希腊人、罗马人、伊特鲁里亚人（或者说，意大利人）一概而论，以区别于“希腊人”；因为在他看来，这三者之间是否存在差异一点都不重要；他不是没有能力去证明那些早在希腊艺术被引入之前就在罗马从事相关实践的伊特鲁里亚人比泰伦斯（Terence）、贺拉斯（Horace）、西塞罗（Cicero）、维吉尔（Virgil）及其他很多有名的作家更“罗马”，对于这批作家，学者很轻松地就能认定他们是罗马公民（包括马里埃特先生在信件的结尾部分也承认这一点）。然而，皮拉内西是想将此论证放到另外一个时间，在一个更适合的场合来进行，正如我们即将在那些篇章中读到的那样。

我想请问马里埃特先生，我们是否可以相信他的话——“伊特鲁里亚人是希腊人的后代”，我们是否可以相信他或许能提供此类证据？从现有的证据来看，马里埃特先生肯定读过西奥多·李奎斯（Theodore Ryckius）、安东尼奥·弗朗切斯科·戈里（Antonio Francesco Gori）或者其他此类作者的作品，这些人和他一样，对一段比如在古比奥（Gubbio）发现的冗长的伊特鲁里亚碑文有着同样的见解（甚至是在不认识其文字的情况下），认为伊特鲁里亚人的语言是希腊的一种方言。那些古代的书写者做梦都没想过会发生这样的事情。希罗多德（Herodotus）推断，伊特鲁里亚人来自吕底亚（Lydia），斯特拉博（Strabo）和帕特罗克勒斯（Patrocles）也做过同样的判断。哈利卡纳苏斯（Halicarnassus）的狄奥尼修斯（Dionysius）则持相反观点，其依据是伊特鲁里亚人的语言和风俗同其他任何国家都不相同。那么，马里埃特先生，如果您的观点并非来自李奎斯或者戈里，那么，请告诉我们，您的依据又是什么呢？在信件的最后，唯恐读者不相信您的话——“贺拉斯（Horace）是一位抒情诗人”，您引用了他的两行诗来自证。根据我掌握的情况，马里埃特先生这样回应说：“伊特鲁里亚人通晓和践行的正是他们的发源国先辈教授的建筑工艺”，这里，您想借此说明什么呢？或许您是想说，意大利的伊特鲁里亚人所践行的、被认定为与希腊人同样的这一建筑工艺可以表明，伊特鲁里亚人“祖上就是希腊人”？这确实可以作为一项有力的证据，但是，您有没有考虑过去进一步探究：在伊特鲁里亚人刚刚开始——或者在伊特鲁里亚人已经停止使用这些建筑工艺的时候，或者（只要我努力，就一定可以找到说法来表明这一点），在伊特鲁里亚人统治都已结束后，希腊人是不是都还没开始学习这些工艺？

H

“耀眼”是对眼睛而言的；而且，如果他们的眼睛因为“耀眼的艺术而眼花缭乱”，这并不能反映他们“从行家那里听到的”赞赏的影响——这反映了一种品味。那么，马里埃特先生，如果罗马人没有眼光，他们究竟是怎么做到“因为这些耀眼的艺术而眼花缭乱”的？您究竟又是从哪里得出罗马人在艺术上一窍不通的结论？在皮拉内西的这部书中，他证明了一系列事实：自罗马建国开始，罗马人就发展了伊特鲁里亚建筑工艺（第7页）；托斯卡纳人教给了罗马人“和平的艺术”（第15、17页）；在罗马人对希腊艺术还完全不了解的时候，他们就是非常优秀的数学家了（第19、21页）；早在与希腊人有交集之前，罗马人就已经开始从事雕塑艺术（第19、21页）；在征服希腊之前，罗马人从未在建筑上效仿过希腊的工艺与恢弘（第49、51页）；早在远古时期，罗马人同埃及人、希腊人一样辉煌（第53页），并且随着时间的推移，罗马人比其他任何民族都更加强盛（第71页）；在建筑方面，罗马人有着自己的传统，而不是追随希腊的传统（第67、69页）；罗马人的创造力非常令人赞叹（第91页）；通过对至今仍在罗马沿用的建筑法则的运用，“这些被耀眼的希腊艺术搞得眼花缭乱的罗马人”纠正了希腊建筑的诸多弊端（第181页）；并且，在第197页，他揭示出，究竟是鲁莽到什么程度，或者更确切地说，是怎样的无知，让那些对罗马艺术或历史缺乏基本认知的人认为罗马人非常粗鄙、“缺乏艺术品味”。

I

马里埃特先生，您是怎么看出“缺乏品味”的罗马人“臣服于战败者的品味”的？皮拉内西在他的这部书中挑战了所有现在的、将来的希腊的拥护者，以找出证据验明罗马人是否曾经产生过这种所谓的崇拜感，以及他们是否真的喜欢希腊建筑胜过意大利建筑。他认为，罗马人采用希腊的建筑工艺并非因为其优点，而是看中了大理石的壮观（第61、69页）。无论于公还是于私，这一建筑形式并未给罗马人带来任何好处和优势（第93页），因为托斯卡纳建筑已经为之提供了一切。并且，尽管贺拉斯在《希腊征服者反被臣服，艺术被引入荒蛮的拉丁姆》[02]中对希腊建筑有着浮夸的描述——这一段也是引他人之言，他仍大胆断言，没有一位希腊或拉丁语作家在其作品中称赞过希腊建筑。

K

在书中第63页，皮拉内西说道：“因此，可以赞赏希腊的艺术品（我并不排斥它们），但是，不应宣称‘罗马人见到希腊艺术品时，因其华丽而瞠目结舌’。”这里，皮拉内西使用了“因此”，这是因为，他已经回应了所有反对罗马的言论，这些言论认为，希腊建筑舒适、典雅，罗马人想要如法炮制。马里埃特先生，对于这些回应，您就没有什么要说的吗？什么？一条都不符合您关于希腊艺术被引入罗马的说法？

L

这句应该这么写：“当然不是因为看到了壮观的艺术品”——皮拉内西在书中已经证明了这一点。

M

对于老普林尼（Plyny the Elder），马里埃特先生在信尾写道，他“肯定热爱祖国的辉煌”。尽管这样，老普林尼针对该话题说过这样一段话，令马里埃特先生大为光火：“为了运输这些大理石，专门铸造了船只，四面八方的山路、海路被贯通起来（这是希腊人的功劳么？不是，是罗马人的——皮拉内西注）。想想每一批货物的花费和要运载的庞大体积——除了让建筑的主人们睡在不同颜色的大理石里，它们还能派上什么用场，还能带来什么享受？”通过对这一问题的仔细考证，关于“人类自然而然就会为自己谋福利”的直觉，皮拉内西得出了和老普林尼同样的结论。至于让罗马人不愿“承认自己在宏伟性上输给希腊人”的虚荣心，皮拉内西说过也证明过，罗马人中意的只是大理石；在建筑上，对于坚持建筑不应“由造型不同、布满各种装饰的部件”构建而成这一原则的人（就像马里埃特先生一样）来说，罗马建筑同希腊建筑一样精湛，甚至更好。对于大理石的使用，皮拉内西接着在第57页说道：“有人会反驳说，希腊人采用大理石来建造神庙和公共建筑，但我认为，这一建造细节跟希腊的自然条件有关，倒不是因为希腊人就喜欢富丽堂皇。希腊盛产大理石，在一个石材资源丰富的国家，就地取材建造房屋有什么特别的吗？跟西塞罗的看法一样，如果他们用的是石灰华，我才觉得稀奇，从遥远的他国把石灰华运到希腊，其成本非常之高。”马里埃特先生在长篇累牍、夸大其词地讲述罗马人的奢华和希腊人的智慧之前——其信中通篇皆是——如果留意到这些，并且关注皮拉内西对于该话题的其他论述，可能效果会更好。在庆祝胜利之前，马里埃特先生应该先确认一下自己是否真的赢了。

N

对于洗掠科林斯，穆米乌斯运回罗马的战利品以及其他所有被认为是罗马人四处犯下的偷窃罪行的谴责，皮拉内西在书中是这样回应的：他质疑，是不是胜者完全没有权利这么做——在历史上，所有基督教国家最虔诚、最慈悲的王侯们有时也会洗劫城市，却不会背负违反公正原则的罪名。鉴于此，马里埃特先生为什么还要谴责罗马人的抢劫行为？这是因为，在他看来，当时希腊所有的宝物都被洗劫一空，明眼人也会断定，今天的希腊应该是一个更加荒蛮的状态。同时，也因为这些“缺乏品味”的罗马人——马里埃特先生肯定会这么说——却似乎有着足够的判断力挑选出“无数的艺术杰作”，将一盏灯留了下来[03]，这盏灯就是后来人们所说的“神灯”。

对于马里埃特先生的其他观点，如“那些以前普普通通、不起眼的罗马建筑，因为这些艺术品的注入，变成了富丽堂皇的宫殿和历史建筑”，皮拉内西重复道，他已经证明了如下事实：早期的罗马人的文明同埃及人、希腊人一样辉煌；在建筑上，罗马人没有对希腊人亦步亦趋；而且，罗马使用的建筑法则还纠正了希腊建筑的诸多弱点……可是，讨论皮拉内西的书里写的我应该做的事，难道不是要评论它的人应该做的？

O

马里埃特先生才是那个“只花费一点点代价”就成就辉煌的人，在讲述希腊艺术传播到意大利的故事时，他甚至都没花一点点精力去发现事实，以避免做出那么多愚蠢的论断，皮拉内西在他的书中已经揭示了这些论断的价值。马里埃特先生，您说过，罗马人不愿意“在宏伟性上输给一个战败民族”；可是，依照您的观点推论下去，罗马人全无品味，“只花费了一点点代价”就成就了辉煌，其背后的原因难道在于，他们既不是建筑师，也不是雕塑师或者画家？因此，在您看来，一个人要想在艺术上赢得声誉，就必须亲自去从事它。所以，将所有王侯、大众的名字和铭文从他们委托打造的每一座建筑和每一件艺术品上抹去吧，既然他们本人都不是建筑师、雕塑师，也不是画家。至于您自己，马里埃特先生，您又是何许身份呢？您在信中掌握着大权，可以判定一个人在艺术上是否有品味、是否有天分，但您也不是画家、雕塑师或者建筑师。既然这样，罗马人就不可能拥有和您一样的能力吗？那些王侯、大众就不可能拥有这样的能力吗？虽然，他们从未发表信件去诋毁一本“不为人知晓”的书（不是“可能”不为人知晓），但是，在他们的推动下，那些辉煌、美丽的艺术品被打造出来，过去、现在都为世界称颂。

P

皮拉内西在这部书里提出过如下论断（这是我最后一次重复）：罗马人早就从托斯卡纳人那里学到了“和平的艺术”；他们（即罗马公民）在建立罗马后，发展了这些艺术；在没有接触希腊艺术之前，他们就精通数学；在还未结识希腊人之前，他们就已经在从事雕刻和绘画事业了；在建造行业，他们在接触希腊人之后，并没有采纳希腊人的方法和技术，而是坚持了原有的传统；就建筑而言，他们建造了希腊人做梦也不会想到可以被活人创造出来的建筑；他们中不时涌现出大量杰出的建筑师；他们纠正了在希腊建筑中发现的大量问题；他们在文明程度上获得了和埃及人、希腊人同样的辉煌，此后还远远超越了其他任何民族。罗马人还需要做些什么才能光耀艺术？他们还需要做些什么，才能让马里埃特先生不必宣称“罗马人没有那个闲情逸致，也不想弄明白艺术事业和纯粹的机械行当的区别”？罗马帝王和先前无数杰出的公民不是已经在屈尊发展艺术事业，成为身体力行的践行者了吗？尼禄是一个很有天分的画家和雕塑家；哈德良除了做过建筑师，也是一位画家，亚历山大·塞维鲁、瓦伦提尼安（Valentinian）及其他君王也有类似专长，在罗马，他们留下了屈尊从艺的公开证据。他们还需要怎么努力才能“弄明白艺术事业和纯粹的机械行当的区别”？他们有义务像克洛德·佩罗（Claude Perrault）在翻译维特鲁威著作时所作的序言中说的那样，“夸赞那些为繁荣艺术事业作出贡献的人”，并“将之列入光荣榜”么？如果有人胆敢否认上述事实，我就要诉诸柯苏蒂乌斯（Cossutius）、瓦罗（Varro）、普林尼、维特鲁威及其他诸多罗马作家的权威。同时，“罗马艺术的践行者多数是奴隶”，对于马里埃特先生这一仓促的判断，我不想浪费时间去纠正他，我想问一下，出现这一状况，是因为罗马立法认定只有奴隶才能从事艺术事业？或者，他们之所以成为艺术行业的奴隶，是因为奴隶本身很穷，而这是一条致富的路子？如今，在我们的时代，艺术事业已经同纯粹的机械行当区分开来了，从事艺术事业的大多是些什么人？是想要发家致富的穷人，还是屈尊从艺的显贵？如果奴隶制没有废除——即便是在奴隶制已经废除的现在，艺术事业也获得了复兴，也同纯粹的机械行当区别开来了——会有多少从事艺术事业的人被认为是奴隶！数量肯定非常之多，赞同马里埃特先生观点的人会说：“只有奴隶才从事艺术事业。”

此外，在一个国民都非常有品味的国家，比如希腊，“被罗马人攻占后，建立和维持声誉的机会无疑少了很多”，而在一个人人“缺乏品味”的国家或城市，又怎么会存在这样的机会呢？并且，这些无知又“缺乏品味”的人又怎么能挑出“有艺术天分的奴隶”呢？或许，他们依靠的是“从行家那里听到的”赞许？那么，这些“行家”是希腊人还是罗马人？答案是希腊人，马里埃特先生已经这样告诉我们了。那么，罗马人购买希腊奴隶，让他们从事艺术事业，并不是因为他们懂得这些奴隶或是理解其创造的艺术品的价值，而是因为希腊人喜欢这些作品？所以他们把这些艺术天分都归功给了希腊人，而不是自己？所以，罗马人“掠夺希腊建筑的主要装饰”，“将无数的艺术杰作运回罗马”，让所有“有艺术天分”的希腊人“背井离乡”，把他们都变成奴隶，使希腊成为艺术的荒漠，他们做这些的目的不是造福自己，而是要取悦希腊人？如果事实是这样，为什么马里埃特先生说罗马人“无耻地掠夺希腊建筑的主要装饰”？罗马人不应该因此而羞耻，这是一项恩惠。

Q

如果这些艺术从业者“对罗马至关重要”，在没有他们的那五六个世纪，罗马人又是怎么生存的？皮拉内西已经证明，罗马人依靠着另一群同样有才华的人；或者，如果他的论证不成立，马里埃特先生应该在其评论中指出这一纰漏。回到奴隶的话题，我们是否可以认为“奴隶贩子会迅速地摸清所要贩卖的奴隶的天资情况”，“如果发现有天赋，他们就会敦促其学习”，并且，“为了更好地激励这些奴隶，奴隶贩子会告诉他们（很实在的），技能越高，在未来的主人那里获得的待遇也就越好”？我的困惑在于：这些奴隶贩子要把奴隶们送到哪里去学习艺术？教他们的老师又在何方？肯定不是在希腊，因为那里在“被罗马人攻占后”，

02 Graecia capta ferum victorem cepit, et artes/intulit agresti Latio. Horat. lib. 1. ep. 1. (Horace, Epistles, bk. 2, epistle 1, II. 156-57.)

03 参见 Julien-David Le Roy, *Les ruines des plus beaux monuments de la Grèce*, 1:24-26, pl. XIII

丧失了“建立和维持声誉的机会”；而且，根据马里埃特先生的推断，在希腊已经无人可以用自己的名义来委托打造建筑、画作或是雕塑了。所以，人贩子必须把这些有才能的“商品”送到罗马去学习。可是，马里埃特先生又是在罗马的何方见到过这样的、为可供贩卖的奴隶而设立的学校？

R

对于维吉尔，我想问马里埃特先生，我们该怎么判断他的国别呢：希腊人，还是罗马人？您在信末说过：“罗马人也从希腊人那里学习了所有作诗的技巧，罗马诗歌的感情和形象都能在希腊诗歌中找到模板和根源……维吉尔的《埃涅伊德》不过是对《伊利亚特》和《奥德赛》的适当拼接。”所以，维吉尔是罗马人，换句话说，他是那些在建筑、雕塑和绘画上“缺乏品味”的人之一。那么，这个缺乏品味的人又怎么能分得清青铜塑像是精细还是粗糙，大理石雕像是生动还是呆笨呢？是谁让他写下“用青铜铸造出更惟妙惟肖的肖像”(spirantia mollius aera)、“用大理石雕刻出生动的面孔”(ducent de Marmore vultus)？

这些“美妙的诗句”确实美，但无论是它们还是贺拉斯的其他诗句，都没能阻止皮拉内西认定，早在希腊人到来之前，意大利就拥有跟希腊一样优秀的雕塑师，并且，意大利建筑师比希腊建筑师优秀得多。我不知道收集各类文章编写《文艺公报》的先生们是怎么忍受马里埃特先生的，竟允许他借用维吉尔和贺拉斯的诗句来证明罗马人的愚笨；不就是这批编辑先生也曾经说过“诗歌被公认为是建立在夸张的基础上的”么？[04]

S

皮拉内西在书中已经证明，罗马人纠正了希腊建筑无数的问题，由此可得，希腊人自傲，而罗马人注重品味，且前者的程度更甚。

T

马里埃特先生，您说过，对于罗马人而言，“有专门的人手在，并且是在他们的雇佣之下，这些人手能听从吩咐，随时协助工程，这就足够了”，因此，建筑师希望有这些能够“随时协助工程”的人在身边。西塞罗曾经派一个奴隶去为他修建庄园，现在，让我们听一下他是怎么向自己的兄弟昆塔斯(Quintus)描述的：“Colummas, neque rectas, neque e regione Diphilus collocarat: eas scilicet demolietur; aliquando perpendiculo, et linea discet uti.”(狄菲勒斯修建的柱子既不垂直也不两两相对；他肯定不得不把这些柱子再次推倒。总有一天，他要学着使用铅垂线和卷尺。)看到这里，您是否宁愿相信西塞罗是位建筑师？

V

马里埃特先生，我不明白，这里怎么会扯上报酬的。你不是说过所有的艺术从业者都是奴隶，是被人贩子卖到罗马去的吗？所以，他们不能拿到钱，更不用说奢望劳动报酬，在给人贩子的钱里，这些都事先包括在内了。

X

我不明白“耻于追随他人步伐的人”和“想要超越典范的人”之间有什么关联。毕竟，马里埃特先生，您不是说过，“在罗马只有奴隶才能从事艺术行业”，“这不能推动模仿学习”，“是荣誉为艺术事业注入了生命”？那么，若非出于野心和获得个人荣耀的抱负，这些奴隶又怎么会“耻于追随他人的步伐”，迫切地“想要超越典范”呢？

Y

关于“大量的装饰”和“令您作呕的自由发挥”，让我们来听听皮拉内西在他的书中是怎么阐释的。他说：“希腊人专注于装饰、雕刻和对细部的深入划分，他们在这些方面或许是太成功了，实现了一种无用的美观，却牺牲了庄严。可以肯定地说，希腊人几乎借用过所有灌木和树的茎叶来装饰建筑，将所有苹果、鲜花和动物塑像都融入了雕带设计，所有动物的毛皮、造型和各种变化都被他们雕刻在了基座或横梁上。虽然这些都来自自然，也都是按照自然赋予它们的样子做的，我仍觉得有必要思考一下，用这些东西来装饰檐口、雕带或横梁，同以下做法相比是否就更自然：比如，描绘海难时在大海中央画一棵柏树(贺拉斯言)。这些东西与常规相悖，因此有违建筑的真义，就这一点而言，也违背了端庄合宜的原则，就像在大海中央放一棵柏树一样。它们是在什么情况下，又是如何被用在了真正的建筑上呢？谁会想到用苹果和一串串葡萄编织而成的花环，用胡桃、橡树果、松树、小鸟和牛头来装饰横梁、雕带、建筑外立面或庭院——有点像那不勒斯人使用的那种建在高台上，用月桂枝装饰的‘库卡纳’(cuccagna)——的主意呢？”这就是皮拉内西关于“大量的装饰和令您作呕的自由发挥”的言论，就写在这本书的第101页。我们来看一下他在第179页又说了些什么：“如果有人追问这些格格不入的装饰的来源，我认为答案一定是这样的：希腊人首先想出了这些装饰，后来把它们用在了建筑上……”什么？马里埃特先生，您真的想让我把皮拉内西书里所有的内容都讲给您听吗？书评家先生，如果要对您没读过或是不理解的书籍进行评论，您应该自己先来读一下。同样地，关于过度装饰和“令您作呕的自由发挥”的话题，鉴于您评论说，“这就是罗马建筑的状况”，我要告诉您更多一点书里的内容。皮拉内西在提到“库卡纳”之后，在第101页补充说道：“建于公元10世纪的威尼斯圣马可教堂，充斥着这类创造性装饰，为每一个进入其中参观的人提供了一个包罗万象的样本。它被装饰以无数的高柱、柱头、檐口，以及从希腊运来的大理石镶板。透过这些，很容易看出希腊人在建筑上的创新是多么地不循常规；他们逐渐养成了一种几乎是任性的习惯，怎么高兴就怎么做。这些部件中有很多在罗马也可以看到，究其原因，要么是从希腊运输而来，要么就是出自希腊建筑师的手笔；其中一些，我在有关罗马古迹的书中做过图解(已经出版)，另外一些则可以参见插图6、7、8……”但是，这些东西我在前面已经告诉过您了。

Z

马里埃特先生，我又一次被您的话搞糊涂了。请帮我把这些观点理顺：“罗马人的骄傲扼杀了其对艺术所有的喜爱与偏好”；“罗马的艺术事业成了奴隶的专属行当”；“作为罗马所有附属国中最勤劳的民族，希腊人给罗马提供了最为丰富的艺术奴隶”；“他们(罗马人)肯定认为，有专门的人手在，并且是在他们的雇佣之下，这些人手能听从吩咐，随时协助工程，这就足够了”。对于这些观点，我想问，如果说骄傲令罗马人不能从特殊的视角来看待艺术，如果在罗马只有奴隶才从事艺术事业，如果这些奴隶大多是希腊人，如果罗马人可以通过雇佣奴隶，吩咐其去创作这样那样的艺术品，就能满足自己对艺术可能产生的任何需求，您又怎么能认为“频繁见到如此之多从希腊运到罗马的艺术杰作，却未能提升罗马人的品味，或是将他们的艺术事业推向正确的发展轨道，这令人非常惊讶”呢？您为什么不说“却未能提升罗马人所雇佣的奴隶的品味”呢？为什么这一矛盾和一连串的指责都指向了罗马人？

04 参见 Julien-David Le Roy, *Les ruines des plus beaux monuments de la Grèce*, 1:24-26, pl. XIII)。

AA

马里埃特先生，这里我就更加困惑了。您不是说过，“艺术最开始由希腊传到罗马的时候，有着人们所能想象的最完美的品味”，“其支配原则仍旧是追求美且高尚的简洁”？您不是说过，“频繁见到如此之多的艺术杰作”理应“提升罗马人的品味，或是将他们的艺术事业推向正确的发展轨道”吗？并且，为了寻求指导，他们“只需要模仿这些不断充斥在他们眼前的美好的艺术作品”？如果是这样，您又怎么能把这些观点同如下说法，即“过于丰富的精美艺术品，特别是看起来非凡人能力所能及的艺术品，对于要模仿学习的人来说通常有害无益”相提并论呢？您为什么认为他们的思考会催生“崇敬、赞叹之情”，而这种感情会“束缚心灵与才能”呢？您又凭什么认定“对于模仿者而言，无论是谁，都比不上其模仿对象”？所以，在您看来，为避免“迅速退化为一种可笑、野蛮的风格”，罗马人应该模仿他人的成就；但同时，他们又不应该去模仿他人，以免遇到“束缚心灵与才能”的情况，也是为了避免屈从您所说的，总是以“牺牲好的品味为代价”的“超越模仿对象”的企图？所以您说罗马人形成这种野蛮、可笑的艺术风格，是因为他们拒绝遵循“追求美且高尚的简洁”的原则，是因为他们“耻于追随他人的步伐”，是因为他们被“猎奇”的爱好冲昏了头脑？鉴于您随后又说，“最有才干的现代艺术家并不是那些被命运赋予了如此得天独厚的资源的人”，罗马人到底应该怎么做才能避免您以上提到的诸种问题呢？“科雷乔（Correggio）、拉斐尔、米开朗琪罗之所以能够成为大师，只是天性使然”吗？我明白了，您就是弗朗切斯科·阿尔加洛蒂（Francesco Algarotti）先生所说的那种法国人，“现在认为，对于年轻艺术家来说，去意大利学习完全没什么用处”。我不想执意说服您，科雷乔、拉斐尔、米开朗琪罗也是很多已逝（和活着的）艺术家的追随者；关于这些论战，建议您读一下阿尔加洛蒂先生对此的言论。至于其他的，请容许我再重复一遍，如果您想要评论他人的著作，首先您必须去阅读它们，必须像我对您这封信所做的工作那样来做。如果您想知道，为什么不是罗马人（正如您说的那样），而是希腊人，并且是在希腊的希腊人，而非在罗马的希腊人，其艺术风格从追求“美且高尚的简洁”“迅速退化为可笑、野蛮”，那么，请留意皮拉内西的一位朋友和一个叫波特皮罗（Protopiro）的人（这个人读过皮拉内西的书）最近的一次对话，对话的主题就是皮拉内西现在所画的那些风格“可笑、野蛮”的画。

马里埃特先生的信（马里埃特）（王佳倩 / 胡恒 译）The Letter of Monsieur Mariette (Pierre-Jean Mariette)

诸君：

可能大家还不知晓（*A*），那位在贵报发表了一系列关于罗马遗迹研究的皮拉内西先生，最近出版了一部新的著作，[01]开始为罗马人辩护，试图说明，在艺术领域，特别是建筑领域，罗马人与希腊人不仅没什么干系（*B*），而且，从那些从前装点着罗马首都的建筑之坚固性、规模和宏伟程度来看，罗马人远在希腊人之上——这一观点与你我的看法相左。他将这些罗马建筑与严格意义上的希腊建筑进行了比较，其中一些希腊建筑遗迹至今仍可在雅典或希腊的其他地区看到（*C*）。他发现，同罗马马克西姆下水道、古代卡比托利欧神庙（Capitolium）地基、阿尔巴诺湖排水系统[02]相比，无论是就坚固性还是规模而言，希腊建筑都相形见绌，更不用提其他各色用巨大的方石建造而成的古罗马建筑——这些方石建筑自罗马共和国初期起建造（*D*），至今仍不辱最初的使命。这位皮拉内西先生收集了大量的柱头、柱础、柱身、柱上楣构等部件，这些各式各样的部件造型不同，布满各种装饰，这也就成为他的有力证据（他自己是这么说的），以证明罗马人天资卓越（*E*）。在他看来，这一天资也体现在那些至今仍占据着罗马大片国土的宏伟建筑的规模上，虽然这些建筑已成为废墟。他是这样论证的：

> 在罗马和希腊还没有任何交往之前，最早的罗马建筑就已经出现了。越是晚近的罗马建筑，装饰物越多，奇形怪状的建筑部件成为其显著特征，这些部件与希腊人创造的那些没有丝毫相同之处（*F*）。因此，罗马人并未从希腊建筑中学习和借鉴过什么，无论是其建筑科学、好的建筑实践还是装饰品味，都与希腊经验无关。

但是，这一论据并不能证明罗马人的建筑工艺是自学而成。皮拉内西先生自己也承认，当罗马人首次想建造高大的建筑时（这些建筑的牢固性至今仍为我们赞叹），也不得不向邻居伊特鲁里亚建筑师求助。这也可以说是向希腊人学习，因为伊特鲁里亚人祖上就是希腊人，通晓和践行的正是他们的发源国先辈教授的建筑工艺（*G*）。

> 由此，这些坚信罗马帝国的杰出建制会永垂不朽的罗马人萌生了一个想法，要修建像他们的帝国一样长久的建筑，但是，罗马人只拥有做出决定的气魄，却没有实践的能力。

最终，罗马人将版图扩张到了意大利之外。他们征服了希腊人，在那里，他们发现，艺术正如火如荼地发展着；他们因为这些耀眼的艺术而眼花缭乱，就像一个有钱有势但缺乏品味的人可能会为一件壮观的艺术品而倾倒，打算班门弄斧地把它推荐给行家（*H*）；于是，在一种极不寻常的反转之下，胜者在品味上臣服于败者。[03]他们的胜利果实就是将希腊艺术引入了罗马（*I*）。

> 从踏入希腊国门的那一刻起，罗马人见识到了希腊人舒适的设施，对其寺庙和公共建筑的宏伟艳羡不已，于是一门心思地琢磨如何才能把这些资源运回国（*K*）。[04]

01 *Della magnificenza e[d] architettura de' romani* (Rome, 1761).

02 对于洪灾的恐惧令罗马人暂时搁置了对维爱（Veii）的围攻，腾出精力来开展这一工程，虽然工程极端复杂，罗马人却没有耗费太多时间。尽管如此，他们仍需要凿穿一座山头，修一条很长的运河，边上筑以砌石。
☆时至今日，如果要建设这么一项工程，我们都会考虑再三。该工程在李维（Livy）的著作中有所提及。
☆所有提及这条运河的古代作家，无论是李维还是其他人，都未曾说它沿岸砌有石块；如此行事完全没有必要，正如皮拉内西在他一篇详细解读该运河的文章中所揭示的，这条穿山河道是在原生岩石的基础上凿砌而成的——皮拉内西。

03 Graecia capta ferum victorem cepit, et artes/intulit agresti Latio. Horat. lib. 1. ep. 1. (Horace, Epistles, bk. 2, epistle 1, Ⅱ. 156-57.)

04 原文中标号即缺失“J”“U”“W”，与之对应，皮拉内西的评论中也没有相应序号的段落——译者注。

当然，做出这一决定，罗马人凭借的不是高超的智慧（L）。他们只是在凭直觉为自己谋福利，这对人类是很自然的事情，而且，最重要的是，虚荣心不允许他们承认，在宏伟性这一点上，他们输给了一个战败民族（M）。

罗马人完全占领希腊后不久，便无耻地掠夺希腊建筑的主要装饰，并将赃物运回罗马。罗马执政官卢西奥·穆米乌斯（Lucius Mummius）占领科林斯之后，先开了个坏头儿。他将无数的艺术杰作运回了罗马。那些以前普普通通、不起眼的罗马私家宅院和公共建筑，因为这些艺术品的注入，变成了富丽堂皇的宫殿和历史建筑（N）。

罗马人非常满足，他们只花费了一点点代价，就成就了辉煌。并且，每一个罗马人都认为，与立志征服全宇宙的尊严相比，艺术事业不值得一提（O）。

罗马人没有那个闲情逸致，也不想弄明白艺术事业和纯粹的机械行当有什么区别（P）；他们把发展艺术的重任交给了雇佣而来的希腊人，希腊被罗马人攻占后，建立和维持声誉的机会无疑少了很多，这些希腊人在利益报酬的诱惑之下，毫不犹豫地背井离乡迁往罗马。不久之后，罗马的艺术事业成了奴隶的专属行当。能够养得起大批奴隶的有钱人用所能想到的利益和实惠来购买奴隶，他们因此也倾向于寻找有艺术天分的奴隶。

对于只受利益驱使的奴隶贩子来说，他们会迅速地摸清所要贩卖的奴隶的天资情况。如果发现有天分，他们就会敦促其学习；为了更好地激励这些奴隶，奴隶贩子会告诉他们（很实在的），技能越高，在未来的主人那里获得的待遇也就越好。作为所有战败国里最勤劳的民族，希腊人为罗马提供了最多的艺术奴隶——这些奴隶对罗马至关重要（Q），却被贬到了一个相对孤立、低等的社会地位，虽然很有才能，但在罗马人眼里，却比最底层的罗马公民身份还要低很多。所以，维吉尔在其作品中借英雄安喀塞斯（Anchises）之口，用美妙的诗句来描述这些人，以回答埃涅阿斯（Aeneas）的提问，并预言了罗马人的命运：

Excudent alii spirantia mollius aera; Gredo equidem, vivos ducent de Marmore vultus.

— lib. 6, vv. 847 f. （R）

其他人，我深信，能够用青铜铸造出更惟妙惟肖的肖像，并且能够用大理石雕刻出生动的面孔。

——维吉尔，《埃涅伊德》（Aeneid）6.847-848

在骄傲的情绪支配下，这一情感不可避免地扼杀了罗马人对艺术所有的喜爱与偏好（S）。他们肯定认为，有专门的人手在，并且是在自己的雇佣之下，这些人手能听从吩咐，随时协助工程，这就足够了（T）。这肯定不是推动模仿学习、令艺术达到完美境界的路径；在希腊历史上只有自由人才能从事艺术事业的时期，艺术曾经达到过这种完美境界。荣誉甚至比经济回报更能为艺术事业注入生命（V）。因此，虽然罗马的工程越来越多，也越来越有野心，其品味非但没有改进，却在下降。艺术最初由希腊传到罗马的时候，有着人们所能想象的最完美的品位，换句话说，其支配原则仍旧是追求美且高尚的简洁。经验告诉我们，事物不会一成不变，世界上所有的事物都在循环变化：时尚当道，占据着至高无上、独裁的统治地位；人们耻于追随他人的步伐（X）；猎奇的爱好占据了上风；他们想要超越典范，而这总是以牺牲好的品味为代价。这样的时代只会出产过度装饰的作品。所有的品质都为奢华让路，而这样做的后果就是，很快生成了一种可笑、野蛮的风格。罗马人在建筑上的表现正是如此，皮拉内西列举的事例已经足以证明。大量的装饰和令人作呕的自由发挥——不管皮拉内西怎么说（Y）——都证明了负责设计的建筑师创作能力的彻底衰退。

正如我在前面说过的，希腊所有最美的艺术品都被运到了罗马；频繁见到如此之多的艺术杰作，却未能提升罗马人的品味，或是将他们的艺术事业推向正确的发展轨道，这无疑令人非常惊讶（Z）。他们只需要模仿（或者至少看上去是这样）这些持续充斥他们眼前的美好的艺术作品。但是，想要创造自己的风格是人类的一种天性，即便是最令人艳羡的艺术品最终也会令人厌倦。而且，我认为，过于丰富的精美艺术品，特别是看起来非凡人能力所能及的艺术品，对于要模仿学习的人来说通常有害无益：我们以崇敬、赞叹之情仰视着它们，这会束缚我们自身的心灵与才能（AA）。所以，人们发现，最有才干的现代艺术家并不是那些被命运赋予了如此得天独厚的资源的人。科雷乔、拉斐尔、米开朗琪罗之所以能够成为大师，只是天性使然，因为它赋予了其创造性的智慧。如果有与其名望相当的大师作为前辈，他们可能也会去效法，从而只能成为忠实、平庸的追随者。对于模仿者而言，无论是谁，都比不上其模仿对象。任何只是追随胜者步伐的人，只会畏手畏脚、步履受限。关于这一点，我仅指罗马人在建筑上的品味。皮拉内西先生的错误观点——我很愿意与之辩论——令我只关注这一主题而未涉及其他。“其他主题与皮拉内西无关。”

sac 往期目录

《建筑文化研究》集刊是一项跨学科合作的研究计划。它以建筑与城市研究为主轴, 将其他学科(历史、社会学、哲学、文学、艺术史)的相关研究吸纳进来, 合并为一张新的研究版图。在这个新版图中, 建筑研究将获得文化研究的身份, 进入到人类学的范畴——建筑研究不再是专业者的喃喃自语, 它面对的是社会的普遍价值与人类的精神领域, 简而言之, 它将成为一项无界的基础研究。

投稿信箱：huhengss@163.com

图书在版编目（C I P）数据

建筑文化研究 . 第 10 辑，皮拉内西的世界 / 胡恒编著 . -- 上海 : 同济大学出版社，2022.9
ISBN 978-7-5765-0307-4

Ⅰ . ①建… Ⅱ . ①胡… Ⅲ . ①建筑－文化－文集
Ⅳ . ① TU-8

中国版本图书馆 CIP 数据核字 (2022) 第 156298 号

建筑文化研究第 10 辑
皮拉内西的世界
胡恒 / 编著

出 版 人 : 金英伟
责任编辑 : 李争
责任校对 : 徐逢乔
装帧设计 : 马仕睿 @ typo_d
版　　次 : 2022 年 9 月第 1 版
印　　次 : 2022 年 9 月第 1 次印刷
印　　刷 : 上海雅昌艺术印刷有限公司
开　　本 : 787mm × 1092mm　1/8
印　　张 : 18.5
字　　数 : 437 000
I S B N : 978-7-5765-0307-4
定　　价 : 168.00 元
出版发行 : 同济大学出版社
地　　址 : 上海市四平路 1239 号
邮政编码 : 200092
网　　址 : http://www.tongjipress.com.cn
经　　销 : 全国各地新华书店

studies of architecture & culture
volume 10: The World of Piranesi

ISBN 978-7-5765-0307-4

By: Hu Heng
Produced by: Jin Yingwei (publisher),
Li Zheng (editing), Xu Fengqiao (proofreading),
typo_d (graphic design)

Published in September 2022, by Tongji University Press,1239, Siping Road, Shanghai, China, 200092.
www.tongjipress.com.cn

光明城
LUMINOCITY

“光明城”是同济大学出版社城市、建筑、设计专业出版品牌，致力以更新的出版理念、更敏锐的视角、更积极的态度，回应今天中国城市、建筑与设计领域的问题。
luminocity.cn

sac 往期目录

第1辑　建构专题
中央编译出版社，2009年

- 建筑学的建构哲学
- 寻找绿色建筑
- 葛饰北斋《巨浪》
- 景观都市化与地景策略
- 地形学的渗透，一种项目策略
- 宽容的秩序之城
- 建构在中国
- 关于《建构文化研究》的对话
- 建筑艺术四要素（选段）
- 森佩尔与风格问题

第2辑　威尼斯学派与城市
中央编译出版社，2010年

- 威尼斯学派的城市研究
- 大都市
- 农耕理想的城市与弗兰克・劳埃德・赖特：
- 广亩的起源与发展
- 从公园到区域：进步的意识形态与美国城市的革新
- 杰斐逊的灰烬
- 城市设计的死与生——简・雅各布斯、洛克菲勒基金会及其关于城市主义的新研究，1955—1965
- 《考工记》，归去来兮
- 社会主义视野下的资本主义城市
- 建筑学与城市化——读《走向群岛形态》

第3辑　波利菲洛之梦
中央编译出版社，2011年

- 《寻爱绮梦》五百年
- 《寻爱绮梦》在17世纪法国的影响
- 《寻爱绮梦》，图像、文本和方言诗
- 《寻爱绮梦》中的建筑插图
- 《波利菲洛，或再访黑森林：建筑学的性爱显现》导言
- 难解的《寻爱绮梦》及其复合密码
- 亦真亦幻的作者
- 《寻爱绮梦》选译
  "曲池"——始由人作，终归自然
- 解析避居山水：文徵明1533年《拙政园图册》空间研究
- 营造／建筑

第4辑　当代史 I
中央编译出版社，2012年

- 革命史・快感・现代主义
- 南京长江大桥
- 大跃进中的人民大会堂历史"计划"
- 先锋派的历史性：皮拉内西和爱森斯坦
- 重建的时代
- 两次死亡之间
- 再论设计与社会变迁

第5辑 当代史 II
同济大学出版社，2013年

- 中华路26号
- 国父纪念馆：王大闳对中国纪念性建筑的现代想象
- 消失的"理想住宅"
- 罗马大劫：断裂与延续先锋派的辩证法
- 乌托邦的危机：勒・柯布西耶在阿尔及尔
- 缝隙空间：演变与革命
- 曼弗雷多・塔夫里：从意识形态批判到微观史学文化市场

第6辑 当代史 III
同济大学出版社，2014年

- 作为受虐狂的环境
- 南湖新村 / 记忆地图
- 解编织：早期东海大学的校园规划与设计历程，1953—1956
- 贫户、救赎与乌托邦：从高雄福音新村规划看社会住宅的在地经验
- "激进"的建筑与城市结论形式的问题
- 人们留下些什么？——阿尔多・罗西的摩德纳墓地
- 近三十年来住房制度变迁下的中国城市住区空间演化

第7辑 学科与制度
同济大学出版社，2016年

- 哈德良时期的建筑及其几何学
- 认知与机制：中西"建筑"体系之比较
- 话语建构与观念流变——1954—1991《建筑学报》中理论议题的历史回溯
- 三十年——对台湾大学建筑与城乡研究所的批判性回顾与展望
- 体积法教学报告四则
- 十五世纪的对照研究

第8辑　塔夫里与现代主义
同济大学出版社，2016年

- 塔夫里与现代主义
- 《球与迷宫》及其他意识形态批判与历史实践
- 这不是历史——曼弗雷多・塔夫里的批判性历史计划与威尼斯学派——朝向理论反思
- "闺中建筑学"
- 《建筑与乌托邦》序言
- 理性的冒险：启蒙时期的自然主义和城市
- 建筑及其二重性：符号主义与形式主义
- 作为设计的历史学：路易莎・帕瑟里尼专访曼弗雷多・塔夫里

第9辑　历史与批判
同济大学出版社，2020年

- 瞬时惊奇：对作为社会现象的南京大报恩寺遗址公园的一种观察
- "开发"劳拉街：洛伦佐・美第奇在15世纪后期佛罗伦萨城市建设中的作用
- 对世博会台湾馆死亡的历史诠释：1970—2010
- 重思殖民现代性保存：台北监狱的保存
- "本来无一物，何处染尘埃"：中央体育场营造纪事
- "天书"与"文法"：《营造法式》研究在中国建筑学术体系之中的意义
- 现代性与"中国建筑特点"的构筑：宾大中国第一代建筑学人的一个思想脉络(1920年代—1950年代)
- 作为现在的过去：曼弗雷多・塔夫里与《文艺复兴诠释：君主、城市、建筑师》
- 威尼斯工作——阿尔多・罗西与维多里欧・格雷高蒂的城市研究
- 建筑的传统主义和国际主义
- 对早期建筑制图的思考
- 弗朗切斯科・迪・乔治・马丁尼：伟大的展览
- 弗维尔・艾瑞斯专访曼弗雷多・塔夫里
- 保卫一种史学史
- 建筑史的极限

《建筑文化研究》集刊是一项跨学科合作的研究计划。它以建筑与城市研究为主轴，将其他学科（历史、社会学、哲学、文学、艺术史）的相关研究吸纳进来，合并为一张新的研究版图。在这个新版图中，建筑研究将获得文化研究的身份，进入到人类学的范畴——建筑研究不再是专业者的喃喃自语，它面对的是社会的普遍价值与人类的精神领域，简而言之，它将成为一项无界的基础研究。

投稿信箱：huhengss@163.com

图书在版编目（C I P）数据

建筑文化研究 . 第 10 辑，皮拉内西的世界 / 胡恒编著 . -- 上海：同济大学出版社，2022.9
ISBN 978-7-5765-0307-4

Ⅰ . ①建… Ⅱ . ①胡… Ⅲ . ①建筑－文化－文集
Ⅳ . ① TU-8

中国版本图书馆 CIP 数据核字 (2022) 第 156298 号

建筑文化研究第 10 辑
皮拉内西的世界
胡恒 / 编著

出 版 人：金英伟
责任编辑：李争
责任校对：徐逢乔
装帧设计：马仕睿 @ typo_d
版　　次：2022 年 9 月第 1 版
印　　次：2022 年 9 月第 1 次印刷
印　　刷：上海雅昌艺术印刷有限公司
开　　本：787mm × 1092mm　1/8
印　　张：18.5
字　　数：437 000
I S B N：978-7-5765-0307-4
定　　价：168.00 元
出版发行：同济大学出版社
地　　址：上海市四平路 1239 号
邮政编码：200092
网　　址：http://www.tongjipress.com.cn
经　　销：全国各地新华书店

studies of architecture & culture
volume 10: The World of Piranesi

ISBN 978-7-5765-0307-4

By: Hu Heng
Produced by: Jin Yingwei (publisher),
Li Zheng (editing), Xu Fengqiao (proofreading),
typo_d (graphic design)

Published in September 2022, by Tongji University Press,1239, Siping Road, Shanghai, China, 200092.
www.tongjipress.com.cn

光明城

LUMINOCITY

"光明城"是同济大学出版社城市、建筑、设计专业出版品牌，致力以更新的出版理念、更敏锐的视角、更积极的态度，回应今天中国城市、建筑与设计领域的问题。
luminocity.cn

16×8